21世纪高等学校计算机专业实用规划教材

# 数据结构
## （C语言描述）（第2版）

齐景嘉 王梦菊 主编

清华大学出版社
北京

## 内容简介

本书共分10章，详细介绍了各种数据结构以及查找、排序的各种方法，对每一种类型的数据结构都以实例为切入点，详细叙述其基本概念、逻辑结构、存储结构和常用算法。本书知识组织清晰、算法完整，便于读者上手，有配套出版的《数据结构习题与实训教程(C语言描述)(第2版)》(ISBN978-7-302-40972-4)，以便课后复习或参加各类技能考试及考研使用。

本书专为本科计算机类专业学生学习"数据结构"课程而编写，本着注重理论与应用相结合的原则，选材精细，对基本理论的叙述深入浅出、通俗易懂。书中实例丰富，对主要算法均给出了C语言函数。为了便于教学，每章后配有例题及例题解答。



**图书在版编目(CIP)数据**

数据结构：C语言描述/齐景嘉，王梦菊主编. --2版. --北京：清华大学出版社，2015(2023.8重印)
21世纪高等学校计算机专业实用规划教材
ISBN 978-7-302-40973-1

Ⅰ. ①数… Ⅱ. ①齐… ②王… Ⅲ. ①数据结构－高等学校－教材 ②C语言－程序设计－高等学校－教材 Ⅳ. ①TP311.12 ②TP312

中国版本图书馆CIP数据核字(2015)第166780号

**责任编辑：** 付弘宇　薛　阳
**封面设计：** 常雪影
**责任校对：** 李建庄
**责任印制：** 曹婉颖

**出版发行：** 清华大学出版社
**网　　址：** http://www.tup.com.cn，http://www.wqbook.com
**地　　址：** 北京清华大学学研大厦A座　　**邮　　编：** 100084
**社 总 机：** 010-83470000　　**邮　　购：** 010-62786544
**投稿与读者服务：** 010-62776969，c-service@tup.tsinghua.edu.cn
**质量反馈：** 010-62772015，zhiliang@tup.tsinghua.edu.cn
**课件下载：** http://www.tup.com.cn，010-83470236
**印 装 者：** 涿州市般润文化传播有限公司
**经　　销：** 全国新华书店
**开　　本：** 185mm×260mm　　**印　　张：** 14　　**字　　数：** 354千字
**版　　次：** 2011年10月第1版　2015年9月第2版　　**印　　次：** 2023年8月第8次印刷
**印　　数：** 6201～6500
**定　　价：** 39.00元

产品编号：066033-03

# 出版说明

随着我国改革开放的进一步深化，高等教育也得到了快速发展，各地高校紧密结合地方经济建设发展需要，科学运用市场调节机制，加大了使用信息科学等现代科学技术提升、改造传统学科专业的投入力度，通过教育改革合理调整和配置了教育资源，优化了传统学科专业，积极为地方经济建设输送人才，为我国经济社会的快速、健康和可持续发展以及高等教育自身的改革发展做出了巨大贡献。但是，高等教育质量还需要进一步提高以适应经济社会发展的需要，不少高校的专业设置和结构不尽合理，教师队伍整体素质亟待提高，人才培养模式、教学内容和方法需要进一步转变，学生的实践能力和创新精神亟待加强。

教育部一直十分重视高等教育质量工作。2007 年 1 月，教育部下发了《关于实施高等学校本科教学质量与教学改革工程的意见》，计划实施“高等学校本科教学质量与教学改革工程(简称‘质量工程’)”，通过专业结构调整、课程教材建设、实践教学改革、教学团队建设等多项内容，进一步深化高等学校教学改革，提高人才培养的能力和水平，更好地满足经济社会发展对高素质人才的需要。在贯彻和落实教育部“质量工程”的过程中，各地高校发挥师资力量强、办学经验丰富、教学资源充裕等优势，对其特色专业及特色课程(群)加以规划、整理和总结，更新教学内容、改革课程体系，建设了一大批内容新、体系新、方法新、手段新的特色课程。在此基础上，经教育部相关教学指导委员会专家的指导和建议，清华大学出版社在多个领域精选各高校的特色课程，分别规划出版系列教材，以配合“质量工程”的实施，满足各高校教学质量和教学改革的需要。

本系列教材立足于计算机专业课程领域，以专业基础课为主、专业课为辅，横向满足高校多层次教学的需要。在规划过程中体现了如下一些基本原则和特点。

(1) 反映计算机学科的最新发展，总结近年来计算机专业教学的最新成果。内容先进，充分吸收国外先进成果和理念。

(2) 反映教学需要，促进教学发展。教材要适应多样化的教学需要，正确把握教学内容和课程体系的改革方向，融合先进的教学思想、方法和手段，体现科学性、先进性和系统性，强调对学生实践能力的培养，为学生知识、能力、素质协调发展创造条件。

(3) 实施精品战略，突出重点，保证质量。规划教材把重点放在公共基础课和专业基础课的教材建设上；特别注意选择并安排一部分原来基础比较好的优秀教材或讲义修订再版，逐步形成精品教材；提倡并鼓励编写体现教学质量和教学改革成果的教材。

(4) 主张一纲多本，合理配套。专业基础课和专业课教材配套，同一门课程有针对不同层次、面向不同应用的多本具有各自内容特点的教材。处理好教材统一性与多样化，基本教材与辅助教材、教学参考书，文字教材与软件教材的关系，实现教材系列资源配套。

(5) 依靠专家，择优选用。在制定教材规划时要依靠各课程专家在调查研究本课程教材建设现状的基础上提出规划选题。在落实主编人选时，要引入竞争机制，通过申报、评审确定主题。书稿完成后要认真实行审稿程序，确保出书质量。

繁荣教材出版事业，提高教材质量的关键是教师。建立一支高水平教材编写梯队才能保证教材的编写质量和建设力度，希望有志于教材建设的教师能够加入到我们的编写队伍中来。

21世纪高等学校计算机专业实用规划教材

联系人：魏江江 weijj@tup.tsinghua.edu.cn

数据结构课程是计算机专业的一门专业基础课程，也是计算机课程体系中的核心课程之一。该课程所介绍的数据的各种逻辑结构、存储结构及相关的算法既是程序设计的基础（特别是非数值程序设计的基础），又是设计和实现系统软件及大型应用软件的重要基础。

数据结构课程的教学要求是要让学生学会分析研究计算机加工的数据对象的特征。在面对一个非数值的应用问题时，引导学生根据对软件进行评价的基本标准，选择最佳的逻辑结构、存储结构和相应的算法，从而使学生逐步掌握编写执行速度快、占用空间少、可靠性高、可读性好的程序的设计方法和技巧。

《数据结构(C语言描述)(第2版)》是为"数据结构"课程编写的教材。本书介绍了常用数据结构的基本概念、逻辑特性和存储结构。主要内容包括线性表、链表、栈、队列、数组、串、树、图等数据结构以及查找和排序的算法。书中对各种算法和算法的应用均给出了相应的C语言函数和程序，具有一定的实用性。本书采用C语言作为数据结构和算法的描述语言，在对数据的存储结构和算法进行描述时，尽可能考虑C语言的特色，使算法简单易读，给出的每一个算法程序只要添加上主函数即可运行；同时，尽可能保持统一的风格、尽量使用抽象数据类型，这样用其他高级编程语言来改写这些程序也可以轻松实现。

本书概念表述严谨，逻辑推理严密，语言精练，知识结构脉络清晰，便于教学组织和实践操作。并有配套出版的《数据结构习题与实训教程(C语言描述)(第2版)》，(ISBN978-7-302-40972-4)既便于教学，又便于自学。本书可作为计算机类专业或信息类相关专业的本科或专科教材，也可以作为大学非计算机专业的选修课教材和计算机应用技术人员的自学读物或参考书。

本书共10章，总课时72学时左右，其中上机实习28学时。

第1章介绍数据结构的一般概念和算法分析的初步知识；第2章～第5章分别讨论了线性表、栈与队列、串、数组等逻辑结构及其在不同存储结构上各种操作的实现算法；第6章、第7章论述了树和图的两种重要的非线性逻辑结构、存储方法及重要的应用；第8章、第9章讨论了各种查找表及查找方法、各种排序算法及其应用。第10章讨论了文件的基本概念和相关算法。

书中每章带有本章学习目标和本章小结，除第1章外，每章的最后一节都精选了涉及该章内容的优秀案例，使学生通过阅读与实践，在样例的引导下，掌握编写实用程序的方法和技巧，既方便学生学习，又方便教师教学。对重点知识和总结性语句进行了突出显示，更加方便读者阅读。

本书由齐景嘉、王梦菊主编，蒋巍、夏丽华、刘玉喜副主编，郭川军主审，参加本书编写工作的还有徐辉和李凌霞。各章编写分工如下：

- 第1章和第2章由哈尔滨金融学院的齐景嘉编写；
- 第3章由上海财经大学的夏丽华编写；
- 第4章和第5章由哈尔滨师范大学的刘玉喜和哈尔滨金融学院的李凌霞编写；
- 第6章和第9章由哈尔滨金融学院的王梦菊编写；
- 第7章和第8章由哈尔滨金融学院的蒋巍编写；
- 第10章由黑龙江大学的徐辉编写；

全书由哈尔滨金融学院的齐景嘉统一编排定稿。

本书编者都是多年从事本课程教学的教师，但由于编者水平有限，不妥与疏漏之处在所难免，敬请广大读者指正。

本书的配套课件等资源可以从清华大学出版社网站 www.tup.com.cn 下载，本书及课件使用的相关问题请联系 fuhy@tup.tsinghua.edu.cn。

编　者

2015年7月

# 目　录

# 第1章 概述

**【本章学习目标】**

数据结构主要研究非数值应用问题中数据之间的逻辑关系和对数据的操作，同时还研究如何将具有逻辑关系的数据按一定的存储方式存放在计算机内；重点介绍数据结构的有关概念和术语以及算法的重要概念。通过本章的学习，要求掌握如下内容：

- 了解数据、数据元素、数据项、数据对象、数据类型及抽象数据类型等基本概念；
- 掌握数据结构和算法的概念；
- 掌握线性结构、树状结构和图状结构等的逻辑特点；
- 掌握算法的评价标准，学会分析算法的时间复杂度。

## 1.1 引言

目前，计算机技术的发展日新月异，其应用已不再局限于科学计算，而是更多地用于控制、管理及事务处理等非数值计算问题的处理。与此同时，计算机操作的对象由纯粹的数值数据发展到字符、表格、图像、声音等各种具有一定结构的数据，数据结构就是研究这些数据的组织、存储和运算的一般方法的学科。

数据结构作为一门独立的学科，最早在1968年创立于美国。现今，数据结构是计算机科学与技术、软件开发与应用、网络安全、信息管理、电子商务等相关专业的一门专业基础课程。打好数据结构这门课程的扎实基础，将会对程序设计有进一步的认识，使编程能力上一个台阶，从而使学习和开发应用软件的能力有一个明显的提高。

数据结构是一门研究非数值计算的程序设计问题中计算机的操作对象以及它们之间的关系和运算的学科。之所以要学习数据结构的原因如下：

(1) 计算机处理的数据量越来越大。

(2) 数据的类型越来越多。

(3) 数据的结构越来越复杂。

用计算机解决一个具体问题时，一般需要经过下列几个步骤：首先要从该具体问题抽象出一个适当的数学模型，然后设计或选择一个解决此类数学模型的算法，最后编写程序进行调试、测试，直至解决实际问题。寻求数学模型的实质是分析问题，从中提取操作的对象，并找出这些操作对象之间的关系，然后用数学语言加以描述。描述非数值计算问题的数学模型不再是数学方程，而是诸如表、树、图之类的数据结构。

为了使读者对数据结构有一个感性的认识，下面给出了几个数据结构的示例，读者可以通过这些示例去理解数据结构的概念。

**【示例1】** 学生基本情况表。

图1.1是一张学生基本情况表。该表中的每一行是一个数据元素(或称记录、结点)，它表示一个学生的基本信息。每个学生的学号都不相同，所以可以用学号来唯一地标识每个数据元素。因为每个学生的学号排列位置有先后次序，所以在表中可以按学号形成一种一对一的次序关系，即整个二维表就是学生数据的一个线性序列，这种关系称为线性数据结构。

| 学号 | 姓名 | 性别 | 年龄 | 专业 |
|---|---|---|---|---|
| 20110101 | 任帅 | 男 | 18 | 电子商务 |
| 20110102 | 郭昕 | 男 | 17 | 计算机科学与技术 |
| 20110103 | 宋航 | 男 | 19 | 财务会计 |
| 20110104 | 李玥 | 女 | 18 | 市场营销 |

图1.1　学生基本情况表

**【示例2】** 某学校教师的名册。

图1.2像一棵根在上而倒挂的树，清晰地描述了教师所在的系和教研室，这样一来可以从树根沿着某系某教研室很快找到某个教师，查找的过程就是从树根沿分支到某个叶子的过程。类似于树这样的数据结构可以描述家族的家谱、企事业单位中的人事关系，磁盘目录结构图等。在这种结构中，结点之间呈现出一对多的非线性关系，这种关系称为树状数据结构。

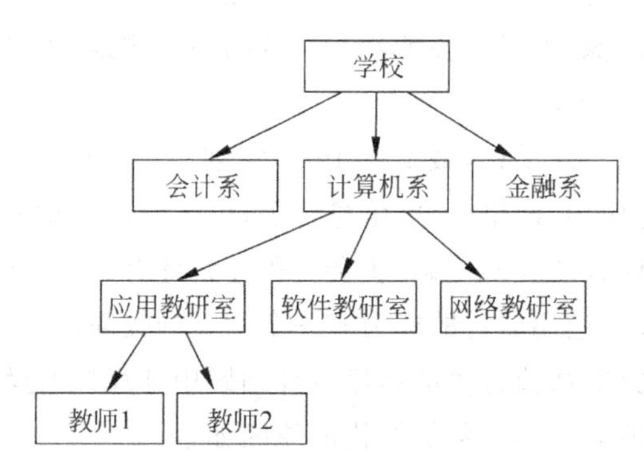


图1.2　某学校教师名册

**【示例3】** 教学计划编排表。

图1.3是表1.1所对应的修课图。通常在一个教学计划中包含有多门课程，在这些课程之间，有些课程必须按规定的先后次序排课，例如，学习C6课程必须先学习C2和C3课程，而学习C3课程又必须先学习C1和C2课程。这些课程之间存在着先修和后续的关系，而且每一门课程的先修课程和后续课程都可能有若干门，即各课程之间呈现出多对多的非线性关系，这种关系称为图状数据结构。

表 1.1　计算机专业的课程编排表

| 课程编号 | 课程名称 | 先修课程 |
|---|---|---|
| C1 | 计算机导论 | 无 |
| C2 | C 程序设计 | C1 |
| C3 | 数据结构 | C1,C2 |
| C4 | 数据库原理 | C3,C5 |
| C5 | 操作系统 | C3 |
| C6 | 编译原理 | C2,C3 |

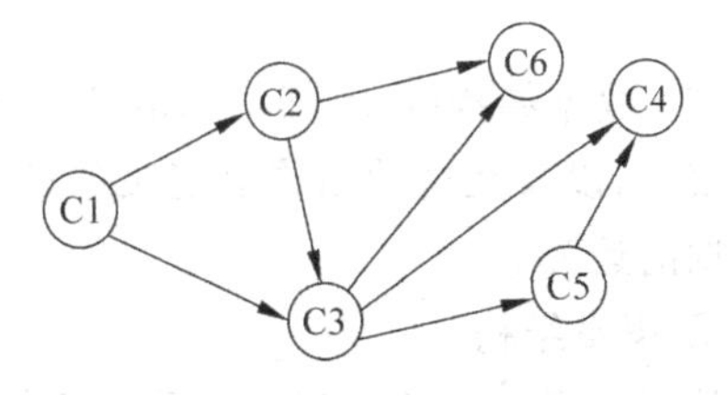

图 1.3　课程编排表对应的修课图

由以上示例可以看出，描述这类非数值计算问题的数学模型和方法不再是数学方程，而是诸如线性表、树和图之类的数据结构。因此，可以说数据结构课程主要是研究非数值计算的程序设计中数据之间的逻辑关系和对数据的操作，以及如何将具有一定逻辑关系的数据存储到计算机内，然后再对这些数据设计出相应的运算算法。

学习数据结构的目的就是为了在程序设计过程中，能够将实际问题涉及的各种数据(包括非数值数据)存储在计算机中，并能编写出解决实际问题的各种运算算法。对于程序设计者或大型软件开发人员来说，学好数据结构是必不可少的前提条件。

## 1.2　基本概念与术语

在深入学习数据结构这门课程之前，先介绍一些与数据结构相关的概念和术语，下面介绍一些基本概念和常用术语。

(1) 数据(Data)。对客观事物的一种符号表示，是指所有能输入到计算机中并被计算机程序加工处理的符号的总称。这些符号包括数字、字母、文字、表格、图像、声音等。例如，34 这个整数是一个数据，学生基本情况表(图 1.1)也是数据，它可以被学生管理程序加工处理。

(2) 数据元素(Data Element)。组成数据的基本单位，在计算机程序中通常作为一个整体进行考虑和处理。一个数据元素可由一个或多个数据项构成，数据项是构成数据的最小单位。例如，在学生基本情况表(图 1.1)中，为了便于处理，通常把其中的每一行(代表一个学生)作为一个基本单位(即数据元素)来考虑，在该表中共有 4 个数据元素，而每一个数据元素又是由"学号"、"姓名"、"性别"、"年龄"、"专业"5 个数据项构成。数据元素也可以称为记录、结点等。

(3) 数据项(Data Item)。是数据不可分割的、具有独立意义的最小数据单位，是对数据元素属性的描述。数据项也称为域或字段。数据项一般有名称、类型、长度等属性。

数据、数据元素、数据项反映了数据组织的三个层次，即数据可以由若干个数据元素组成，数据元素又由若干个数据项组成。

(4) 数据对象(Data Object)。性质相同的数据元素的集合。例如，在如图 1.1 所示的学生基本情况表中，所包含的 4 个类型相同的数据元素可以看成是一个数据对象。数据对象由性质相同的数据元素组成，它是数据的一个子集。

(5) 数据类型(Data Type)。一组结构相同的值构成的值集(类型)和定义在这个值集(类型)上的操作集。例如，在 C 语言程序设计中，有整型、字符型、浮点型、双精度型等基本的数据类型，它们都是一组结构相同的值构成的值集，以及在这个值集上允许进行的操作的总称。

(6) 数据结构(Data Structure)。数据元素之间的逻辑关系和这种关系在计算机中的存储表示，以及在这种结构上定义的运算。数据结构包括数据的逻辑结构、数据的存储结构和数据的运算。

① 逻辑结构

数据元素之间的相互关系称为逻辑结构。数据的逻辑结构主要分为两大类，即线性结构和非线性结构。其中非线性结构又包括集合结构、树状结构、图状结构。

(a) 集合结构。该结构中的数据元素除了类型相同外，没有其他关系。

(b) 线性结构。该结构中的数据元素除了类型相同外，元素之间还存在一对一的关系。

(c) 树状结构。该结构中的数据元素除了类型相同外，元素之间还存在一对多的关系。

(d) 图状结构。该结构中的数据元素除了类型相同外，元素之间还存在多对多的关系。

例如，在图1.1所示的基本情况表中，有4个数据元素(记录)，各数据元素在逻辑上有一定的关系，这种关系指出了这4个数据元素在表中的排列顺序。对于表中的任一个结点(记录)，最多只有一个直接前驱结点，最多只有一个直接后继结点，整张表只有一个开始结点(第一个)和一个终端结点(最后一个)，显然，这是一对一的线性关系。该表的逻辑结构就是表中数据元素之间的关系，即该表的逻辑结构是线性结构。同理，在图1.2和图1.3中，各数据元素之间分别存在着一对多和多对多的关系，即它们的逻辑结构分别为树状结构和图状结构。

数据的4种基本逻辑结构如图1.4所示。

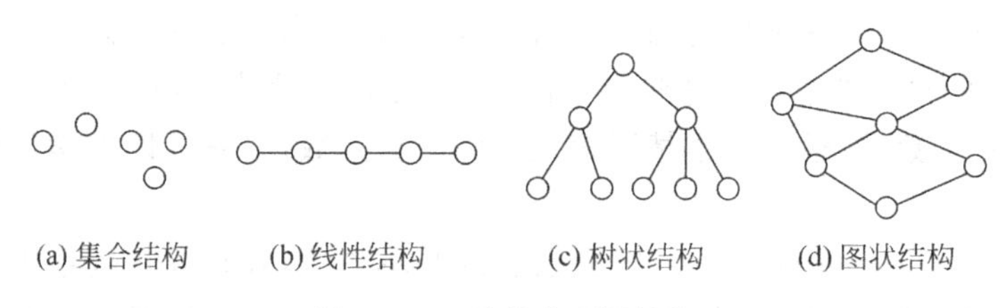

(a) 集合结构　(b) 线性结构　(c) 树状结构　(d) 图状结构

图1.4　四种基本逻辑结构

数据结构不同于数据类型，也不同于数据对象，它不仅要描述同一数据类型的数据对象，而且要描述数据对象中各数据元素之间的相互关系。

从上面所介绍的数据结构的概念中可以知道，一个数据结构有两个要素。一个是数据元素的集合，另一个是关系的集合。在形式上，数据结构通常可以采用一个二元组来表示。

数据的逻辑结构可以形式化定义为：DataStructure＝(D,R)，其中D是数据元素的有限集，R是D上各数据元素之间的关系的有限集。

例如，假设有数据结构：Line＝(D,R)，其中D＝{1,2,3,4,5,6}，R＝{＜1,2＞,＜2,3＞,＜3,4＞,＜4,5＞,＜5,6＞}，则该数据结构的图形表示如图1.5所示。

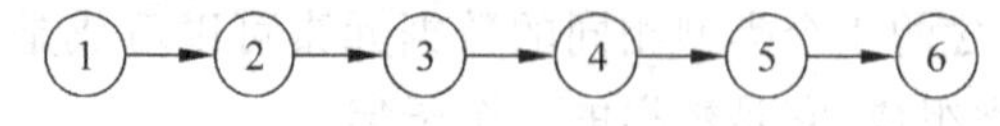


图1.5　线性结构

显然，这是一种线性数据结构。

请读者思考一个问题：如果在上例中，将关系的集合 R 改为 R＝{＜1,2＞,＜1,3＞,＜2,4＞,＜2,5＞,＜5,6＞}，则该数据结构的图形表示方式是怎样的，并指出该数据结构的逻辑结构是哪一种。

② 存储结构

数据的逻辑结构在计算机中的存储表示称为数据的存储结构，也称为数据的物理结构。它包括数据元素本身的存储表示及其逻辑关系的存储表示。数据有 4 种不同的存储结构（亦称方式），即顺序存储结构、链式存储结构、索引存储结构和散列存储结构。

(a) 顺序存储结构。把逻辑上相邻的结点存储在物理上相邻的存储单元里，结点之间的逻辑关系由存储单元位置的邻接关系来体现。这种存储方式的优点是占用较少的存储空间，不浪费空间；缺点是由于只能使用相邻的一整块存储单元，因此可能产生较多的碎片现象，而且在进行插入和删除结点的操作时，需移动大量元素，从而花费较多的时间。顺序存储结构通常借助于程序设计语言中的数组来描述。

(b) 链式存储结构。把逻辑上相邻的结点存储在物理上任意的存储单元里，结点之间的逻辑关系由附加的指针域来体现。每个结点所占的存储单元包括两部分：一部分存放结点本身的信息，即数据域；另一部分存放后继结点的地址，即指针域，结点间的逻辑关系由附加的指针域表示。这种存储结构的优点是不会出现碎片现象，充分利用所有的存储单元，而且在进行插入和删除结点操作时只需修改指针，而不需移动大量元素；缺点是每个结点在存储时都要附加指针域，占用较多的存储空间。链式存储结构常借助程序设计语言中的指针类型描述。

(c) 索引存储结构。用结点的索引号来确定结点的存储地址。在存储结点信息的同时，要建立附加的索引表。优点是检索速度快。缺点是增加了附加的索引表，占用较多的存储空间；在进行插入和删除结点的操作时需要修改索引表而花费较多时间。

(d) 散列存储结构。根据结点的关键字值直接计算出该结点的存储地址。通过散列函数把结点间的逻辑关系对应到不同的物理空间。优点是检索、插入和删除结点的操作都很快；缺点是当采用不好的散列函数时可能出现结点存储单元的冲突，为解决冲突需要附加时间和空间的开销。

例如，图 1.1 所示的表格数据在计算机中可以有多种存储表示，如图 1.6 所示，可以采用顺序存储方式（如图 1.6(a)），也可以采用链式存储方式（如图 1.6(b)），其中 a～d 代表学生基本情况表中的 4 个元素。

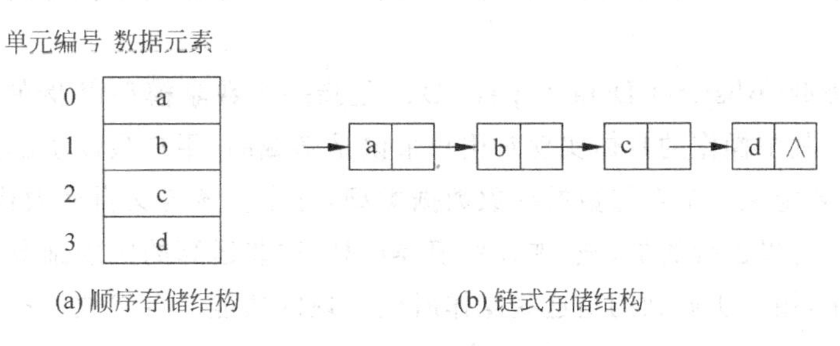

(a) 顺序存储结构　　(b) 链式存储结构

图 1.6　顺序存储结构和链式存储结构

数据的存储结构是数据结构研究的重要方面，熟练掌握各种存储结构，尤其是顺序存储结构和链式存储结构，是编写出高效的计算机程序和大型的应用软件的前提条件。

③ 数据的运算

要解决实际问题，不仅仅是研究实际问题中涉及的数据的逻辑结构和存储结构，而且还要对数据进行各种加工处理操作。对数据的运算也就是对数据进行的加工处理操作。例如，对一张表的记录进行查找、增加、删除、修改，这就是对数据的运算。数据的运算是定义在数据的逻辑结构上的，但运算的具体实现要在存储结构上进行。

数据结构三个方面的关系为：数据的逻辑结构、数据的存储结构及数据的运算三个方面构成一个数据结构的整体。存储结构是数据及其关系在计算机内的存储表示。同一逻辑结构采用不同的存储方式，即可对应不同的数据结构。例如，线性表若采用顺序存储方式，则可以称为顺序表；若采用链式存储方式，则可以称为链表；若采用散列存储方式，则可以称为散列表。在实际应用中，根据需要，通常采用相比之下较为合适的存储结构。

# 1.3　抽象数据类型

在程序设计过程中，有一个很重要很基本的原则，那就是抽象。所谓抽象是指对一个事物的简化描述，它强调了事物的某些特性，而把其他性质隐藏起来。程序设计中的抽象原则是：对用户来说，他们所关心的是程序能做什么，而对系统的具体实现细节可以不必了解。那么什么是抽象数据类型呢？我们先来了解以下几个概念。

类型(Type)是一组结构相同的值的集合。例如，整数类型就是具体计算机所能表示的整数数值的集合，通常整数类型的范围是－32 768～＋32 767。又例如，布尔类型就是数值true 和 false 组成的集合。

数据类型(Data Type)是指一个类型和定义在这个类型上的操作的集合。例如，当我们说计算机中的整型数据类型时，就不仅指计算机所能表示的整数数值的集合，而且指能对这个整数类型进行的加(＋)、减(－)、乘(*)、除(/)和求模(%)等操作。简单地说，数据的类型决定了数据的取值范围和所能进行的运算操作。

在数据结构这门课程中，通常把在已有数据类型的基础上设计出新的数据类型的过程称为数据结构设计，即从简单的数据类型设计出较接近现实需要的较复杂的数据类型。在这里，数据结构和数据类型具有相同的含义，设计一种数据结构也就是设计一种新的数据类型。

抽象数据类型(Abstract Data Type，ADT)是指一个数学模型以及在此数学模型上定义的一组操作。其中操作的具体实现对用户来说是隐藏的，用户只需了解该模型所能实现的功能。例如，要定义一个自然数的抽象数据类型，首先应该定义自然数构成的值集，然后再定义对自然数可以进行的加、减、乘、除、模等运算，这些运算的实现细节可以分别通过一个函数隐藏起来，用户所见到的是这些操作所能实现的功能。自然数的抽象数据类型的定义形式如下：

```
ADT  自然数
     正整数构成值集
     加法运算
     减法运算
     乘法运算
     除法运算
     求模运算
ADT  定义结束
```

其中第一行表示抽象数据类型的名字,第二行表示抽象数据类型的值集,第 3～7 行表示抽象数据类型所能进行的操作,最后一行表示定义结束。

一个 ADT 的定义并不涉及它的实现细节,这些 ADT 的实现细节对于 ADT 的使用者是隐藏的。隐藏实现细节的过程称为封装。ADT 的实现包括首先给出数据的物理存储方式,然后通过子程序实现 ADT 的每一个操作。ADT 的定义和实现是不同的过程,先进行 ADT 的定义,再进行实现,通常用 C 语言或 C++语言来描述。

从定义看,数据类型和抽象数据类型的定义基本相同,它们的不同之处仅仅在于：数据类型指的是高级程序设计语言支持的基本数据类型,而抽象数据类型指的是在基本数据类型支持下设计出来的新的数据类型。数据结构课程主要讨论线性表、栈、队列、串、数组、树、图等典型的常用数据结构,这些典型数据结构就是一个个不同的抽象数据类型。抽象数据类型是开发大型软件的基本模块。

## 1.4 算法和算法的分析

在计算机科学中,一个算法实质上是针对所处理问题的需要,在数据的逻辑结构和存储结构的基础上实施的一种运算。由于数据的逻辑结构和存储结构不是唯一的,所以处理同一个问题的算法也不是唯一的；即使对于具有相同逻辑结构和存储结构的问题而言,由于设计思想和设计技巧不同,编写出来的算法也不尽相同。学习数据结构这门课程的目的,就是要学会根据实际问题的需要,为数据选择合适的逻辑结构和存储结构,进而设计出合理和实用的算法。

### 1.4.1 算法的基本概念

既然算法在程序设计中如此重要,那么,什么是算法呢？假设要计算两个整型数据的和,可以采用某种语言将这个求和运算的过程描述出来,那么这个运算过程的描述就可以看成是一个小小的算法；另外,将一组给定的数据由小到大进行排序,解决的方法有若干种,而每一种排序方法就是一种算法。从上面的描述中,读者应该对算法有了一个大概的了解,简单地说,算法类似于程序设计中的函数。

**1. 算法(Algorithm)**

算法是指用于解决特定问题的方法,是对问题求解过程的一种描述。它是指令的有限序列,其中每一条指令表示计算机的一个或多个操作。

**2. 算法的特征**

算法是解决问题的特定方法,但它不同于计算方法,原因是算法有它自己的一些特征。

(1) 有穷性:一个算法总是在执行有穷步之后结束。

(2) 确定性:算法中的每个步骤都必须有确切含义,不能有二义性。

(3) 可行性:算法中的每个操作都必须相当基本,都可以付诸实施,而且人们用笔和纸经过有穷次的计算也可以完成。

(4) 输入:一个算法应该有0个或多个由外界提供的量(输入)。没有输入的算法是缺乏灵活性的算法。算法开始时,一般要给出初始数据,这里0个输入是指算法的初始数据在算法内部给出,不需要从外部输入数据。

(5) 输出:一个算法应该产生1个或多个结果(输出)。没有输出的算法是没有实用意义的算法。输出与输入有着特定的关系,输出可以看成是算法对输入进行加工处理的结果,因而,算法可以看成一个函数:输出=$f$(输入)。

**3. 算法与程序的区别**

算法与程序的区别有以下几点。

(1) 一个算法必须在有穷步之后结束,一个程序不一定满足有穷性。例如,操作系统是一个程序,可以执行任务,在没有任务运行时,它并不终止,而是处于等待状态,直到有新的任务进入。因为在没有任务执行期间,操作系统本身并不停止运行,即不满足有穷性,因而它不是一个算法。

(2) 程序中的指令必须是机器可执行的,而算法中的指令则无此限制。

(3) 算法代表了对问题的求解过程,而程序则是算法在计算机上的实现。

**4. 算法的评价标准**

在实际应用中,解决同一个问题的算法通常并不唯一,对于不同的算法,怎样评判它们的好坏呢?采用哪个算法效率更高呢?这就要从以下几个方面来评价一个算法的优劣了。算法的评价标准主要有正确性、简明性、健壮性、运行时间少、占用空间少。

(1) 正确性:这是评价算法优劣的前提。一个算法是正确的,是指当输入合法数据时,能在有限的运行时间内得到预先期望的正确结果。

(2) 简明性:算法应当思路清晰、层次分明、简单明了、易读易懂,以有利于阅读者对程序的理解。

(3) 健壮性:算法应有容错处理功能。当输入非法数据时,算法应对其作出反应,并进行适当处理,以免引起严重的后果。

(4) 运行时间少:计算机执行完一个算法需一定的时间,好的算法应尽量使执行完整个算法所用的时间较少。

(5) 占用空间少:计算机的内存有限,算法运行时需占用一定的内存空间,好的算法应尽量使运行时占用的内存空间较少。

**5. 算法的描述**

一个算法可以用自然语言、流程图、高级程序设计语言(如C、C++、Java)、类语言(如类C)等来描述,在本书中选用C语言作为描述算法的工具。

**【例1.1】** 输入一个整数,将它逆序输出。

(1) 自然语言:使用日常的自然语言(可以是中文、英文,或中英文结合)来描述算法,特点是简单易懂，便于人们对算法的阅读和理解，但不能直接在计算机上执行。

用自然语言描述该算法如下。

第一步，输入一个整数值 $x$。

第二步，当 $x$ 不等于 0 时，求出 $x$ 除以 10 的余数 $d$，并输出 $d$。

第三步，求出 $x$ 除以 10 的整数商，结果送给 $x$。

第四步，重复第二步和第三步，直到 $x$ 变为 0 时终止。

(2) 流程图：使用程序流程图、N-S 图等描述算法，特点是描述过程简明直观，但不能直接在计算机上执行。目前，在一些高级语言程序设计中仍然采用这种方法来描述算法，但必须通过编程语言将它转换成高级语言源程序才可以被计算机执行。

**【例 1.2】** 用流程图描述例 1.1 中的算法。

流程图如图 1.7 所示。

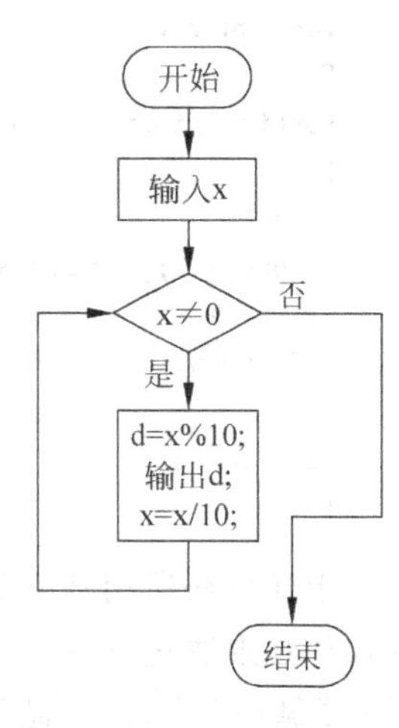

图 1.7　流程图

(3) 高级程序设计语言：使用程序设计语言(如 C 或 C++)描述算法，可以直接在计算机上执行，但设计算法的过程不太容易且不直观，需要借助注释才能看明白。

**【例 1.3】** 用 C 语言描述例 1.1 中的算法。

```
void function()
{
int x;
scanf(" % d",&x);
while (x!= 0)
{d = x % 10;
printf(" % d",d);
x = x/10;
}
}
```

(4) 类语言：为解决理解与执行的矛盾，常使用一种称为伪代码(即类语言)的语言来描述算法。类语言介于高级程序设计语言和自然语言之间，它忽略高级程序设计语言中一些严格的语法规则与描述细节，因此它比高级程序设计语言更容易描述和被人理解，而且比自然语言更接近高级程序设计语言。它虽然不能直接执行，但很容易被转换成高级语言。

**【例 1.4】** 用类 C 语言描述例 1.1 中的算法。

```
输入一个整数 x;
while(x≠0)
{
d = x % 10;
输出 d;
x = x/10;
}
```

## 1.4.2 算法的时间复杂度

一般来说，一个程序在计算机上运行的时间主要与程序的输入量(即问题规模)和内含于程序中执行的程序步程数(即基本操作的次数)有关。

算法的时间复杂度(Time Complexity)是指算法从开始运行到运行结束所需要的时间。在实际的算法分析中,计算时间复杂度并不是计算确切的运行时间,而是计算算法中的基本操作的次数。通常是所处理问题规模 $n$ 的一个函数 $T(n)$,常采用数量级的形式来表示。记作 $T(n)=O(f(n))$,称 $T(n)$ 为算法的渐近时间复杂度。

**【例 1.5】** 计算 $f=1!+2!+3!+\cdots+n!$,其算法用 C 语言描述如下。

```
long fsum(int n)
{
int i;
long int f,w;
f = 0;
for(i = 1;i <= n;i++)
{
  w = 1;
  for(j = 1;j <= i;j++)
    w = w * j;
  f = f + w;
}
return(f);
}
```

上述算法所用到的基本操作有赋值、比较、乘法、加法、调用 return 库函数,但执行最多的操作是乘法运算 w=w＊j。算法在执行过程中,对外循环变量 i 的每一次取值,内循环变量 j 要循环 i 次,而内循环每执行一次,内循环体 w=w＊j 只执行一次乘法运算,即当循环变量 j 循环 i 次时,内循环体 w=w＊j 做 i 次乘法运算。所以整个算法所做的乘法操作次数为 $f(n)=1+2+3+\cdots+n=n(n+1)/2$,渐近的时间复杂度为 $T(n)=O(f(n))=O(n^2)$。

**【例 1.6】** 分析下列程序段的时间复杂度。

```
i = 1; k = 0;
while(i < n)
{
k = k + 10 * i;
i++;
}
```

在上述算法中,执行最多的操作是 k=k+10＊i,当 i=1 时,执行一次;当 i=2 时,又执行一次;当 i=3 时,又执行一次……,直到当 i=n 时,退出 while 循环体,不再执行 k=k+10＊i,整个算法中,操作 k=k+10＊i 被执行的次数为 $f(n)=n-1$,因此,该算法的时间复杂度为 $T(n)=O(f(n))=O(n)$。

一般地,当输入规模为 $n$ 时,数量级的形式可分为常量级 $O(1)$、对数级 $O(\log_2 n)$、线性级 $O(n)$、线性对数级 $O(n\log_2 n)$、平方级 $O(n^2)$和立方级 $O(n^3)$等多个级别。当输入规模 $n$ 较大时,处于前面级别的算法比处于后面级别的算法更有效。

### 1.4.3 算法的空间复杂度

一般来说,一个程序在计算机上运行时所需的存储空间主要包括以下几个部分:程序本身所占空间、输入数据所占空间、辅助变量所占空间。

算法的空间复杂度(Space Complexity)是指算法从开始运行到运行结束所需的存储空间,即算法执行过程中所需的最大存储空间。

类似于算法的时间复杂度,算法的空间复杂度通常也采用一个数量级来度量,记作 $S(n)=O(g(n))$,称 $S(n)$ 为算法的渐近空间复杂度。

在实际的算法分析中,算法的空间复杂度主要是分析算法执行期间输入数据和辅助变量所占空间,这主要应用在后面章节中各种数据结构的顺序存储和链式存储所占空间的比较。

对于一个算法,其时间复杂度和空间复杂度往往是相互影响的,当追求一个较好的时间复杂度时,可能会使空间复杂度的性能变差,即可能导致占用较多的存储空间;反之,当追求一个较好的空间复杂度时,可能会使时间复杂度的性能变差,即可能导致占用较长的运行时间。另外,算法的所有性能之间都存在着或多或少的相互影响。因此,当设计一个算法(特别是大型算法)时,要综合考虑算法的各项性能、算法的使用频率、算法处理的数据量的大小、算法描述语言的特性、算法运行的机器系统环境等诸多因素,通过权衡利弊才能够设计出比较满意的算法。

## 本章小结

(1) 数据结构研究的三方面内容是数据的逻辑结构、数据的存储结构和数据的运算。数据的逻辑结构可分为集合、线性、树和图 4 种基本结构。数据的存储结构有顺序、链式、索引和散列 4 种存储结构。

(2) 算法是对特定问题求解步骤的一种描述,是指令的有限序列。算法具有有穷性、确定性、可行性和输入、输出特性。

(3) 算法的评价标准主要有正确性、简明性、健壮性和有效性 4 个方面。其中,有效性包括时间复杂度和空间复杂度两个方面。

(4) 算法的时间复杂度和空间复杂度通常采用数量级的形式来表示。数量级的形式可分为常量级、对数级、线性级、线性对数级、平方级和立方级等多个级别。当处理数据量较大时,处于前面级别的算法比处于后面级别的算法更有效。

# 第2章 线 性 表

**【本章学习目标】**

本章通过实例引出线性表的逻辑定义，介绍关于线性表的基本操作，以及使用顺序结构和链式结构实现线性表的存储，并在两种存储结构上使用C语言实现其基本的操作算法，同时进行时间复杂度的分析；另外还介绍了使用循环链表以及双向链表来描述线性表及其若干基本操作的实现。通过本章的学习，要求掌握如下主要内容：

- 了解线性表的逻辑定义和基本运算；
- 熟练掌握线性表的两种存储结构的特点及其具体实现；
- 熟练掌握线性表的两种存储结构上的基本运算的算法实现；
- 掌握循环链表和双向链表两种存储结构；
- 掌握顺序表和单链表各自适用的场合。

## 2.1 线性表的逻辑结构

### 2.1.1 线性表的引例

某学校大一学生的成绩表如图2.1所示，表中每个学生的情况称为一个数据元素或称为记录，它由学号、姓名、会计、英语、计算机5个数据项组成。

| 学号 | 姓名 | 会计 | 英语 | 计算机 |
|---|---|---|---|---|
| 20110301 | 李明 | 85 | 92 | 90 |
| 20110302 | 张亮 | 88 | 86 | 84 |
| 20110303 | 王月 | 82 | 94 | 91 |
| ⋮ | ⋮ | ⋮ | ⋮ | ⋮ |

图2.1 学生成绩表

又例如一年有12个月，可以用数字的集合(1,2,3,4,5,6,7,8,9,10,11,12)来表示。以上都是线性表的具体实例。可以看到以上两个例子都具有共同的特点：无论是单一的数值还是具有结构的记录，同一表中的数据元素的类型都是相同的。

### 2.1.2 线性表的定义

线性表是由零个或多个具有相同类型的数据元素组成的一个有限序列。通常把线性表记作：

$$L:(a_1,a_2,a_3,\cdots,a_i,\cdots,a_n)$$

元素的个数 $n$ 称为线性表的长度，$n=0$ 时，线性表为空表。线性表中每个元素的位置都是确定的，$a_1$ 是第一个数据元素，$a_n$ 是最后一个数据元素。每个元素 $a_i$ 都有一个直接前驱 $a_{i-1}$，一个直接后继 $a_{i+1}$。线性表的特征为数据元素之间具有一对一的线性关系。

### 2.1.3 线性表的基本操作

上面给出了线性表的数学模型，下面给出定义在该数学模型上的基本操作。

(1) INITIATE(L)：初始化操作，生成一个空的线性表 L。

(2) LENGTH(L)：求表长度的操作。函数的返回值为线性表 L 中数据元素的个数。

(3) GET(L,i)：取表中位置 i 处的元素。当 1≤i≤LENGTH(L)时，函数值为线性表 L 中位置 i 处的数据元素，否则返回一个空值。

(4) LOCATE(L,x)：定位操作。给定值 x，在线性表 L 中若存在和 x 相等的数据元素，则函数返回该数据元素的位置值，否则返回 0。若线性表中存在一个以上和 x 相等的数据元素，则函数返回第一个和 x 相等的数据元素的位置值。

(5) INSERT(L,i,b)：插入操作。在给定的线性表 L 中的位置 i(1≤i≤LENGTH(L)+1)处插入数据元素 b。

(6) DELETE(L,i)：删除操作。在线性表 L 中删除位置 i(1≤i≤LENGTH(L))处的数据元素。

(7) EMPTY(L)：判断线性表 L 是否为空。若 L 为空，则函数返回 1，否则函数返回 0。

(8) CLEAR(L)：置空操作。将线性表 L 置成空表。

除了以上 8 个基本操作外，对于线性表还可以做一些较为复杂的运算，如将两个线性表合并成一个线性表的操作等，这些运算都可以利用上述的基本操作来实现。

## 2.2 线性表的顺序存储结构

### 2.2.1 顺序表结构

线性表的实现包括以下两部分：

(1) 选择适当的形式来存储线性表；

(2) 用相应的函数实现线性表的基本操作。

在计算机中可以用不同的方式来存储线性表，主要的存储结构有两种，即顺序存储结构和链式存储结构。本节介绍线性表的顺序存储结构，用顺序存储结构存储的线性表又称为顺序表。

线性表的顺序存储指的是用一组地址连续的存储单元依次存储线性表的数据元素。假设线性表中的元素为$(a_1,a_2,\cdots,a_n)$，在内存中开辟一段长度为 maxsize 大小的存储空间，线性表中第一个数据元素 $a_1$ 在内存中的起始地址 $LOC(a_1)=b$，线性表中每个数据元素在计算机中占据 $d$ 个存储单元，那么，第 $i$ 个数据元素 $a_i$ 在内存中的地址可以通过下面的公式计算得出。

$$LOC(a_i)=LOC(a_1)+(i-1)\times d$$

图 2.2 为线性表在计算机内的顺序存储结构示意图。

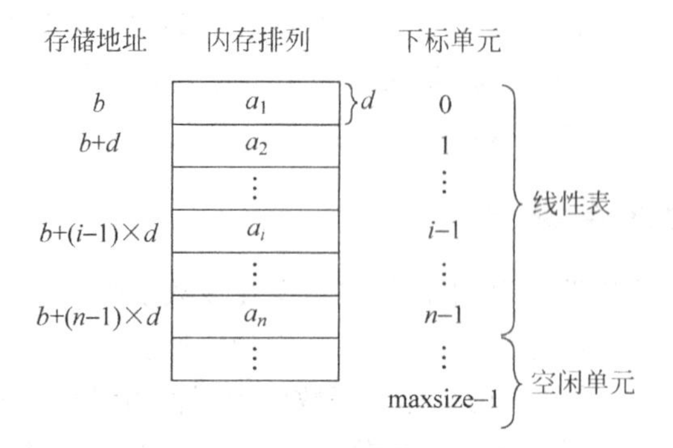


图 2.2　顺序存储结构示意图

顺序表的特点是以元素在计算机内“物理位置相邻”来表示线性表中数据元素之间的逻辑关系。在顺序表中，只要知道第一个数据元素的存储位置，就可以找到其他所有数据元素的位置，因此，顺序表具有随机存取的特点。

由于高级程序设计语言中的数组类型也有随机存取的特性，因此，通常用数组来描述数据结构中的顺序存储结构。顺序表使用 C 语言的一维数组描述如下：

```
#define   DATATYPE1   int
#define   MAXSIZE     100
typedef   struct
{
    DATATYPE1   data[MAXSIZE];
    int   len;
}SEQUENLIST;
```

在上述描述中，定义一个结构体类型 SEQUENLIST 来表示顺序表，其中数组 data 的最大长度为 MAXSIZE，用来存储线性表中的数据元素；整数类型的数据 len 用来指明线性表的长度。

## 2.2.2　顺序表的基本操作

**1. 初始化操作**

算法描述如下：

```
void   INITIATE(SEQUENLIST   *L)
{
L->len=0;
}
```

初始化操作就是生成一个空的顺序表 L，因此只要将顺序表的长度 len 赋值为 0 即可，数组 data 中不输入任何数据。函数中的参数传递的是地址值。算法的时间复杂度为 $O(1)$。

**2. 求表长度的操作**

算法描述如下：

```
int   LENGTH(SEQUENLIST   *L)
```

```
{
  return(L->len);
}
```

算法的时间复杂度为$O(1)$。

**3. 取元素的操作**

算法描述如下：

```
DATATYPE1  GET(SEQUENLIST  *L,int  i)
{
    if(i<1||i>L->len)
      return( NULL);
    else
      return(L->data[i-1]);
}
```

算法的时间复杂度为$O(1)$。

**4. 定位操作**

算法描述如下：

```
int  LOCATE(SEQUENLIST  *L,DATATYPE1  x)
{
    int  k;
    k=1;
    while(k<=L->len&&L->data[k-1]!=x)
        k++;
    if(k<=L->len)
        return(k);
    else
        return(0);
}
```

算法的时间复杂度为$O(n)$。

**5. 插入操作**

插入操作完成的是在顺序表L中的位置$i(1\leqslant i\leqslant \mathrm{LENGTH(L)}+1)$处插入数据元素$b$。在进行插入操作之前，首先必须判断位置$i$是否存在，若位置$i$不存在，则给出错误信息；若位置$i$存在，则进行插入操作。在插入数据元素时，要判断数组中是否有空的位置，若有空的存储单元，则将位置$n$到位置$i$的数据元素分别向后移动一个位置，将位置$i$空出之后，才能将数据元素$b$插入。算法描述如下：

```
void  INSERT(SEQUENLIST  *L,int  i,DATATYPE1  b)
{
int  k;
if (i<1||i>L->len+1||L->len>=MAXSIZE)/*判断位置i是否存在以及是否有空的*/
                                     /*存储单元*/
 printf( "error");
else
{for(k=L->len;k>=i;k--)              /*将位置i之后的数据元素向后移动一个位置*/
    L->data[k]=L->data[k-1];
```

```
    L->data[i-1]=b;
    L->len++;
  }
}
```



如图2.3所示为在具有7个数据元素的顺序表中位置4处插入数据10前后的情况。这里值得注意的是：由于C语言中数组的存储是从0单元开始的，而在顺序表中所进行的操作都是指的位置值，如插入操作是在线性表的位置$i$处插入数据元素$b$，位置$i$在一维数组中对应的是$i-1$单元，所以是将数据元素$b$插入到了数组的$i-1$单元中，因此，用数组来表示线性表时，位置值总是比单元号大1。图2.3中，左边表示数组的单元号，右边表示顺序表的位置值。

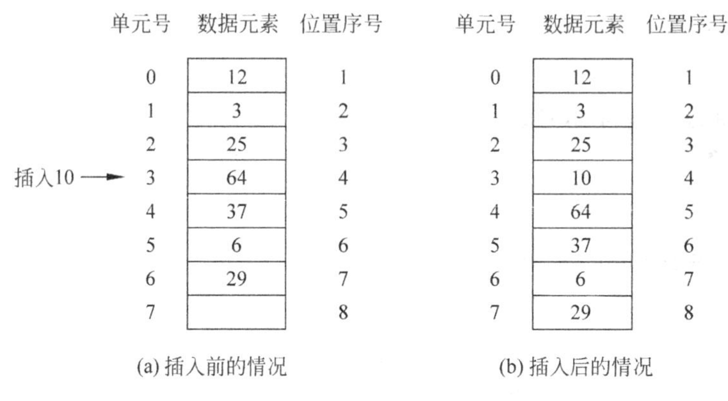


图2.3　顺序表中插入数据元素前后的情况

从上面的插入算法中可以看出，当在顺序表中进行插入操作时，其时间主要耗费在移动数据元素上。移动元素的次数不仅和表长有关，还与插入位置$i$有关，这里假设表长为$n$，执行插入操作元素后移的次数是$n-i+1$。当$i=1$时，元素后移的次数为$n$次，当$i=n+1$时，元素后移的次数是0次，则该算法在最好情况下的时间复杂度为$O(1)$，最坏情况下的时间复杂度为$O(n)$。下面进一步分析算法的平均时间复杂度。设$P_i$为在顺序表中第$i$个位置插入一个元素的概率，假设在表中任意位置插入数据元素的机会是均等的，则

$$P_i=\frac{1}{n+1}$$

设$E_{is}$为移动元素的平均次数，在表中位置$i$处插入一个数据元素需要移动元素的次数为$n-i+1$，因此

$$E_{is}=\sum_{i=1}^{n+1}P_i(n-i+1)=\sum_{i=1}^{n+1}\frac{n-i+1}{n+1}=\frac{n}{2}$$

也就是说在顺序表上做插入操作，平均要移动一半的元素。就数量级而言，它是线性阶的，算法的平均时间复杂度为$O(n)$。

**6. 删除操作**

删除操作是将位置$i$处的数据元素从顺序表中删除。首先必须判断位置$i$是否存在，若不存在，则给出错误信息；若存在，则将位置$i+1$之后的所有数据元素分别向上移动一个位置。具体操作见图2.4。删除操作的算法描述如下：

| 单元号 | 数据元素 | 位置序号 |
| --- | --- | --- |
| 0 | 12 | 1 |
| 1 | 3 | 2 |
| 2 | 25 | 3 |
| 3 | 64 | 4 |
| 4 | 37 | 5 |
| 5 | 6 | 6 |
| 6 | 29 | 7 |
| 7 |  | 8 |

删除64 → 3

(a) 删除前的情况

| 单元号 | 数据元素 | 位置序号 |
| --- | --- | --- |
| 0 | 12 | 1 |
| 1 | 3 | 2 |
| 2 | 25 | 3 |
| 3 | 37 | 4 |
| 4 | 6 | 5 |
| 5 | 29 | 6 |
| 6 |  | 7 |
| 7 |  | 8 |

(b) 删除后的情况

图 2.4　顺序表中删除数据元素前后的情况

```
void  DELETE(SEQUENLIST   * L,int  i)
{
    int  k;
    if(i<1||i>L->len||L->len==0)          /* 判断位置 i 是否存在以及表是否为空 */
        printf("error");
    else
    {   for(k=i+1;k<=L->len;k++)          /* 从位置 i+1 处的数据元素到表的最后一 */
            L->data[k-2]=L->data[k-1];    /* 个数据元素各自向前移动一个位置 */
        L->len--;
    }
}
```

这里值得注意的是：在移动数据元素的过程中，先从位置 $i+1$ 的数据开始，将位置 $i+1$ 的数据移到位置 $i$ 处，然后再移动位置 $i+2$ 的数据，将位置 $i+2$ 的数据移动到位置 $i+1$ 处，以此类推，直到最后一个数据。如果反过来，从最后一个数据元素开始移动，则会覆盖掉前一位置的数据，从而发生错误。算法的时间复杂度为 $O(n)$。

**7. 判断表空的操作**

算法描述如下：

```
int  EMPTY(SEQUENLIST   * L)
{
    if(L->len==0)
        return(1);
    else
        return(0);
}
```

算法的时间复杂度为 $O(1)$。

# 2.3　线性表的链式存储结构

## 2.3.1　链式存储结构

线性表的链式存储结构的特点是用一组任意的存储单元存储线性表的数据元素，这组存储单元可以是连续的,也可以是不连续的。因此,为了能正确表示数据元素之间的线性关系,引入结点的概念,一个结点表示线性表中的一个数据元素,结点中除了存储数据元素的信息,还必须存放指向下一个结点的指针(即下一个结点的地址值)。那么,一个线性表就是由若干个结点组成的,每个结点含有两个域,一个域 data 用来存储数据元素的信息,另一个域 next 用来存储指向下一结点的指针,一个结点的结构表示如图 2.5 所示。

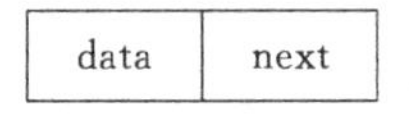


图 2.5　一个结点的结构

如果线性表为$(a_1,a_2,\cdots,a_n)$,则存放 $a_i$ 的结点的 data 域中存储 $a_i$,next 域中存储指向 $a_{i+1}$的指针,其中 $i=1,2,\cdots,n-1$,存放 $a_n$ 的结点的 data 域中存储元素 $a_n$,next 域中存储一个空的指针 NULL。为了处理空表方便,引入一个头结点,它的 data 域中不存储任何信息,next 域中存储指向线性表第一个元素的指针。本章中如无特殊说明,以后建立的单链表都为带头结点的链表。则线性表$(a_1,a_2,\cdots,a_n)$表示如图 2.6 所示。

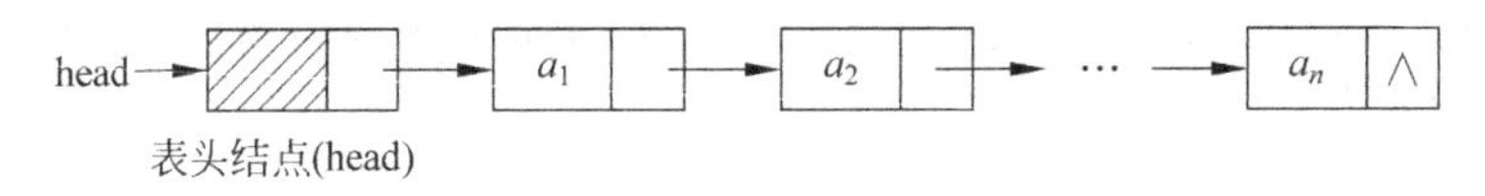


图 2.6　单链表表示的线性表

单链表可以由指向头结点的指针 head 唯一确定,假设单链表中存储的是字符型数据,使用 C 语言来描述单链表的结点的类型如下:

```
#define  DATATYPE2  char
typedef  struct  node
{
    DATATYPE2  data;
    struct  node  * next;
}LINKLIST;
```

## 2.3.2　单链表上的基本运算

**1. 初始化操作**

初始化操作是将线性表初始化为一个空的线性表,算法描述如下:

```
LINKLIST  * INITIATE()
{
    LINKLIST  * head;
    head = (LINKLIST * )malloc(sizeof(LINKLIST));
    head -> next = NULL;
    return(head);
}
```

算法的时间复杂度为 $O(1)$。

**2. 建立单链表**

建立单链表的过程就是生成结点并链接结点的过程。设单链表中的数据类型为字符型,依次从键盘上输入这些字符,以'$'作为结束标志。建立单链表有如下两种方法。

(1) 尾插入法建立单链表

尾插入法建立单链表是指首先建立头结点,构成一个空的单链表,然后按照输入字符数据的次序,将字符数据依次链接到已经建好的单链表的末尾。如图 2.7 所示为尾插入法建立单链表输入第 2 个字符的过程。

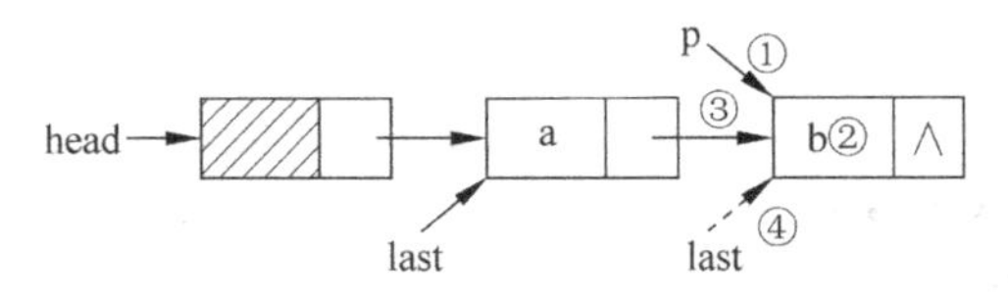


图 2.7 尾插入法建立单链表插入第 2 个结点的过程

```
LINKLIST * rcreat()
{
    LINKLIST * head, * last, * p;
    char ch;
    head = (LINKLIST * )malloc(sizeof(LINKLIST));
    head -> next = NULL;
    last = head;
    while( (ch = getchar())!= '$')
    {   p = (LINKLIST * )malloc(sizeof(LINKLIST));        /* 对应图 2.7 中的① */
       p -> data = ch;                                     /* 对应图 2.7 中的② */
       last -> next = p;                                   /* 对应图 2.7 中的③ */
       last = p;                                           /* 对应图 2.7 中的④ */
       p -> next = NULL;
    }
    return(head);
}
```

算法的时间复杂度为 $O(n)$。

(2) 头插入法建立单链表

头插入法建立单链表是指首先建立头结点,然后输入第 1 个字符数据,将其链接到头结点后,之后依次输入字符数据,将输入的字符数据插入到已经建立好的单链表的头结点与第 1 个结点之间。如图 2.8 所示为采用头插入法建立单链表输入第 2 个结点的过程。

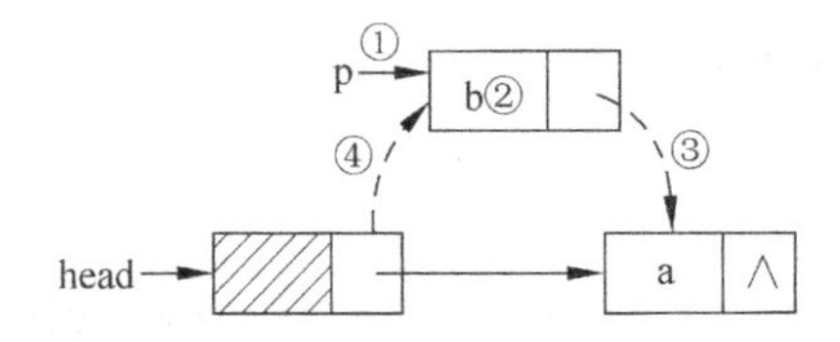


图 2.8 头插入法建立单链表插入第 2 个结点的过程

```
LINKLIST * hcreat()
{
    LINKLIST * head, * p;
    char ch;
    head = (LINKLIST * )malloc(sizeof(LINKLIST));
```

```
    head->next = NULL;
    while( (ch = getchar() )!= '$ ')
    {  p = (LINKLIST * )malloc(sizeof(LINKLIST));      /* 对应图 2.8 中的① */
       p->data = ch;                                   /* 对应图 2.8 中的② */
       p->next = head->next;                           /* 对应图 2.8 中的③ */
       head->next = p;                                 /* 对应图 2.8 中的④ */
    }
    return(head);
}
```

算法的时间复杂度为 $O(n)$。

**3. 求表长度的操作**

算法描述如下：

```
int  LENGTH(LINKLIST * head)
{
    int i;                                             /* 变量 i 记录结点个数 */
    LINKLIST * p;
    p = head;
    i = 0;
    while(p->next!= NULL)
    {  p = p->next;
       i++;
    }
    return(i);
}
```

由于单链表表示的线性表没有直接给出表的长度，因此必须通过一个循环语句来求结点的个数。算法中使用指针 p 跟踪每一个结点，p 的初始值指向头结点 head，此时记录结点个数的变量 $i$ 赋初始值 0，接下来指针 p 每向下移动一个位置，变量 $i$ 就做加 1 的操作，直到单链表结束，最终 $i$ 的值就是单链表长度。算法的时间复杂度为 $O(n)$。

**4. 按序号查找操作**

按序号查找操作是指查找单链表中第 $i$ 个结点($1 \leqslant i \leqslant \mathrm{LENGTH(L)}$)，若找到，则返回该结点的存储位置，否则返回一个空值。要实现该操作，首先要找到处于位置 $i$ 的结点，确定了该结点的地址 $p$ 后，直接返回 $p$ 就可以了。具体算法实现如下。

```
LINKLIST * GET(LINKLIST * head, int i)
{
    int j;
    LINKLIST * p;
    j = 0;                                             /* j 为计数器 */
    p = head;
    while(j < i&&p)                                    /* 寻找位置 i */
    {  p = p->next;
       j++;
    }
    return p;
}
```

该算法的时间复杂度为 $O(n)$。

**5. 按元素值查找操作**

按元素值查找操作是在单链表中查找给定的数据值，如果查找成功，则返回该值的位置，否则返回一个空值。在单链表上查找某一数据元素，只能从头开始，设置指针 p，p 最初指向单链表的第 1 个数据元素，即 p＝head－＞next，然后比较给定的数据和 p 所指结点 data 域的值，如果相等，则返回该结点的地址 p，如果不相等，则指针 p 向后移动一个位置，指向下一个数据元素，接下来重复上面比较的过程，直至单链表结束都没有找到，则返回一个空指针值 NULL。具体算法实现如下：

```
LINKLIST * LOCATE(LINKLIST * head, DATATYPE2 x)
{
    LINKLIST * p;
    p = head -> next;
    while(p&& p -> data!= x)
        p = p -> next;
    return p;
}
```

算法的时间复杂度为 $O(n)$。

**6. 插入操作**

插入操作是指在线性表的位置 $i$ 处插入一个数据元素。在单链表中实现插入操作，首先建立一个新的结点，用来存储要插入数据的信息，然后必须找到位置 $i-1$，如果找到，则在位置 $i-1$ 之后插入数据元素；否则，给出相应的出错信息。如图 2.9 所示为找到位置 $i-1$ 后插入数据元素的过程。具体算法实现如下。

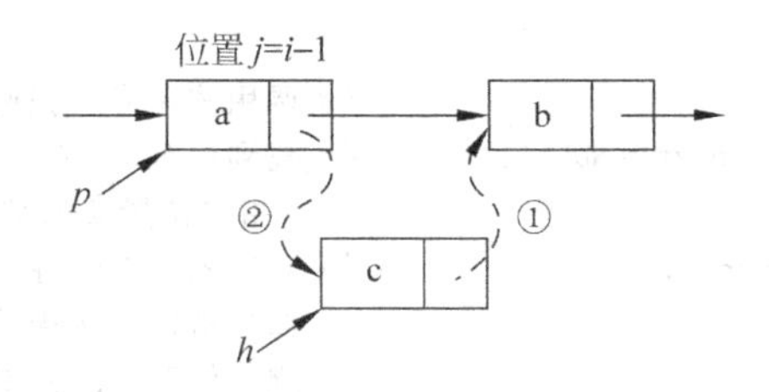


图 2.9　在位置 $i$ 处插入数据元素 c

```
void  INSERT(LINKLIST * head, int i, DATATYPE2 x)
{
    int j;
    LINKLIST * h, * p;
    h = (LINKLIST * )malloc(sizeof(LINKLIST));/ * 建立新结点 * /
    h -> data = x;                  / * 将要插入的数据元素 x 放在新结点的 data 域 * /
    h -> next = NULL;
    p = GET(head, i - 1);           / * 调用按序号查找函数寻找位置 i - 1 * /
    if(p!= NULL)                    / * 找到位置 i - 1 * /
    {   h -> next = p -> next;      / * 对应图 2.9 中的① * /
        p -> next = h;              / * 对应图 2.9 中的② * /
    }                               / * 将结点 h 插入到单链表的位置 i - 1 之后，即位置 i 处 * /
    else
```

```
        printf( "insert fail");
}
```

在找到位置 $i-1$ 后，插入新结点时，要注意结点之间的链接次序，在图 2.9 中，必须先连①，再连②，否则会出现错误。

在单链表上实现插入操作时不需要移动大量的数据元素，但需要确定插入位置。这是单链表与顺序表在实现插入操作时的不同之处。该算法所花费的时间主要在查找上，所以算法的时间复杂度为 $O(n)$。

**7. 删除操作**

删除操作是删除位置 $i$ 处的元素。删除操作首先要查找位置 $i$ 处的元素，如果找到，则删除该数据，删除的过程与插入操作一样，先要找到位置 $i-1$ 处的结点 $p$，然后将结点 $p$ 与位置 $i$ 后的结点相连接，其过程同样是对链的正确连接；若没有找到位置 $i$ 处的元素，则给出相应错误信息。图 2.10 给出了在单链表中找到位置 $i$ 处的元素后，删除该元素的过程。具体算法实现如下：

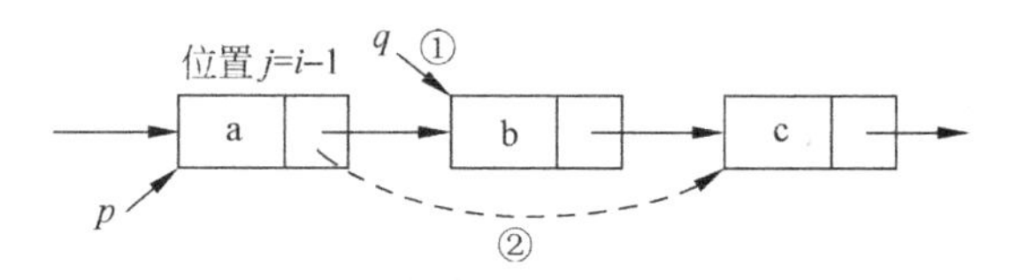


图 2.10　删除位置 $i$ 处的元素 b

```
void  DELETE(LINKLIST  * head, int i)
{
    int j;
    LINKLIST * p, * q;
    p = GET(head, i - 1);                    /* 调用按序号查找函数寻找位置 i - 1 */
    if( (p!= NULL)&&(p - > next!= NULL))     /* 找到位置 i */
    {   q = p - > next;                      /* q 指向位置 i 的结点,对应图 2.10 中的① */
        p - > next = q - > next;             /* 对应图 2.10 中的② */
        free(q);                             /* 释放指针 q 所指的存储空间 */
    }                                        /* 删除位置 i 的元素 */
    else
        printf("delete fail");
}
```

算法的时间复杂度为 $O(n)$。

**8. 判断表空的操作**

算法描述如下：

```
int  EMPTY(LINKLIST * head)
{
    if(head - > next == NULL)
        return(1);
    else
        return(0);
}
```

算法的时间复杂度为 $O(1)$。

**9. 单链表的输出操作**

单链表的输出操作是将单链表中存储的所有数据元素打印输出的过程。算法实现如下:

```
void  print(LINKLIST * head)
{
    LINKLIST * p;
    p = head -> next;
    while(p!= NULL)
    {  printf( " %c ",p -> data);
        p = p -> next;
    }
}
```

算法的时间复杂度为 $O(n)$。

### 2.3.3 循环链表和双向链表

线性表的链式存储结构除了可以使用单链表表示外,还可以表示成循环链表和双向链表的形式。

**1. 循环链表结构**

让单链表的最后一个结点的指针域指向头结点,则整个链表形成一个环状,构成单循环链表,在不引起混淆时称为循环链表(后面还要提到双向循环链表)。循环链表的好处是从表中任一结点出发均可找到表中其他结点。如图 2.11 所示为带头结点的循环链表。

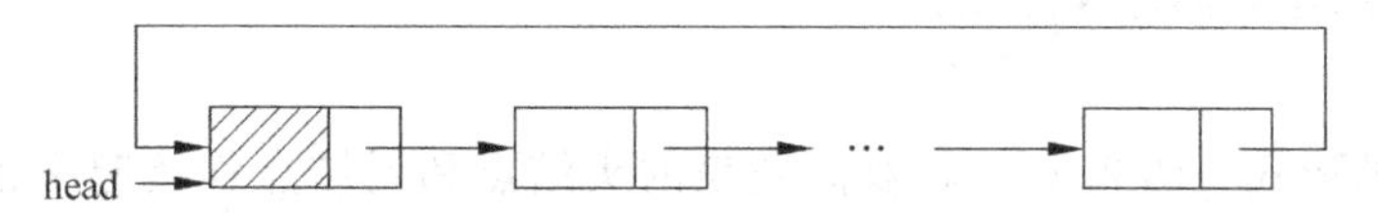


图 2.11 带头结点的循环链表示意图

循环链表的很多操作都是在表的首尾位置进行的,因此使用指向循环链表末尾结点的指针来标识一个线性表,则实现某些操作会更加容易。如图 2.12 所示为循环链表使用指针 rear 来标识。例如将两个线性表合并成一个表时,使用设立尾指针的循环链表表示时,设一个表用 rear1 表示,另一个表用 rear2 表示,合并的过程只需下面 5 条语句即可: p=rear1->next;q=rear2->next;real->next=q->next;rear2->next=p;free(q);。

使用循环链表表示线性表,同样可以实现线性表上的各种基本操作。

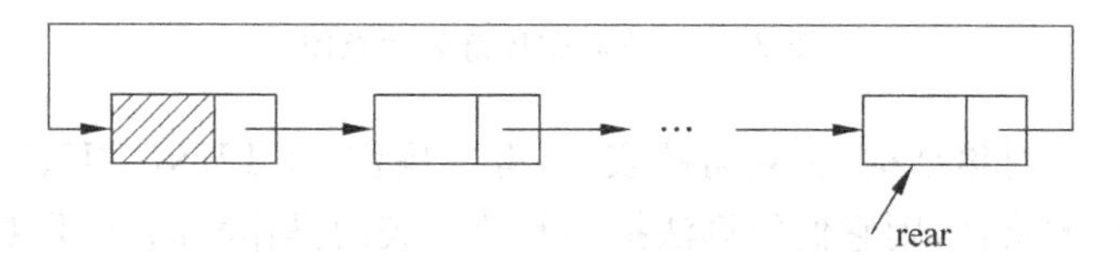


图 2.12 使用尾指针 rear 标识的循环链表示意图

使用如图 2.12 所示的循环链表结构,实现在循环链表的最左端插入一个数据元素的算法如下。

```
void  LINSERT(LINKLIST * rear,DATATYPE2 x)
{
    LINKLIST *p;
    p=(LINKLIST *)malloc(sizeof(LINKLIST));
    p->data=x;
    p->next=NULL;
    if(rear->next==rear)                    /* 考虑空循环链表情况 */
    {rear->next=p;
    p->next=rear;
    rear=p;
    }
    else
    {   p->next=rear->next->next;
        rear->next->next=p;
    }
}
```

**2. 双向链表结构**

单链表可以很有效地查找某一元素的后继元素，但若想查找其前驱元素，则需从头开始顺序向后查找，为了方便查找某个元素的前驱结点，可以建立双向链表。双向链表的每个结点都包含三个域，数据域 data 用来存储数据信息，两个指针域 prior、next 分别指向结点的前驱结点和后继结点。双向链表使用 C 语言描述如下：

```
typedef struct node
{
    DATATYPE2 data;
    struct node *next, *prior;
}DLINKLIST;
```

双向链表的形式见图 2.13。将双向链表的头结点和尾结点连接起来也能构成循环链表，称为双向循环链表，如图 2.14 所示。

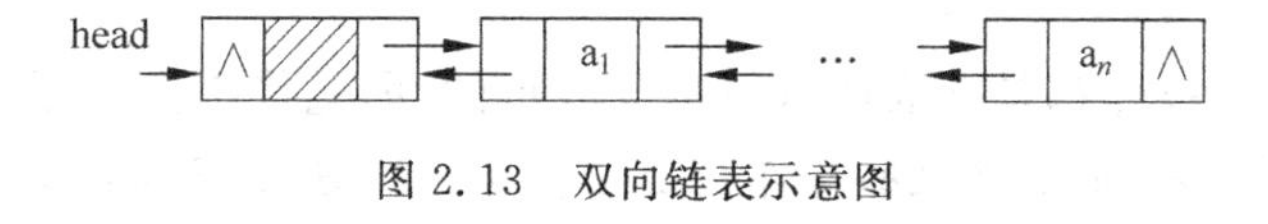


图 2.13　双向链表示意图

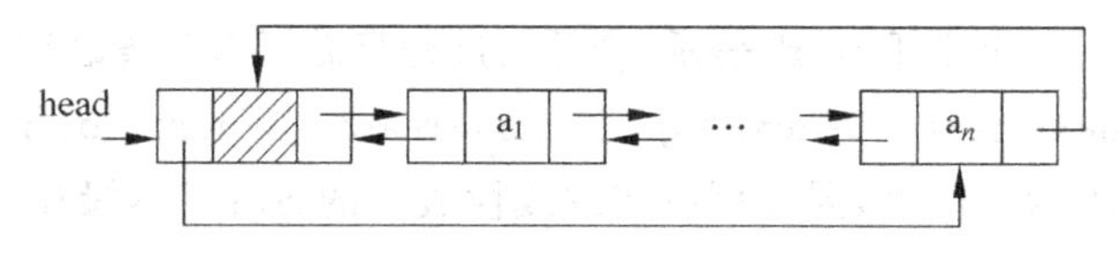


图 2.14　双向循环链表示意图

双向链表是一种对称结构，在双向链表中，有些操作，如 LENGTH、LOCATE、GET 等仅需涉及一个方向的指针，则它们的算法描述和单链表的操作相同，但是对于插入和删除操作却有很大的不同，在双向链表中需同时修改两个方向上的指针。如图 2.15 所示为在双向链表中结点 p 之前插入一个结点指针的变化情况，如图 2.16 所示为在双向链表中删除结点 p 时指针的变化情况。

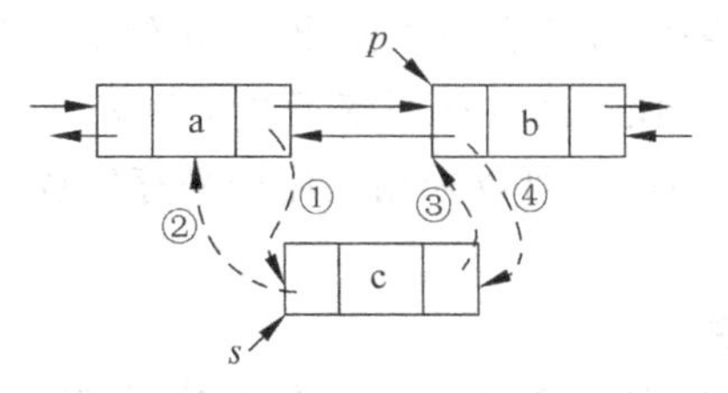


图 2.15　在双向链表中插入一个结点指针的变化情况

在双向链表中结点 p 之前插入一个结点的操作运算如下：

```
void  DINSERT(DLINKLIST * p,DATATYPE2 x)
{
    DLINKLIST * s;
    s = (DLINKLIST * )malloc(sizeof(DLINKLIST));
    s -> data = x;
    p -> prior -> next = s;                //对应图 2.15 中的①
    s -> prior = p -> prior;               //对应图 2.15 中的②
    s -> next = p;                         //对应图 2.15 中的③
    p -> prior = s;                        //对应图 2.15 中的④
}
```

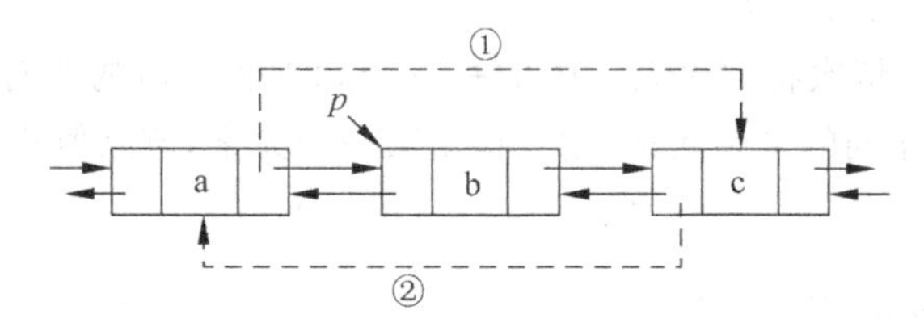


图 2.16　在双向链表中删除一个结点指针的变化情况

在双向链表中删除结点 p 的算法如下：

```
void  DDELETE(DLINKLIST * p)
{
    p -> prior -> next = p -> next;        //对应图 2.16 中的①
    p -> next -> prior = p -> prior;       //对应图 2.16 中的②
    free(p);
}
```

## 2.4　顺序表与链表的比较

至此已经介绍了线性表的两种存储结构，即顺序存储结构和链式存储结构。在实际应用中，应该选择哪种存储结构要根据具体的要求来确定，一般可以从以下两个方面来考虑。

**1. 基于存储空间的考虑**

顺序表的存储空间是静态分配的，在程序运行前必须明确规定它的存储规模，如果线性表的长度 $n$ 变化较大，存储空间难以事先确定。如果估计过大，将造成大量存储单元的浪费；估计过小，又不能临时扩充存储单元，将使空间溢出机会增多。链表的存储空间是动态分配的，只要内存空间尚有空闲，就不会发生溢出，但是链表结构除了要存储必要的数据信息外，还要存储指针值，因此存储空间的利用率不如顺序表。综上所述，在线性表的长度变化不大、存储空间可以事先估计时，可以采用顺序表来存储线性表；否则，应当选用链表来存储线性表。

**2. 基于时间性能的考虑**

顺序表是一种随机访问的表，对顺序表中的每个数据都可快速存取，而链表是一种顺序访问的表，存取数据元素时，需从头开始向后逐一扫描，因此若线性表的操作需频繁进行查找，很少做插入和删除操作时，宜采用顺序表结构。

在链表中进行插入和删除操作时，仅需修改指针，而在顺序表中进行插入和删除操作时，平均要移动表中近一半的元素，尤其当每个结点的信息量较大时，移动元素的时间开销就相当大。因此，对于频繁进行插入和删除操作的线性表，宜采用链式存储结构。

## 2.5 线性表的应用

**【例2.1】** 在一个无序的线性表中，删除元素值相同的多余元素，用顺序表编写算法。

例如：q=(7,6,8,6,3,2,6)

则删除多余元素后：q=(7,6,8,3,2)

算法实现的思路：依次将顺序表q中的每一个元素和其后的所有元素进行比较，在比较过程中若发现有值相同的多余元素，则只保留第一个元素，删除值相同的其他元素。

算法实现如下：

```
void  deleseq(SEQUENLIST  *q)
{
    int  i,j,k;
    for(i=0;i<q->len-1;i++)
    for(j=i+1;j<q->len;j++)
    if(q->data[i]==q->data[j])
  {  for(k=j+1;k<q->len;k++)
       q->data[k-1]=q->data[k];
     q->len--;
     j--;
    }
}
```

**【例2.2】** 在一个非递减有序的线性表中，插入一个值为$x$的元素，使插入后的线性表仍为非递减有序表，用带头结点的单链表编写算法。

算法实现的思路：在有序单链表中插入一个数据元素$x$，首先要找到该元素应该插入到什么位置，才能保证插入后的单链表仍为有序表。因此，算法的第一步是寻找$x$的位置。首先设置指针p、q，最初p指向头结点，q指向头结点的下一个结点，比较q所指数据域的值与$x$的大小，如果小于$x$，则p、q分别向后移动一个位置，使p始终作为q的前驱结点，然后重复上面的比较过程；如果比较结果大于$x$或是比较到最后单链表结束了，则找到了插入位置，在p与q之间插入结点$x$即可。

```
void  insert_order(LINKLIST * head,DATATYPE2 x)
{
    LINKLIST * p,  * q,  * h;
    h = (LINKLIST * )malloc(sizeof(LINKLIST));
    h -> data = x;
    h -> next = NULL;
    p = head;
    q = head -> next;
    while(q!= NULL&&q -> data < x)
    {    p = q;
         q = q -> next;
    }
    h -> next = q;
    p -> next = h;
}
```

**【例 2.3】** 设 L 为带头结点的单链表,且其数据元素值均递增有序,写一算法,删除表中值相同的多余元素。

```
void delelink(LINKLIST * L)
{LINKLIST * p, * q;
p = L -> next;
while(p&&p -> next)
{if(p -> data == p -> next -> data)
{q = p -> next;
p -> next = q -> next;
free(q);
}
else
p = p -> next;
}
}
```

**【例 2.4】** 在一个头指针所指示的循环链表中,写一算法,从表中任意一个结点 p 出发找到它的直接前驱结点。

```
LINKLIST * prior(LINKLIST * p)
{LINKLIST * q;
q = p -> next;
while(q -> next!= p)
q = q -> next;
return q;
}
```

**【例 2.5】** 用单链表解决约瑟夫问题。约瑟夫问题为:$n$ 个人围成一圈,从某个人开始报数 1,2,…,$m$,数到 $m$ 的人出圈,然后从出圈的下一个人($m+1$)开始重复此过程,直到全部人出圈,于是得到一个新的序列,如当 $n=8$、$m=4$ 时,若从第一个位置数起,则所得到的新的序列为 4,8,5,2,1,3,7,6。

算法实现的思路:$n$ 个人用 1,2,…,$n$ 进行编号,使用不带头结点的单链表来存储,报数是从 1 号开始,若某个人出圈,则将其打印输出,将该结点删除,再对剩余的 $n-1$ 个人重

复同样的过程,直到链表中只剩下一个结点,将其输出即可。算法的具体实现如下:

```
void  josepho(LINKLIST * head, int n, int m)
{
    LINKLIST * p, * q;
    int i, j;
    p = head;
    i = 1;                              /* 计数标志,开始报数 */
    for(j = 1; j < n; j++)
    {   while(i!= m)                     /* 查找出圈的号码 */
        {   if(p -> next!= NULL)
            {   q = p;                   /* 记录 p 的前一位置,为后面的删除操作做准备 */
                p = p -> next;
                i = i + 1;
            }
            else
            {   p = head;
                i = i + 1;
            }
        }
        printf( "%4d,", p -> data);     /* 删除出圈结点 */
        if(p == head)                   /* 出圈结点是第一个结点时 */
        {   head = p -> next;
            p = p -> next;
        }
        else if(p -> next == NULL)      /* 出圈结点是最后一个结点时 */
            {   q -> next = NULL;
                p = head;
            }
            else
            {   q -> next = p -> next;
                p = p -> next;
            }
        i = 1;                          /* 计数标志重新赋值为 1,重新开始报数 */
    }
    printf( "%4d", p -> data);
}
```

# 本章小结

(1) 线性表的主要特征是数据之间具有一对一的线性关系,因此可以采用顺序存储和链式存储结构进行存储。

(2) 线性表的顺序存储结构是采用一组连续的存储单元来存储线性表中的数据元素。

(3) 链式存储结构是用一组任意的存储单元来存储线性表中的数据元素,这组存储单元可以是连续的,也可以是不连续的,包括单链表、循环链表和双向链表存储结构。

(4) 除了线性表的存储结构外,建立在各种存储结构上的操作也是本章学习的重点内容。在顺序存储结构中,顺序表的插入和删除是本章的难点内容,在学习的时候,一定要注意数据移动的次序；其次在顺序表的各种基本操作中，要注意顺序表的位置和数组下标之间的关系。在学习单链表时，一定要具备扎实的指针操作和内存动态分配的编程技术；在进行链表的插入和删除运算时，要注意各条链的链接顺序；充分理解链表的结构并不是固定不变的，在实际应用中，根据题目要求的不同，可以自己设计合理的链表结构，不要过分拘泥于形式。

# 第3章　栈和队列

**【本章学习目标】**

栈和队列是在程序设计中被广泛使用的两种线性数据结构。栈只允许在表的一端进行插入或删除操作，而队列只允许在表的一端进行插入操作、而在另一端进行删除操作。因而，栈和队列也可以被称作操作受限的线性表。通过本章的学习，要求掌握如下主要内容：

- 熟练掌握栈的顺序存储表示和基本操作的实现；
- 熟练掌握栈的链接存储表示和基本操作的实现；
- 能够利用栈设计算法解决简单的应用问题；
- 熟练掌握队列的顺序存储表示和基本操作的实现；
- 熟练掌握队列的链式存储表示和基本操作的实现；
- 能够利用队列设计算法解决简单的应用问题。

## 3.1　栈

### 3.1.1　栈的引例

为了说明栈的概念，举一个简单的例子。把餐馆中洗净的一叠盘子看作一个栈。通常情况下，最先洗净的盘子总是放在最下面，后洗净的盘子放在先洗净的盘子上面，最后洗净的盘子总是放在最上面；使用时，总是先从顶上取走，也就是说，后洗净的盘子先取走，先洗净的盘子后取走，即所谓的"先进后出"。栈的应用非常广泛，对高级语言中表达式的处理就是通过栈来实现的。

### 3.1.2　栈的类型定义

栈(Stack)是限定只能在表的一端进行插入和删除操作的线性表。在表中，允许插入和删除的一端称作"栈顶(Top)"，不允许插入和删除的另一端称作"栈底(Bottom)"。通常称往栈顶插入元素的操作为入栈或进栈(Push)，称删除栈顶元素的操作为出栈或退栈(Pop)。当栈中无数据元素时，称为空栈。根据栈的定义可知，后入栈的元素先于先入栈的元素出栈，因此栈是一种后进先出的线性表，简称 LIFO(Last In First Out)表。图 3.1 显示了栈的这种特点。

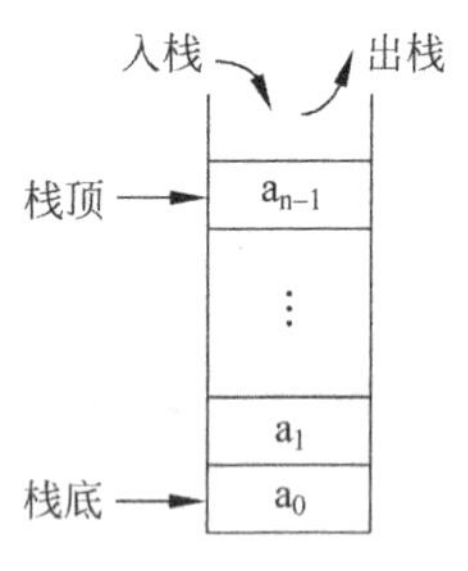


图 3.1　栈的示意图

栈的基本操作如下。

(1) 栈的初始化操作：Init_Stack(s)　构造了一个空栈。

(2) 判栈空操作：Stack_Empty(s)　若栈 s 为空栈，函数返回值为 1，否则返回值为 0。

(3) 入栈操作：Push_Stack(s,x)　在栈 s 的顶部插入一个新元素 $x$，$x$ 成为新的栈顶元素。

(4) 读栈顶元素操作：Gettop_Stack(s)　返回栈顶元素；若栈空，函数返回值为 0。

(5) 出栈操作：Pop_Stack(s)　删除栈 s 的顶部元素，并返回栈顶元素；若栈空，函数返回值为 0。

(6) 栈置空操作：Clear_Stack(s)　将栈 s 置为空栈。

(7) 求栈的长度操作：StackLength(s)　返回栈 s 中的元素个数。

### 3.1.3 栈的顺序存储表示和操作的实现

与第 2 章讨论的一般顺序存储结构的线性表一样，利用一组地址连续的存储单元依次存放从栈底到栈顶的数据元素，这种形式的栈称为顺序栈。因此，我们可以使用预设的足够长度的一维数组 datatype data[MAXSIZE]来实现，将栈底设在数组小下标的一端，由于栈顶位置是随着元素的进栈和出栈操作而变化的，用一个指针 int top 指向栈顶元素的当前位置。用 C 语言描述顺序栈的数据类型如下：

```
#define datatype   char
#define MAXSIZE   100
typedef   struct
{datatype   data[MAXSIZE];
 int   top;
}SEQSTACK;
```

定义一个指向顺序栈的指针：

```
SEQSTACK   *s;
```

MAXSIZE 是栈 s 的最大容量。鉴于 C 语言中数组的下标约定是从 0 开始的，因而使用一维数组作为栈的存储空间时，应设栈顶指针 s－＞top＝－1 时为空栈。元素入栈时，栈顶指针加 1，即 s－＞top＋＋；元素出栈时，栈顶指针减 1，即 s－＞top--。当 top 等于数组的最大下标值时则栈满，即 s－＞top＝MAXSIZE－1。图 3.2 说明了顺序栈中数据元素与栈顶指针的变化。这里设 MAXSIZE＝5，图 3.2(a)是空栈状态，图 3.2(b)是元素 A 入栈后的状态，图 3.2(c)是栈满状态，图 3.2(d)是在图 3.2(c)之后 E、D 相继出栈，此时栈中还有 3 个元素，或许最近出栈的元素 D、E 仍然在原先的单元存储着，但 top 指针已经指向了新的栈顶，则元素 E、D 已不在栈中了。

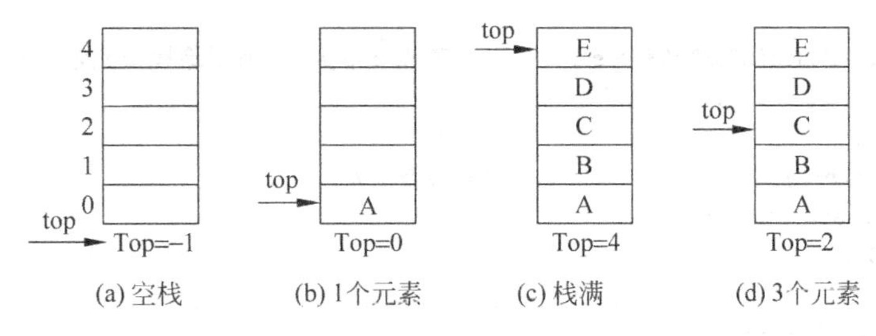


图 3.2　栈顶指针 top 与栈中数据元素的关系

在上述存储结构上基本操作的算法实现如下：

**1. 初始化空栈操作**

```
void  Init_Stack(SEQSTACK * s)          /* 创建一个空栈由指针 s 指出 */
{ s->top = -1;
}
```

**2. 判栈空操作**

```
int Stack_Empty (SEQSTACK * s)          /* 栈 s 空时,返回 1; 非空时,返回 0 */
{
 if(s->top == -1)
   return 1;
 else
   return 0;
}
```

**3. 入栈操作**

```
void  Push_Staclk(SEQSTACK * s,datatype x)      /* 将元素 x 插入到栈 s 中,作为 s 的新栈顶 */
{
  if(s->top == MAXSIZE - 1)             /* 栈满 */
     printf("Stack full\n");
  else
     { s->top++;
     s->data[s->top] = x;
     }
}
```

**4. 读栈顶元素操作**

```
datatype Gettop_Stack(SEQSTACK * s)     /* 若栈 s 不为空,则返回栈顶元素 */
{
  datatype x;
  if(Stack_Empty(s))                    /* 栈空 */
   { printf("Stack empty.\n");
   return NULL;}
  else
    {x = s->data[s->top];
    return x;}
}
```

**5. 出栈操作**

```
datatype  Pop_Stack(SEQSTACK * s )      /* 若栈 s 不为空,则删除栈顶元素 */
{
 datatype  x;
 if(Stack_Empty(s))                     /* 栈空 */
 { printf(" Stack empty\n");
   return NULL;}
else
  {x = s->data[s->top];
  s->top -- ;
```

```
    return x;}
}
```

**6. 栈置空操作**

```
void Clear_Stack(SEQSTACK * s)          /* 将栈 s 的栈顶指针 top 置为 -1 */
{
s->top = -1;
}
```

**7. 求栈的长度操作**

```
int StackLength(SEQSTACK * s)
{
 return s->top + 1;
}
```

对于其他类型栈的基本操作的实现，只需改变结构体 SEQSTACK 中的数组 data[MAXSIZE]的基本类型，即对 datatype 重新进行宏定义。

对于栈的顺序存储结构的两点说明如下。

(1) 对于顺序栈，入栈时，首先判断栈是否满，栈满的条件为 s－>top==MAXSIZE－1，栈满时不能入栈，否则会出现空间溢出，引起错误，这种现象称为上溢。

(2) 出栈和读栈顶元素时，要先判断栈是否为空，为空时不能操作，否则产生错误(或称为下溢)。通常栈空常作为一种控制转移的条件。

### 3.1.4 栈的链式存储表示和操作的实现

栈也可以采用链式存储结构表示，这种链式存储结构的栈称为链栈。用 C 语言描述链栈的数据类型如下：

```
typedef struct Stacknode
{
datatype data;
struct Stacknode * next;
}LINKSTACK;
```

定义一个栈顶指针：

```
LINKSTACK * top;
```

在一个链栈中，栈底就是链表的最后一个结点，而栈顶总是链表的第一个结点。栈顶指针 top 唯一确定一个链栈，当 top=NULL 时，该链栈是一个空栈。新入栈的元素成为链表的第一个结点，只要系统还有存储空间，就不会有栈满的情况发生。图 3.3 给出了链栈中数据元素与栈顶指针 top 的关系。

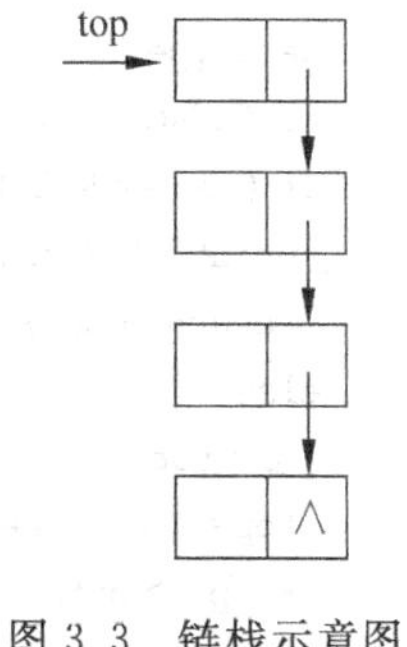

图 3.3 链栈示意图

链栈基本操作的算法实现如下。

**1. 初始化空栈**

```
void Init_Stack(LINKSTACK * top)
```

```
{
top = NULL;
}
```



### 2. 判栈空操作

```
int Stack_Empty(LINKSTACK   * top)                  /* 栈 s 为空时,返回 1; 非空时,返回 0 */
{
 if(top == NULL)
     return 1;
 else
     return 0;
}
```

### 3. 入栈操作

```
void  Push_Stack(LINKSTACK   * top, datatype x)  /* 将元素 x 压入链栈 top 中 */
{
LINKSTACK  * p;
p = (LINKSTACK * )malloc(sizeof(LINKSTACK));       /* 申请一个结点 */
p -> data = x;
p -> next = top;
top = p;
}
```

### 4. 读栈顶元素操作

```
datatype Gettop_Stack(LINKSTACK  * top)             /* 若栈 s 不为空,则返回栈顶元素 */
{
 datatype x;
if (top == NULL)                                    /* 空栈 */
{printf(" Stack empty\n");
 return NULL;}
else
{ x = top -> data;
 return x;}
}
```

### 5. 出栈操作

```
datatype  Pop_Stack(LINKSTACK   * top)              /* 从链栈 top 中删除栈顶元素 */
{
 datatype x;
 LINKSTACK  * p;
 if (top == NULL)                                   /* 空栈 */
 {printf(" Stack empty\n");
  return NULL;}
 else
 { p = top;
  top = top -> next;
  x = p -> data;
  free(p);
```

```
  return x;
 }
}
```

## 3.2 栈的应用

【例 3.1】 设单链表中存放着 $n$ 个字符,试编一算法,判断该字符串是否有中心对称关系,例如 xyyx、xyzyx 都是中心对称的字符串。

```
int pan(LINKLIST * head)
{int i;
 char a;
 LINKLIST * p = head;
 SEQSTACK q, * s;
 s = &q;
 s -> top = -1;
 for(i = 0;i < n/2;i++)
{push(s,p -> data);
p = p -> next;
}
if(n % 2 == 1)
p = p -> next;
while(p)
{a = pop(s);
if(a == p -> data)
p = p -> next;
else
return 0;
}
return 1;
}
```

【例 3.2】 实现简单算术表达式的求值问题,能够进行加、减、乘、除和乘方运算。使用时算式采用后缀输入法,例如,若要计算“3+5”则输入“3 5 +”;乘方运算符用“^”表示;每次运算在上一次运算结果的基础上进行。

算法分析:表达式求值是程序设计语言编译中的一个最基本问题。它的实现方法是栈的一个典型的应用实例。在计算机中,任何一个表达式都是由操作数(Operand)、运算符(Operator)和界限符(Delimiter)组成的。其中操作数可以是常数,也可以是变量或常量的标识符;运算符可以是算术运算符、关系运算符和逻辑符;界限符为左右括号和标识表达式结束的结束符。

算法的主要思路是:每当遇到操作数时,便入栈;遇到操作符时,便连续弹出两个操作数并执行运算,然后将运算结果压入栈顶。输入“c”时,清空操作数栈;输入“l”时,显示当前栈顶值;输入“q”时,结束程序。下面只介绍顺序栈实现的算法,还可以采用链栈实现,这种方法作为实验内容,请读者自己设计。

```
#define datatype   int
```

```
#define MAXSIZE  100
typedef  struct
{ datatype  data[MAXSIZE];
int  top;
}SEQSTACK;
#include "stdio.h"
#include "stdlib.h"
#include "math.h"
#include "string.h"
void Init_Stack(SEQSTACK  *s);
int Stack_Empty(SEQSTACK *s);
void  Push_Stack(SEQSTACK *s,datatype x);
datatype Pop_Stack(SEQSTACK *s);
datatype Gettop_Stack(SEQSTACK *s)
void Clear_Stack(SEQSTACK *s);
main()
{
SEQSTACK  *s,stack;
int resu,a,b;
char c[20];
s=&stack;
Init_Stack(s);                                    /* 创建一个空栈 */
printf(" A simple expressin caculation\n");
do{
    printf(" : ");
    gets(c);
    switch(*c)
    {
case  '+': a=Pop_Stack(s);
                  b=Pop_Stack(s);
                  printf(" %d\n",a+b);
                  Push_Stack(s,a+b);
                  break;
case  '-': if(strlen(c)>1)                         /* 遇'-'需判断是减号还是负号 */
                  Push_Stack(s,atoi(c));
else { a=Pop_Stack(s);
                 b=Pop_Stack(s);
                 printf(" %d\n",b-a);
                 Push_Stack(s,b-a);}
                 break;
case  '*': a=Pop_Stack(s);
                  b=Pop_Stack(s);
                 printf(" %d\n",a*b);
                 Push_Stack(s,a*b);
                 break;
case  '/': a=Pop_Stack(s);
                 b=Pop_Stack(s);
                 if(a==0) {printf(" Devide by 0!\n"); /* 检查除数是否为 0 */
                            Clear_Stack(s);}
else { printf(" %d\n",b/a);
                      Push_Stack(s,b/a);}
```

```
                break;
    case  '^': a = Pop_Stack(s);
                  b = Pop_Stack(s);
                  printf(" % d\n",pow(b,a));
                  Push_Stack(s,pow (b,a));
    break;
        case  'c': Clear_Stack(s);
    break;
        case  'l': a = Gettop_Stack(s);
                  printf(" Current value on top of stack is : % d\n",a);
                  break;
           default: Push_Stack(s,atoi(c));          /* 若读入的是操作数,转换为整型后压入栈 */
                 break;
    }
    }while( * c!= 'q');
    free(s);
    }
```

程序运行实例如下：

```
A simple expressin caculation
:10 <cr>
:20 <cr>
: + <cr>
30
:15 <cr>
:/<cr>
2
:l <cr>
Current value on top of stack is:2
:c <cr>
:16 <cr>
:2 <cr>
:^<cr>
256
:q <cr>
```

## 3.3 队　　列

### 3.3.1 队列的引例

和栈一样,队列也是一种特殊的线性表。对于队列我们并不陌生,商场、银行的柜台前需要排队,餐厅的收款机旁需要排队。这里我们来看一个简单的事件排队问题,用户可以输入和保存一系列事件,每个新事件只能在队尾插入；每次先处理队头事件,即先输入和保存的事件,当队头事件处理完毕后,它就会从事件队列中被删除；还可以查询事件队列中剩余的事件。

### 3.3.2 队列的定义及其基本操作

队列(Queue)是限定只能在表的一端进行插入操作、在另一端进行删除操作的线性表。

在队列中,允许插入的一端称作"队列尾(Tail)",允许删除的一端称作"队列头(Front)"。向队尾添加元素称为"入队",删除队头元素称为"出队"。根据队列的定义可知,队头元素总是最先进队列的,也总是最先出队列的;队尾元素总是最后进队列,因而也是最后出队列。因此,队列也被称为"先进先出"表,简称FIFO(First In First Out)表。图3.4显示了队列的这种特点。

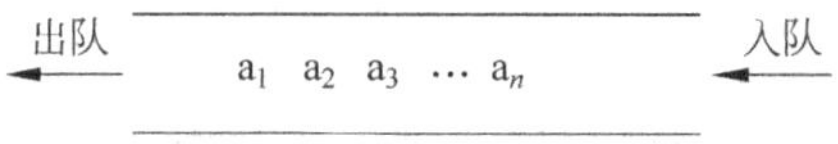

出队 ← $a_1$ $a_2$ $a_3$ … $a_n$ ← 入队

图3.4 队列示意图

队列的基本操作有如下几种。

(1) 队列初始化操作:Init_Queue(q) 构造了一个空队列。

(2) 判队空操作:Queue_Empty(q) 若队列q为空队列,函数返回值为1,否则返回值为0。

(3) 入队列操作:Add_Queue(q,x) 在队列q的尾部插入一个新元素$x$,$x$成为新的队尾。

(4) 读队头元素操作:Gethead_Queue(q) 返回队头元素;若队列空,函数返回值为0。

(5) 出队列操作:Del_Queue(q) 删除队头元素,并返回该队头元素;若队列空,函数返回值为0。

(6) 队列置空操作:Clear_Queue(q) 将队列q置为空队列。

(7) 求队列的长度操作:QueueLength(q) 返回队列q中的元素个数。

### 3.3.3 队列的顺序存储表示和操作的实现

队列是一种特殊的线性表,因此队列可采用顺序存储结构存储,也可以使用链式存储结构存储。利用一组地址连续的存储单元依次存放队列中的数据元素,这种形式的队列称为顺序队列。一般情况下,我们使用一维数组来作为队列的顺序存储空间,另外再设立两个指针:一个为指向队头元素位置的指针front,另一个为指向队尾元素位置的指针rear。随着元素的入队和出队操作,front和rear是不断变化的。用C语言描述顺序队列的数据类型如下:

```
#define  datatype  char
#define  MAXSIZE  100                                  /* 队列的最大容量 */
typedef  struct
{ datatype  data[MAXSIZE];                             /* 队列的存储空间 */
  int  front,rear;                                     /* 队头队尾指针 */
}SEQUEUE;
```

定义一个指向顺序队列的指针变量:

```
SEQUEUE  *q;
```

下面分析队列的基本操作的实现。设MAXSIZE=5,C语言中,数组的下标是从0开始的,因此为了算法设计的方便,我们约定:初始化队列时,q->front=q->rear=-1。如图3.5(a)所示为初始化空队列的情况。在队列中插入一个元素$x$时,即在队尾插入,则有操作 q—>rear++;q—>data[q—>rear]=x。如图 3.5(b)所示为在队列中依次插入 2 个元素 A、B 后的情况,此时尾指针 rear 始终指向队尾元素所在位置,头指针 front 指向队列中第一个元素的前面一个位置。出队操作,即从队头删除一个数据元素,则有 q—>front++,如图 3.5(c)所示,在图 3.5(b)之后元素 A、B 依次出队列,队列空,此时队头指针发生变化,队尾指针不变。由此可见,当 front 和 rear 等于数组的同一个下标值时队列空,即 q—>front=q—>rear。图 3.5(d)是在图 3.5(c)之后,C、D、E 相继插入队列,队列满,此时队尾指针 q—>rear=MAXSIZE—1,队头指针不变。由此可见,当 rear 等于数组的最大下标值时,则队列满,即 q—>rear=MAXSIZE—1。

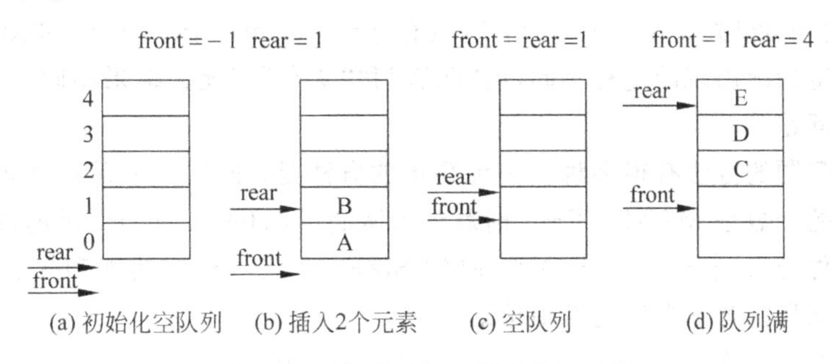


图 3.5　顺序队列基本操作分析图示

随着入队出队操作的进行,整个队列整体向后移动,这样就出现了图 3.5(d)中所示的现象:q—>rear=4,给出了队满信号,再有元素入队就会出现溢出,而事实上此时队中并未真的“满员”,这种现象为“假溢出”,这是由于“队尾入,队头出”这种受限操作造成的。解决这一问题的常用方法是采用循环队列,将队列存储空间的最后一个位置绕到第一个位置,即将 q—>data[0]接在 q—>data[MAXSIZE—1]之后,形成逻辑上的环状空间,如图 3.6 所示。

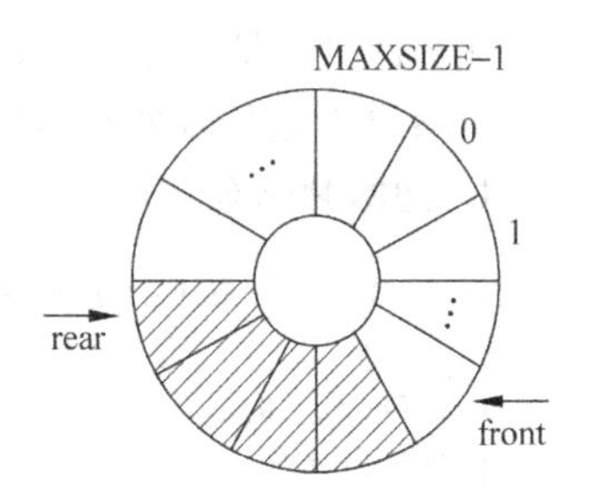


图 3.6　循环队列示意图

在循环队列中,每插入一个新元素时,就把队尾指针 rear 沿顺时针方向移动一个位置。即:

```
q->rear = q->rear + 1;
if(q->rear == MAXSIZE) q->rear = 0;
```

或改成一种更简洁的描述方式:q—>rear=(q—>rear+1)%MAXSIZE;

在循环队列中,每删除一个元素时,就把队头指针 front 沿顺时针方向移动一个位置。即:

```
q->front = q->front + 1;
if(q->front == MAXSIZE) q->front = 0;
```

或改成一种更简洁的描述方式:q—>front=(q—>front+1)%MAXSIZE;

从图 3.7 所示的循环队列中可以看出,图 3.7(a)中有 A、B、C 三个元素,此时 front=2、rear=0;随着元素 D、E 相继入队,队中有 5 个元素,队满情况出现,此时 front=2、rear=2,有 q—>front=q—>rear,如图 3.7(b)所示。若在图 3.7(a)情况下,元素 A、B、C 相继出

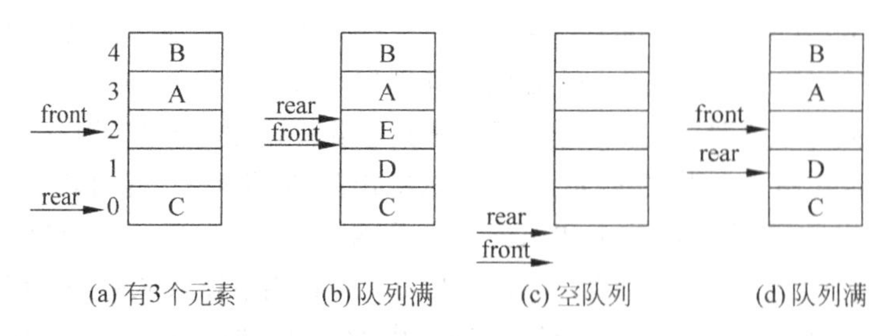


图 3.7　循环队列队空、队满条件分析

队,队空情况出现,此时 front=0、rear=0,也有 q->front=q->rear,如图 3.7(c)所示。上述队满和队空情况出现的过程不同,但“队满”和“队空”情况的结果相同。这显然是必须要解决的一个问题。

解决这个问题的方法有很多种。一种简单的方法是:损失一个元素空间不用,即当循环队列中元素的个数是 MAXSIZE-1 时就认为队满了,如图 3.7(d)所示的情况就是队满,这样队满的条件变为(q->rear+1) % MAXSIZE=q->front,也能和队空区别开。

现将循环队列的基本操作的准则总结如下。

循环队列的初始化条件:q->front=q->rear=0

循环队列的队满条件:(q->rear+1) % MAXSIZE=q->front

循环队列的队空条件:q->front=q->rear

下面给出循环队列基本操作的算法实现。

### 1. 初始化队列

```
void  Init_Queue(SEQUEUE *q)                    /*创建一个空队列由指针 q 指出*/
{
q->front = 0;
q->rear = 0;
}
```

### 2. 判队空操作

```
int  Queue_Empty(SEQUEUE  *q)                   /*队列 q 为空时,返回 1; 非空时,返回 0*/
{
if (q->front == q->rear)
 return 1;
else
 return 0;
}
```

### 3. 入队列操作

```
void  Add_Queue(SEQUEUE *q,datatype  x)         /*将元素 x 插入到队列 q 中,作为 q 的新队尾*/
{
if ((q->rear+1) % MAXSIZE == q->front)          /*队列满*/
  printf(" Queue full\n");
else
 {q->rear = (q->rear+1) % MAXSIZE;
   q->data[q->rear] = x;
```

```
 }
}
```

#### 4. 读队头元素操作

```
datatype  Gethead_Queue(SEQUEUE * q)          /* 若队列 q 不为空,则返回队头元素 */
{
datatype  x;
if (Queue_Empty(q))                           /* 队列为空 */
  { printf(" Queue empty\n");
    return NULL;}
else
  {x= q->data[(q->front+1) % MAXSIZE];
   return x; }
}
```

#### 5. 出队列操作

```
datatype  Del_Queue(SEQUEUE * q)       /* 若队列 q 不为空,则删除队头元素,并返回队头元素 */
{
datatype  x;
if (Queue_Empty(q))                    /* 队列为空 */
{ printf(" Queue empty\n");
  return NULL;}
else
{q->front=(q->front+1) % MAXSIZE;
 x= q->data[q->front];
 return x; }
}
```

#### 6. 队列置空操作

```
void Clear_Queue(SEQUEUE * q)          /* 将队列 q 的头指针 front 和尾指针 rear 置为 0 */
{
q->front=0;
q->rear=0;
}
```

#### 7. 求队列长度操作

```
int QueueLength(SEQUEUE * q)           /* 返回队列 q 的元素个数 */
{
  int len;
  len=(MAXSIZE+q->rear-q->front) % MAXSIZE;
return len;
}
```

### 3.3.4 队列的链式存储表示和操作的实现

队列也可以采用链式存储结构表示,这种链式存储结构的队列称为链队列。用 C 语言描述链队列的数据类型如下:

```
typedef struct Queuenode
 { datatype  data;
   struct  Queuenode * next;
 } Linknode;                              /* 链队结点的类型 */
typedef struct
 { Linknode   * front, * rear;
 }LINKQUEUE;                              /* 将头尾指针封装在一起的链队列 */
```

定义一个指向链队列的指针：

```
LINKQUEUE   * q;
```

为了操作方便，和线性链表一样，我们也给链队列添加一个头结点，并设定头指针指向头结点。因此，空队列的判定条件就变为头指针和尾指针都指向头结点。图3.8给出了链队列头尾指针与数据元素的关系。图3.8(a)是具有一个头结点的空队列；元素a、b相继入队，将链队列中最后一个结点的指针域指向新元素，还要将队列中的尾指针指向新元素，如图3.8(b)和图3.8(c)所示；在图3.8(c)的情况下，删除队首元素a，只需修改头结点的指针域，将其指向队首元素的下一个结点；若链队列中只有一个元素时，除了修改头结点的指针域，还要修改链队列的尾指针，将其指向头结点，如图3.8(d)所示。

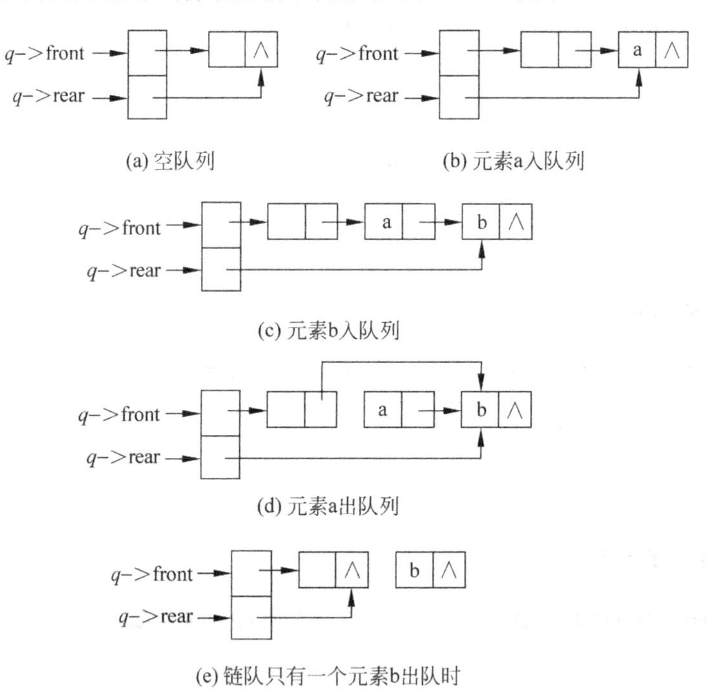


图3.8　链队列指针front、rear与数据元素的关系

链队列的基本运算如下。

**1. 初始化队列**

```
void Init_Queue(LINKQUEUE * q)
{/* 创建一个带头结点的空链队列 q */
 Linknode * p;
```

```
 p= (Linknode * )malloc(sizeof(Linknode));   /* 申请链队列头结点 */
 p->next = NULL;
 q->front = q->rear = p;
}
```

## 2. 判队空操作

```
int  Queue_ Empty(LINKQUEUE  * q)
{ /* 队列 q 为空时,返回为 1; 非空时,返回为 0 */
if (q->front == q->rear)   return 1;
else  return 0;
}
```

## 3. 入队列操作

```
void Add_Queue(LINKQUEUE  * q,datatype x)
{/* 将元素 x 插入到链队列 q 中,作为 q 的新队尾 */
Linknode  * p;
p = (Linknode * )malloc(sizeof(Linknode));
p->data = x;
p->next = NULL;                       /* 置新结点的指针为空 */
q->rear->next = p;                    /* 将链队列中最后一个结点的指针指向新结点 */
q->rear = p;                          /* 将队尾指向新结点 */
}
```

## 4. 读队头元素操作

```
datatype Gethead_Queue(LINKQUEUE  * q)
{ /* 若队列 q 不为空,则返回队头元素 */
Linknode  * p;
datatype x;
if (Queue_Empty(q))                   /* 队列为空 */
{ printf(" Queue empty\n");
return NULL;}
else { p = q->front->next;            /* 取队头 */
x = p->data;
return x;}
}
```

## 5. 出队列操作

```
datatype Del_Queue(LINKQUEUE  * q)
{ /* 若链队列 q 不为空,则删除队头元素,并有 x 返回其元素值 */
Linknode  * p;
datatype x;
if (Queue_Empty(q))                   /* 队列为空 */
{ printf(" Queue empty\n");
return NULL;}
else
{p = q->front->next;                  /* 取队头 */
x = p->data;
q->front->next = p->next;             /* 删除队头结点 */
```

```
if(p->next == NULL)
    q->rear = q->front;
free(p);
return x;
}
}
```

# 3.4 队列的应用

**【例 3.3】** 编写一个简单的事件处理表。用户可以输入和保存一系列事件；当一个事件处理完毕后，它就会从事件处理表中被删除；还可以查询事件处理表中剩余的事件。

算法的主要思路是：被处理事件的数目限定在 100 以内，并用宏 MAX 来表示。函数 enter()用来输入事件，调用函数 Add_Queue()将事件字符串指针保存到事件队列中；函数 review()用来显示还没有处理的事件；函数 delete()将处理完毕的事件从事件队列中删除，并释放事件内容的存储空间，其中删除事件调用函数 Del_Queue()完成。下面只介绍了循环队列实现的算法，还可以采用链队列实现。这种方法作为实验内容，请读者自行设计。

```
#define  datatype  char *
#define  MAXSIZE  100                    /* 队列的最大容量 */
typedef  struct
{ datatype   data[MAXSIZE];              /* 队列的存储空间 */
  int rear,front;                        /* 队头队尾指针 */
}SEQUEUE;
#include "stdlib.h"
#include "stdio.h"
#include "string.h"
#include "ctype.h"
SEQUEUE *q;
void Add_Queue(SEQUEUE *q,datatype x);
datatype Del_Queue(SEQUEUE *q);
void Init_Queue(SEQUEUE   *q);
int Queue_Empty(SEQUEUE   *q);
void enter()
{
 char s[64], *p;
 int len;
while(1)
{
 printf(" enter event %d: ",q->rear+1);
 gets(s);
 len= strlen(s);
 if(len==0)break;                        /* 没有事件 */
 p=malloc(len+1);
 if(!p){ printf(" memory not available.\n");
     return;}
 strcpy(p,s);
 Add_Queue(q,p);
```

```
if((q->rear+1)%MAXSIZE==q->front)
break;
};
}
void review()
{
  int i=0,pos=q->front;
  while(i!=QueueLength(q))
  {
   pos=(pos+1) % MAXSIZE;
   printf(" %d. %s\n",i+1,q->data[pos]);
   i++;
  };
}
void delete()
{
  char *p;
  p=Del_Queue(q);
  if(p){ printf(" %s\n",p);
    free(p);}
}

main()
{
  char ch;
  Init_Queue(q);                               /* 创建一个空队列 */
  do{
printf(" 1--Enter,2--List,3--Remove,4--Quit: ");
ch=getchar();
getchar();
switch(ch)
{
  case  '1':enter();break;
  case  '2':review();break;
  case  '3':delete();break;
}
}while(ch!='4');
}
```

程序运行实例如下：

```
1--Enter,2--List,3--Remove,4--Quit: 1
enter event 1: Marry have a math at 8:00.
enter event 2: Marry will learn dancing at 1:00 pm.
enter event 3: Marry will watch TV at 6:30 pm.
enter event 4: <cr>
1--Enter,2--List,3--Remove,4--Quit: 2
1.Marry have a math at 8:00.
2.Marry will learn dancing at 1:00 pm.
3.Marry will watch TV at 6:30 pm.
1--Enter,2--List,3--Remove,4--Quit: 3
```

```
Marry have a math at 8:00.
1 -- Enter,2 -- List,3 -- Remove,4 -- Quit: 2
1.Marry will learn dancing at 1:00 pm.
2.Marry will watch TV at 6:30 pm.
1 -- Enter,2 -- List,3 -- Remove,4 -- Quit: 4
```

## 本章小结

(1) 栈是一种限定其插入、删除操作只能在线性表的一端进行的特殊结构。由于在栈中的数据元素具有后进先出的特点,所以,人们又将它称为LIFO线性表。栈可以用顺序存储结构和链式存储结构表示。

(2) 队列是一种限定其插入在线性表的一端进行,删除则在线性表的另一端进行的特殊结构。由于在队列中的数据元素具有先进先出的特点,所以,人们又将它称为FIFO线性表。同栈一样,队列也可以利用顺序存储结构或链式存储结构表示。在利用顺序存储结构表示时,为了避免“假溢出”现象的发生,需要将队列构成循环状,这就形成了循环队列。

(3) 分别介绍了栈和队列的各种运算的算法实现及简单应用。

# 第4章 串

【本章学习目标】

串是一种特殊的表，表中每个元素仅由一个字符组成。计算机上的非数值处理对象基本上是字符串数据。在早期的程序设计语言中，串仅在输入或输出中以直接量的形式出现，并不参与运算。随着计算机技术的发展，串在文字编辑、符号处理等许多领域得到广泛应用，因而在高级语言中引入了串变量的概念。本章将讨论串的有关概念，表示方法和串的基本运算及其实现。

教学目的：介绍串的逻辑结构、存储结构及其上的基本运算，由于C语言及其他高级语言均已具备了较强的串处理功能，主要掌握串的模式匹配算法。

教学重点：

(1) 串及其运算：串的有关概念及基本运算；串与线性表的关系。

(2) 串的存储结构：串的两种存储表示；串上实现的模式匹配算法及其时间性能分析。

教学难点：掌握串上实现的模式匹配算法。

通过本章的学习，要求掌握如下主要内容：

- 熟悉串的7种基本操作的定义，并能利用这些基本操作实现其他各种操作的方法；
- 熟练掌握在串的定长顺序存储结构上实现串的各种操作的方法；
- 掌握串的堆存储结构以及在其上实现串的各种操作的基本方法；
- 理解串匹配的KMP算法，熟悉next函数的定义，学会手工计算给定模式串的next函数值和改进的next函数值。

## 4.1 串的简介

### 4.1.1 串的定义

串又叫字符串。它是一种特殊的表，表中的元素是字符。串(String)是由$n(n\geqslant 0)$个字符组成的有限序列，一般记作：

$$s="c_1\ c_2\cdots c_n"(n\geqslant 0)$$

其中，s是串名，双引号引起来的字符序列是串的值，它可以是字母、数字或其他字符。串中字符的个数$n$称为串的长度。若$n=0$，则把这个串称做空串，即引号中无任何内容，一个串中也可能由许多空格组成，称为空格串。下面是一些例子：

a="speak English"

b="string"

c="speak"

d="ing"

e=空格

f=空串

其中串a、b、c、d、e、f的长度分别是13、6、5、3、1、0。串中任意个连续字符组成的序列叫做串的子串,包含子串的串就叫做主串。某个字符在串中出现的序号叫做这个字符在串中的位置,子串在主串的位置是子串的第一个字符在主串中出现的位置。如上面的例子中:

c是a的子串;

d是b的子串;

c在a中出现的位置是1;

d在b中出现的位置是4。

当两个串的值相等时,称这两个串相等。这包含两重意义,即两个串的长度相等、两个串的对应位置的字符相同。

串与其他数据一样,也有两种串量可供使用,一种是串常量,一种是串变量。串常量具有固定值,而串变量的值是可以改变的。同样,我们必须用标识符命名串变量。例如在C语言中字符串可以定义为:

```
char  *变量名;
或char 变量名[下标数];
```

### 4.1.2 串的各种运算简介

串支持以下的基本运算:

(1) StrAssign(&T, chars)

初始条件:chars是字符串常量。

操作结果:把chars赋为T的值。

(2) StrCopy(&T, S)

初始条件:串S存在。

操作结果:由串S复制得串T。

(3) DestroyString(&S)

初始条件:串S存在。

操作结果:串S被销毁。

(4) StrEmpty(S)

初始条件:串S存在。

操作结果:若S为空串,则返回TRUE,否则返回FALSE。

(5) StrCompare(S,T)

初始条件:串S和T存在。

操作结果:若S>T,则返回值>0;

　　　　　若S=T,则返回值=0;

若 S<T,则返回值<0。

例如：StrCompare("data", "state")<0

StrCompare("cat", "case")>0

(6) StrLength(S)

初始条件：串 S 存在。

操作结果：返回 S 的元素个数，称为串的长度。

(7) Concat(&T,S1,S2)

初始条件：串 S1 和 S2 存在。

操作结果：用 T 返回由 S1 和 S2 连接而成的新串。

例如：Concat( T, "man", "kind"),求得　T = "mankind"。

(8) SubString(&Sub,S,pos,len)

初始条件：串 S 存在,1≤pos≤StrLength(S)且 0≤len≤StrLength(S)－pos+1。

操作结果：用 Sub 返回串 S 的第 pos 个字符起长度为 len 的子串。

子串为“串”中的一个字符子序列。

例如：

```
SubString(sub,"commander", 4, 3)
求得  sub = "man" ;
SubString(sub,"commander", 1, 9)
求得  sub = "commander" ;
SubString(sub,"commander", 9, 1)
求得  sub = "r" ;
SubString(sub,"commander", 4, 7)
求得  sub = "mander" ;
SubString(sub,"beijing", 7, 2)
求得  sub = "g"
```

起始位置和子串长度之间存在约束关系 SubString("student", 5, 0) = "",长度为 0 的子串为“合法”串。

(9) Index(S,T,pos)

初始条件：串 S 和 T 存在,T 是非空串,1≤pos≤StrLength(S)。

操作结果：若主串 S 中存在和串 T 值相同的子串,则返回它在主串 s 中第 pos 个字符之后第一次出现的位置,否则函数值为 0。

“子串在主串中的位置”是指子串中的第一个字符在主串中的位置。

例如，S = "abcaabcaaabc",T = "bca" ：

Index(S, T, 1) = 2;

Index(S, T, 3) = 6;

Index(S, T, 8) = 0;

(10) Replace(&S,T,V)

初始条件：串 S、T 和 V 均已存在,且 T 是非空串。

操作结果：用 V 替换主串 S 中出现的所有与(模式串)T 相等的不重叠的子串。

例如,S = "abcaabcaaabca",T = "bca";

若 V = "x",则经置换后得到 S = "axaxaax";

若 V = "bc",则经置换后得到 S = "abcabcaabc";

(11) StrInsert(&S, pos, T)

初始条件：串 S 和 T 存在，1≤pos≤StrLength(S)+1。

操作结果：在串 S 的第 pos 个字符之前插入串 T。

例如，S = "chater",T = "rac",则执行 StrInsert(S, 4, T)之后得到 S = "character"。

(12) StrDelete(&S, pos, len)

初始条件：串 S 存在 1≤pos≤StrLength(S)-len+1。

操作结果：从串 S 中删除第 pos 个字符起长度为 len 的子串。

(13) ClearString(&S)

初始条件：串 S 存在。

操作结果：将 S 清为空串。

对于串的基本操作集可以有不同的定义方法，在使用高级程序设计语言中的串类型时，应以该语言的参考手册为准。

例如，C 语言函数库中提供下列串处理函数：

gets(str)　输入一个串；

puts(str)　输出一个串；

strcat(str1, str2)　串连接函数；

strcpy(str1, str2, k)　串复制函数；

strcmp(str1, str2)　串比较函数；

strlen(str)　求串长函数。

在上述抽象数据类型定义的 12 种操作中，串赋值 StrAssign、串复制 Strcopy、串比较 StrCompare、求串长 StrLength、串连接 Concat 以及求子串 SubString 等 6 种操作构成串类型的最小操作子集。即这些操作不可能利用其他串操作来实现。反之，其他串操作(除串清除 ClearString 和串销毁 DestroyString 外)可在这个最小操作子集上实现。

## 4.2 串的存储结构

串的存储方式取决于对串所进行的运算，如果串的运算仅仅是输入或输出一个字符序列，则只要根据字符的排列次序顺序存入存储器即可，这就是串值的存储。一个字符序列还可以赋给一个串变量，从而可对串变量进行各种运算，这时作为变量的内容，就得通过变量名进行访问。串被看成是一种由单个字符依次排列而成的特殊的线性表。因此，线性表所使用的存储结构基本上都可以应用到串上，这里所说的串是指串值。下面介绍串的几种常用存储结构。

### 4.2.1 串的定长顺序存储

串的定长顺序存储也称为静态存储。类似于线性表的顺序存储结构，用一组地址连续的存储单元存储串值的字符序列。即用数组表示串，实际上是把串作为特殊的表来表示，特殊性在于表中的元素类型为字符型。按照事先定义的大小，为每个定义的串变量分配一个固定长度的存储区，用C语言描述串的定长顺序存储可表示为：

```
int MAXSTRLEN = 255;                    //用户可自己定义最大串长
char String[MAXSIZELEN];
```

串的实际长度可在预定的范围内随意规定，超过定义长度的串值则被舍去，称为"截断"。

对串长有两种表示方法：一是在下标为0的数组分量存放串的实际长度，如PASCAL语言中的串类型就采用这种方法；二是在串值后面加一个不计入串长的结束标记，如在C语言以"\0"表示串值的终结，此时串长为隐含值。

采用定长顺序存储方式时，进行串的连接操作和插入等操作时，极有可能出现连接后的字符串或插入后的字符串的长度超过预定义的长度MAXSTRLEN的情况，此时会将多出的部分用"截断"的方法处理，这样，我们就得不到正确的结果。这就要求事先将串的最大长度定得大一些，但是定得过大又会出现浪费空间的问题。

要克服这个缺点只有不限定串长的最大长度的方法，即动态分配串值的存储空间。

## 4.2.2 串的堆分配存储

即动态分配存储空间。这种存储表示的特点是：仍以一组地址连续的存储单元存放字符序列，但是它们的存储空间是在程序执行过程中动态分配而得的。即每个串的存储首地址是在算法执行过程中动态分配的。系统提供一个连续的大容量存储空间作为所有串值的存储空间。当建立一个新串时，就在这个存储空间中为新串分配一个连续的存储空间。

在C语言中，动态分配用new和free来管理。利用new为每一个新产生的串分配一块实际串长所需的空间，若成功分配，则返回一个指向起始地址的指针作为串的开始地址。当串被删除时，用free来释放串所占用的空间。

串的堆分配存储表示为：

```
struct string
{
    Char * str;                  //串数组
    int size;                    //串长
}
struct string s1;                //定义一个字符串变量 s1
s1.str = new char[size];         //给 s1 分配 size 大小的空间，并由 str 指向空间的起始地址
free();                          //删除串 s1 所占用的空间
```

由于堆分配存储结构的特点，因此在串处理的应用程序中常被选用。

## 4.2.3 串的块链存储

同线性表一样，串也可以用指针链表来实现。串的定长顺序表示和实现在进行插入和删除运算时要移动大量的元素，时间复杂度大，对串的长度要事先声明。链式串则正好相反，表示时要增加指针的存储空间，结点结构比较复杂；但是在插入和删除运算时可以直接运行，时间复杂度小，并且对串的长度没有严格的限制，不需要事先声明。

链表存储是把可利用的存储空间分成一系列大小相同的结点(若干连续的存储单元)，

每个结点含有两个域,即data域和next域。data域用来存放字符,next域用来存放指向下一个结点(首地址)的指针。data域的大小是指data域中可以存放字符的个数,next域的大小则取决于寻址的范围。

设链表中每个结点只存放一个字符,则在C语言中可使用如下说明:

结点大小为1的块链表示如下:

```
struct list1
{
    struct list *next;                    //指向下一个结点的指针
    char data;                            //存放字符
}
list1 *point;                             //point为结构类型的指针,指向第一结点
```

结点大小为4的块链表示如下:

```
struct list4
{
    struct list *next;
    char data[4];                         //在一个结点中可放4个字符
}
list4 *point;
```

当结点大小大于1时,因为串长不一定是结点大小的整数倍,所以链表中的最后一个结点不一定全被串值占满。此时通常补上"#"或其他非串值字符。

## 4.3 串运算的实现

设有两个字符串S和T,若在串S中查找与串T相等的子串,则称S为主串、T为模式串,查找模式串在主串中的匹配位置的运算为模式匹配。此运算从S的第1个字符开始查找一个与串T相同的子串,若在串S中找到一个与T相同的子串,则函数返回模式串T的第1个字符在串S中位置;若在主串中没有找到一个与模式串T相同的子串,则函数返回−1。

### 4.3.1 朴素模式匹配算法

朴素模式匹配算法的主要思想是:从主串S的第一个字符起和模式串T的第一个字符进行比较,若相等则继续比较S和T的后续字符,否则从主串S的第2个字符起再重新和模式串T的第1个字符进行比较。以此类推,直至模式串T和主串S的一个子串相等,则匹配成功,否则匹配失败。

算法如下所示:

```
int find(const String &T)
{
    if(size == 0||T.size == 0)
      return - 1;
    while(i <= size - 1&&j < T.SIZE - 1)
     {
```

```
        if(p[i] == T.p[j])
            { i++;j++;}
        else
          {
          i = i - j + 1;
          j = 0;
          }
      }
    if (j == T.size)
      return i - T.size;
    return -1;
}
```

图 4.1 中展示了以主串 s="ababcabcacbab"和模式串 t="abcac"为例的朴素模式匹配算法。

```
i=3
第1趟匹配 a b a b c a b c a c b a b
(1)  a b c
j=3
i=2
第2趟匹配 a b a b c a b c a c b a b
(2) a b c
j=1
i=7
第3趟匹配 a b a b c a b c a c b a b
(3)a b c a c
j=5
i=4
第4趟匹配 a b a b c a b c a c b a b
(4)a b c a c
j=1
i=5
第5趟匹配 a b a b c a b c a c b a b
(5)a b c a c
j=1
i=11
第6趟匹配 a b a b c a b c a c b a b
(6)a b c a c
j=6
```

图 4.1　朴素模式匹配算法示例

### 4.3.2　模式匹配的 KMP 算法

这种算法是 D. E. Knuth 与 V. R. Pratt 和 J. H. Morris 同时发现的，因此称为 KMP 算法。它是朴素算法的改进算法。此算法可以在 $O(n+m)$ 的时间数量级上完成串的模式匹配操作。其改进在于：每当一趟匹配过程中出现字符比较不等时，不用回溯 i 指针，而是利用已得到的"部分匹配"的结果将模式串向右"滑动"尽可能远的一段距离后，继续进行比较。

先看一个例子：在图4.1中，当i=7、j=5时，字符比较不相等，因而回头从i=4和j=1重新开始比较。然而从图4.1的第3次匹配中已经知道主串第4、5、6个字符为b、c和a。由此可知，在i=4和j=1，i=5和j=1以及i=6和j=1这三次比较都是不必要的，只要将模式串向右滑动3个字符的位置，继续进行i=7和j=2时的字符比较即可。同理，在图4.1中发现字符不相等时，只要将模式串向右滑动2个字符的位置，继续进行i=3和j=1时的比较。这样一来，在整个匹配过程中，指针i不必回溯，如图4.2所示。

```
i=3
第1趟匹配 a b a b c a b c a c b a b
(1) a b c
j=3
i=7
第2趟匹配 a b a b c a b c a c b a b
(2)a b c a c
j=5
i=11
第3趟匹配 a b a b c a b c a c b a b
(3)a  b c a c
j=6
```

图4.2 KMP算法的匹配过程

一般情况下，假设主串为S="$s_1$ $s_2$…$s_n$"，模式串为T="$t_1$ $t_2$…$t_n$"，从上例的分析可知，为了实现改进算法，需要解决下述问题：

第一个是当匹配过程中匹配不成功时，模式串“向右滑动”可行的距离有多远，即主串中第$i$个字符与模式串中第$j$个字符失配时(即比较不等时)，主串中第$i$个字符应与模式串中的哪个字符再比较；第二个是模式串T从哪一个字符开始与S的哪一个字符进行比较。

先来看第一个问题，假设有下列的匹配情况：

S串：$s_0 s_1 s_2 s_3 \cdots s_{i-1} s_i s_{i+1} s_{i+2} \cdots s_{i+j-1} s_{i+j}\ s_{i+j+1} \cdots\ s_n$

T串：$t_0\ t_1\ t_2 \cdots t_{j-1}\ t_j\ t_{j+1} \cdots\ t_n$

从目标S的第0个字符开始与模式串T的第0个字符进行比较，直到$s_{i+j+1}$与$t_{j+1}$匹配失败。

按照简单的匹配算法，下一步应当用$s_{i+1}$与$t_0$进行比较。但是如果在T中：

$$t_0\ t_1\ t_2 \cdots t_{j-1} \neq t_1\ t_2 \cdots t_{j-1} t_j$$

这一步就不需要进行就可判断出必然会匹配失败。

以此类推，如果$t_0 t_1\ t_2 \cdots t_{j-2} \neq t_2 t_3 \cdots t_{j-1}\ t_j$，则再右移一位的比较也不需要进行。直到存在一个整数值$K(0 \leqslant K \leqslant j-1)$，使得$t_0\ t_1\ t_2 \cdots t_k = t_{j-k} t_{j-k+1} \cdots t_{j-1} t_j$，并且$t_0 t_1 t_2 \cdots t_k \neq t_{j-k-1} t_{j-k} \cdots t_{j-1} t_j$，才需要进行比较。这时，由于$s_{j-k} = t_{i+j-k}$，$s_{j-k+1} = t_{i+j-k+1}$，…，$s_j = t_{i+j}$，所以有：

$s_0 = t_{i+j-k}$，$s_1 = t_{i+j-k+1}$，…，$s_k = t_{i+j}$，即存在下面的匹配结果：

S串：$s_0\ s_1\ s_2\ s_3 \cdots\ s_{i+j-k}\ s_{i+j-k+1} \cdots\ s_{i+j}\ s_{i+j+1} \cdots\ s_{n-1}$

T串：$t_{j-k}\ t_{j-k+1} \cdots\ t_j\ t_{j+1} \cdots\ t_{n-1} t_0\ t_1 \cdots\ t_k\ t_{k+1}$

也就是把模式串 T 向右滑动 $j-k$ 位，然后从 S 的第 $i+j-1$ 位开始与 T 的第 $k=1$ 位开始比较。这样，当目标 S 在某一步中匹配失败时，下一步匹配时不必回到 $i-j+2$ 的位置，而是从该步中匹配失败的位置开始继承比较。

再看第二个问题：

确定下一步 T 从哪一个字符开始比较，也就是要找出上面分析中的 $k$ 的值，下一步则从这个 $k$ 值的下一个字符开始。$k$ 值是满足下式：

$$t_0\ t_1\ t_2 \cdots\cdots\ t_k = t_{j-k} t_{j-k+1} \cdots\cdots t_{j-1}\ t_j$$

的最大整数。这个问题就转化为求 T 的真子串。设字符串 $S=s_0\ s_1\ s_2\cdots\cdots s_n$，如果存在一个最大的非负整数 $k(k<M-1)$，使得 $s_0\ s_1\ s_2\ s_3\cdots\cdots s_k = s_{m-k-1}\ s_{m-k}\ s_{m-k+1}\cdots\cdots s_{m-1}$，称 $s_0\ s_1\ s_2\ s_3\cdots\cdots s_k$ 为字符串 S 的真子串。

由于在模式匹配中，$k$ 的值与 $j$ 的值密切相关，因此用一个以 $j$ 为参数的函数来表示求 $k$ 的表达式。把这个函数记作 $f(j)$，它的定义如下：

$$f(j)=\begin{cases} k, & k \geqslant 0 \\ -1, & \text{其他情况} \end{cases}$$

当某一步匹配过程中 T 的第 $j$ 个字符匹配失败时，如果 $j>0$，则 T 从第 $f(j-1)+1$ 个字符开始与上一步中 T 出现失败的那个字符继续比较；如果 $j=0$，则 $t_0$ 与上一步中 T 出现失败的那个字符的下一个字符继续比较。这就是 KMP 算法的实际内容。其算法如下：

```
int KMPFind(String &T)
{
    int lenT = T.size, lenS = S.size;
    while(j < I&&LENT < LENS)
        if(T.str[j] == S.str[i])
            {
                i++;
                j++;
            }
        else
            if(j == 0)
                i++;
            else
                j = f(j - 1) + 1;
        if(j > lent)
        else
            return i - lenT;
}
```

此算法的时间复杂度由 while 循环的执行次数决定。由于 KMP 算法无回溯，即目标 S 的指针 $i$ 只会由小变大，不会反向变化，因此最多的比较次数为 $O$(T.size)。

下面来讨论 $f(j)$的实现。

从以上描述中可以看到，求 $f(j)$就是要在串 T 中找出最长的相等子串：$t_0\ t_1\cdots\ t_k = t_{j-k}\ t_{j-k+1}\cdots\ t_{j-1}\ t_j$。设 $f(j)=k$，则计算 $f(j+1)$就求 $k$，$k$ 是满足 $t_0\ t_1\cdots\ t_k\ t_{k+1} = t_{j-k}\ t_{j-k+1}\cdots\ t_j\ t_{j+1}$的最大整数。

结果有两种情况：

(1) 如果 $t_{k+1}= t_{j+1}$，则 $f(j+1)=k+1=f(j)+1$；

(2) 如果 $t_{k+1}\neq t_{j+1}$，则要在 $t_0\ t_1\cdots\ t_k$ 中寻找一个 $k'(0\leqslant k')$，有 $t_0\ t_1\cdots\ t_k= t_{k-k'}\ t_{k-k'+1}\cdots\ t_k= t_{j-k'}\ t_{j-k'+1}\cdots\ t_j$。

如果存在一个 $k'$ 使得上式成立，则表明在 $t_0\ t_1\cdots\ t_k$ 中找到了一个长度为 $k'+1$ 的真子串。此时，如果 $t_{k'+1}= t_{j+1}$，则 $f(j+1)= k'+1=f(k)+1= f(f(j))+1= f(2)(j)+1$，否则，还需要在 $t_0\ t_1\cdots\ t_{k'}$ 中寻找 $k''$，使得 $t_0\ t_1\cdots\ t_{k'}=t_{k'-k''}\ t_{k'-k''+1}\cdots\ t_{k'}= t_{j-k''}\ t_{j-k''+1}\cdots\ t_j$，直到求得某个 $f(v)=-1(0\leqslant v)$。因此，$f(j)$ 可以用一个递推表达式来表示，即 $f(m)(j)+1$。如果存在正整数 $k$ 使得 $f(j+1)= -1$，其他情况，则求 $f(j)$ 的算法如下：

```
Void FuncFj(String &p)
{
  int len = p.size;
  int j = 0,k = -1;
  f[0] = -1;
  for(int j = 1;j < LEN;j++)
  {
    int t = f[j - 1];
    while(p.str[j]!= p.str[t + 1]&&t > = 0)
      t = f[t];
    if(p.str[j] == p.str[t + 1])
      f[j] =  t + 1;
    else
      f[j] = -1;
  }
}
```

此算法的时间复杂度由 for 循环的执行次数决定。内部的 while 循环的执行次数由 $t$ 的值决定，由于 $t$ 的值或者为−1，或者为上一次的值加 1，因此 $t$ 的最大值不大于 $j$ 的最大值。而 $j$ 的最大值为 P. size。因此，这个算法的时间复杂度为 $O$(P. size)。

综合两个算法，可以得出整个 KMP 算法的时间复杂度为 $O$(T. size+P. size)。在大多数情况下，这个时间复杂度比简单的匹配算法的 $O$(T. size×P. size)要小得多。

### 4.3.3 模式匹配的 Brute-Force 算法

从目标串 s="$s_1\ s_2\cdots\ s_n$"的第一个字符开始和模式串 t="$t_1\ t_2\cdots\ t_m$"中的第一个字符比较，若相等，则继续逐个比较后续字符；否则从目标串 s 的第二个字符开始重新与模式串 t 中的第一个字符比较，以此类推。若存在模式串中的每个字符依次和目标串中的一个连续字符序列相等，则匹配成功，函数返回模式串 t 中的第一个字符在主串 s 中的位置；否则匹配失败，函数返回 0。

例如，目标串 s="ababcabcacbab"，模式串 t="abcac"。模式匹配过程如下。

i=3
第1趟 主串 a b a b c a b c a c b a b
模式 a b c a c
j=3

i=2
第2趟 主串 a b a b c a b c a c b a b
模式 a b c a c

i=7
第3趟 主串 a b a b c a b c a c b a b
模式 a b c a c
j=5

i=4
第4趟 主串 a b a b c a b c a c b a b
模式 a b c a c
j=1

i=5
第5趟 主串 a b a b c a b c a c b a b
模式 a b c a c
j=1

i=11
第6趟 主串 a b a b c a b c a c b a b
模式 a b c a c
j=6 成功

又如，目标串 s="ababcabcacbab"，模式串 t="ababa"。模式匹配过程如下。

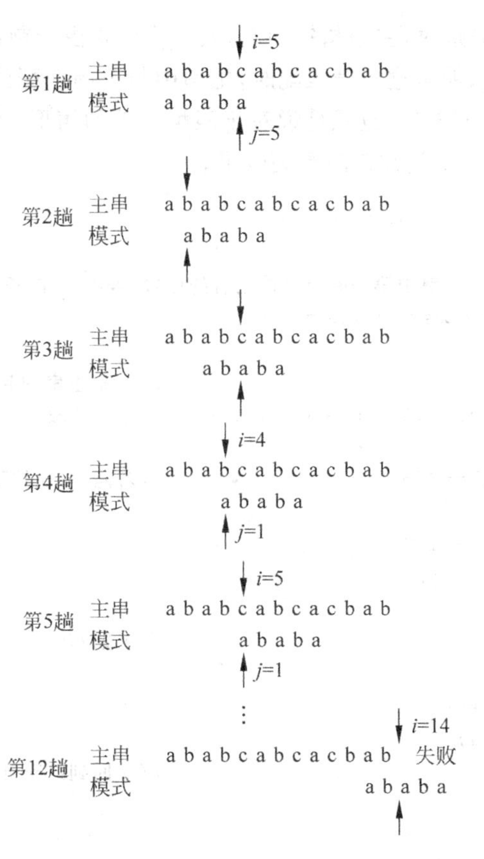

采用定长顺序存储结构的算法如下：

```
int index(string t, int pos)
{
    //返回子串在主串中第 pos 个字符之后的位置。若不存在,返回 0
    //t 非空,1 <= pos <= strlength(s)
   i = pos; j = 1;                    // i 是主串的起始位置,j 是子串的起始位置
   while (i <= s[0] && j <= t[0])    //当两个串都没有结束时,进行比较
     {
       if (s[i] == t[j])             //若匹配,比较下一个
         {
           ++i;
           ++j;
         }
       else                          //否则不匹配,重新开始匹配
         {
           i = i - j + 2;
           j = 1;
         }                           //i 回到这趟开始位置(i - j + 1)的下一个,即 i - j + 2
                                     //j 从头开始
   }                                 //退出此循环时可能 i > s[0],也可能 j > t[0]
  if (j > t[0])                      //匹配成功
    return i - t[0];              // 返回这趟开始位置,相当于(i - j + 1),而此时的 j = t[0] + 1
  else                            //否则就是(j <= t[0]且 i > s[0]),匹配失败
    return 0;
}//index
```

以上算法中,匹配失败时,主串指针回溯,其回溯位置由当前的 i 值计算得到,可以另设变量 k 来保存回溯位置,就是这一趟匹配时,主串中与子串匹配的起始位置,可见 k 的取值范围是 $1 \leqslant k \leqslant s[0]-t[0]+1$。也就是说对于匹配失败的情形,不要等到 $i>s[0]$ 才匹配失败,只要 $k>s[0]-t[0]+1$ 就知道匹配失败了。

```
int index_1(sstring s, sstring t, int pos)
{
      //返回子串在主串中第 pos 个字符之后的位置.若不存在,返回 0
      //t 非空,1 <= pos <= strlength(s)
    k = pos;
    i = k; j = 1;                            // i 是主串的起始位置,j 是子串的起始位置
    while (k <= s[0] - t[0] + 1 && j <= t[0])     //进行比较
      {
        if (s[i] == t[j])                    //若匹配,比较下一个
          {
            ++i;
            ++j;
          }
        else                                 //否则不匹配,重新开始匹配
          {
            i = k++;
            j = 1;
          }                                  // i 回到这趟开始位置 k 的下一个
```

```
                                        //j 从头开始
        }                               //退出此循环时可能 k > s[0] - t[0] + 1,也可能 j > t[0]
    if (j > t[0])                       //匹配成功
        return k;                       // 返回这趟匹配的开始位置
    else                                //否则就是(j <= t[0]且 k > s[0] - t[0] + 1),匹配失败
        return 0;
} //index_1
```

将变量 k 控制的循环提到外层：

```
int index_11(sstring s,sstring t, int pos)
{
     for(k = pos;k <= s[0] - t[0] + 1; k++)
        {
           i = k;
           j = 1;
           while (j <= t[0])
             {
               if (s[i] == t[j])          //若匹配,比较下一个
                   {
                       ++i;
                       ++j;
                   }
               else                       //否则不匹配,重新开始匹配
                   break;                 //退出这趟匹配,进入下一趟,k 加 1,j 从头开始
             }
          return k;                       //匹配成功,返回这趟匹配的开始位置
      }                                   //退出此循环时 k > s[0] - t[0] + 1
  return 0; 匹配失败
} //index_11
```

将控制 j 变量的循环改成 for 循环：

```
int index_12(sstring s,sstring t, int pos)
{
   for(k = pos; k <= s[0] - t[0] + 1; k++)
   {
      for(i = k, j = 1; j <= t[0]; ++j)
         {
            if (s[i] == t[j])             //若匹配,比较下一个
              ++i;
            else                          //否则不匹配,重新开始匹配
              break;                      //退出这趟匹配,进入下一趟,k 加 1,j 从头开始
         }
     return k;                            //匹配成功,返回这趟开始位置
   }                                      //退出此循环时 k > s[0] - t[0] + 1
  return 0;                               //匹配失败
} //index_12
```

修改控制 j 变量的循环条件：

```
int index_13(sstring s,sstring t, int pos)
{
   for(k = pos; k <= s[0] - t[0] + 1; k++)
      {   for(i = k, j = 1; s[i] == t[j]; ++i,++j)
          {
             if (j > t[0])
                return k;
          }
      }                                    //退出此循环时 k > s[0] - t[0] + 1
  return 0;                                //匹配失败
}//index_13
```

将以上算法优化：

```
int index_12(sstring s,sstring t, int pos)
{
   for(k = pos; k <= s[0] - t[0] + 1; k++)
     for(i = k, j = 1; s[i] == t[j]; ++i, ++j)
         if(j > t[0])
            return k;
  return 0;                                //匹配失败
}//index_14
```

为了将问题简单化，我们从主串 s 的第一个元素开始寻找模式串 t。事实上也可以直接产生简化算法的思路。

```
//在主串 s 中找到子串 t,函数返回串 t 中第一个字符在主串 s 中的位置
int index_2(sstring s, sstring t)
{
    int i, j, k;                              //k 记录回溯位置,i 是串 s 的当前位置,j 是串
                                              //t 的当前位置
    for (k = 1;k <= s[0] - t[0] + 1;k++)      //①
       for (i = k,j = 1;s[i] == t [j];i++,j++)  //②若 s[i]!= t [j],进入下一趟比较
          if(j > t[0])                        //模式串已经比较完毕
            return k;                         //返回这一趟的起始位置
    return 0;                                 //从①退出循环,则表示匹配失败
}
```

此算法的时间复杂度为 $O(n+m)$。因为尽管从算法上分析最坏的时间复杂度是 $O(n\times m)$，但在一般情况下，其实际的执行时间近似于 $O(n+m)$，因此至今仍被采用。

例如，当目标串为“0000 0000 0000 0000 00001”，模式串为“0001”时，被视为最坏情况。

## 4.4 串的应用

**【例 4.1】** 编写对串求逆的递推算法。

算法如下：

```
void String_Reverse(Stringtype s,Stringtype &r) //求 s 的逆串 r
{
    StrAssign(r,'');                          //初始化 r 为空串
```

```
    for(i = Strlen(s);i;i -- )
      {
          StrAssign(c,SubString(s,i,1));
          StrAssign(r,Concat(r,c));            //把 s 的字符从后往前添加到 r 中
      }
}//String_Reverse
```

**【例 4.2】** 编写一个实现串的置换操作 Replace(&S,T,V)的算法。

算法如下：

```
int String_Replace(Stringtype &S,Stringtype T,Stringtype V)
//将串 S 中所有子串 T 替换为 V,并返回置换次数
{
    for(n = 0,i = 1;i <= S[0] - T[0] + 1;i++)
      {
          for(j = i,k = 1;T[k]&&S[j] == T[k];j++,k++)
              if(k > T[0])                         //找到了与 T 匹配的子串：分三种情况处理
                {
                    if(T[0] == V[0])
                      for(l = 1;l <= T[0];l++)     //新子串长度与原子串相同时：直接替换
                          S[i + l - 1] = V[l];
                    else
                      if(T[0]< V[0])               //新子串长度大于原子串时：先将后部右移
                        {
                            for(l = S[0];l >= i + T[0];l -- )
                                S[l + V[0] - T[0]] = S[l];
                                for(l = 1;l <= V[0];l++)
                                  S[i + l - 1] = V[l];
                        }
                      else                         //新子串长度小于原子串时：先将后部左移
                        {
                            for(l = i + V[0];l <= S[0] + V[0] - T[0];l++)
                              S[l] = S[l - V[0] + T[0]];
                             for(l = 1;l <= V[0];l++)
                                 S[i + l - 1] = V[l];
                        }
                 S[0] = S[0] - T[0] + V[0];
                i += V[0];n++;
            }//if
      }//for
    return n;
}//String_Replace
```

**【例 4.3】** 编写算法，从串 S 中删除所有和串 T 相同的子串。

算法如下：

```
int Delete_SubString(Stringtype &s, Stringtype t)
//从串 s 中删除所有与 t 相同的子串,并返回删除次数
{
   for(n = 0,i = 1;i <= Strlen(s) - Strlen(t) + 1;i++)
      if(!StrCompare(SubString(s,i,Strlen(t)),t))
```

```
        {
          StrAssign(head, SubString(S,1,i-1));
          StrAssign(tail, SubString(S, i+Strlen(t), Strlen(s)-i-Strlen(t)+1));
          StrAssign(S, Concat(head, tail));      //把 head,tail 连接为新串
          n++;
        }//if
    return n;
}//Delete_SubString
```

**【例 4.4】** 编写算法,实现串的基本操作 StrCompare(S,T)。

算法如下:

```
char StrCompare(Stringtype s,Stringtype t)
//串的比较,s>t 时返回正数,s=t 时返回 0,s<t 时返回负数
{
    for(i=1;i<=s[0]&&i<=t[0]&&s[i]==t[i];i++)
      if(i>s[0]&&i>t[0])
          return 0;
      else
         if(i>s[0]
             return -t[i];
        else
         if(i>t[0])
             return s[i];
         else
             return s[i]-t[i];
}//StrCompare
```

**【例 4.5】** 编写算法,求串 S 所含不同字符的总数和每种字符的个数。

算法如下:

```
typedef struct
 {
        char ch;
        int num;
   } mytype;
void StrAnalyze(Stringtype S)                          //统计串 S 中字符的种类和个数
{
      mytype T[MAXSIZE];                               //用结构数组 T 存储统计结果
        for(i=1;i<=S[0];i++)
          {
             c=S[i];j=0;
             while(T[j].ch&&T[j].ch!=c) j++;          //查找当前字符 c 是否已记录过
               if(T[j].ch)
                   T[j].num++;
               else T[j]={c,1};
          }//for
    for(j=0;T[j].ch;j++)
      printf("%c:   %d\n",T[j].ch,T[j].num);
}//StrAnalyze
```

【例 4.6】 试写一算法，在串的堆存储结构上实现串基本操作 Concat(&T,s1,s2)。

算法如下：

```
void HString_Concat(HString s1,HString s2,HString &t)
  //将堆结构表示的串 s1 和 s2 连接为新串 t
{
  if(t.ch) free(t.ch);
  t.ch = malloc((s1.length + s2.length) * sizeof(char));
  for(i = 1;i <= s1.length;i++)
    t.ch[i - 1] = s1.ch[i - 1];
    for(j = 1;j <= s2.length;j++,i++)
      t.ch[i - 1] = s2.ch[j - 1];
  t.length = s1.length + s2.length;
}//HString_Concat
```

【例 4.7】 试写一算法，实现堆存储结构的串的插入操作 StrInsert(&S,pos,T)。

算法如下：

```
Status HString_Insert(HString &S,int pos,HString T)
  //把 T 插入堆结构表示的串 S 的第 pos 个字符之前
{
    if(pos < 1)
       return ERROR;
    if(pos > S.length)
       pos = S.length + 1;                         //当插入位置大于串长时,看作添加在串尾
    S.ch = realloc(S.ch,(S.length + T.length) * sizeof(char));
    for(i = S.length - 1;i >= pos - 1;i -- )
      S.ch[i + T.length] = S.ch[i];                //后移为插入字符串让出位置
        for(i = 0;i < T.length;i++)
          S.ch[pos + i - 1] = T.ch[pos];           //插入串 T
    S.length += T.length;
    return OK;
}//HString_Insert
```

【例 4.8】 假设以块链结构表示串，试编写将串 S 插入到串 T 中某个字符之后的算法（若串 T 中不存在此字符，则将串 S 连接在串 T 的末尾）。

算法如下：

```
void LString_Concat(LString &t,LString &s,char c)
//用块链存储结构,把串 s 插入到串 t 的字符 c 之后
{
    p = t.head;
    while(p&&!(i = Find_Char(p,c)))
      p = p -> next;                               //查找字符 c
      if(!p)                                       //没找到
        {
            t.tail -> next = s.head;
            t.tail = s.tail;                       //把 s 连接在 t 的后面
        }
     else
      {
```

```
            q = p -> next;
            r = (Chunk * )malloc(sizeof(Chunk));         //将包含字符 c 的结点 p 分裂为两个
            for(j = 0;j < i;j++)
              r -> ch[j] = '#';                          //原结点 p 包含 c 及其以前的部分
            for(j = i;j < CHUNKSIZE;j++)                 //新结点 r 包含 c 以后的部分
             {
                r -> ch[j] = p -> ch[j];
                 p -> ch[j] = '#';           //p 的后半部分和 r 的前半部分的字符改为无效字符"#"
              }
            p -> next = s.head;
            s.tail -> next = r;
            r -> next = q;                   //把串 s 插入到结点 p 和 r 之间
        }//else
      t.curlen += s.curlen;                  //修改串长
      s.curlen = 0;
}//LString_Concat
int Find_Char(Chunk *p, char c)
//在某个块中查找字符 c,如找到则返回位置是第几个字符,如没找到则返回 0
{
    for(i = 0;i < CHUNKSIZE&&p -> ch[i]!= c;i++)
      if(i == CHUNKSIZE)
        return 0;
      else
        return i + 1;
}//Find_Char
```

## 本 章 小 结

(1) 熟悉串的 7 种基本操作的定义,并能利用这些基本操作来实现串的其他各种操作的方法。

(2) 熟练掌握在串的定长顺序存储结构上实现串的各种操作的方法。

(3) 了解串的堆存储结构以及在其上实现串操作的基本方法。

(4) 理解串匹配的 KMP 算法,熟悉 NEXT 函数的定义,学会手工计算给定模式串的 NEXT 函数值和改进的 NEXT 函数值。

(5) 了解串操作的应用方法和特点。

# 第5章 数组与广义表

**【本章学习目标】**

多维数组是一种最简单的非线性结构，它的存储结构也很简单，绝大多数高级语言采用顺序存储方式表示数组，存放顺序有的是行优先、有的是列优先。在多维数组中，使用最多的是二维数组，它和科学计算中广泛出现的矩阵相对应。对于某些特殊的矩阵，用二维数组表示会浪费空间，本章介绍了它的压缩存储方法。对元素分布有一定规律的特殊矩阵，通常将其压缩存储到一维数组中，还可以利用该矩阵和二维数组间元素下标的对应关系，容易、直接地算出元素的存储地址。对于稀疏矩阵，通常采用三元组表或十字链表来存放元素。

广义表是一种复杂的非线性结构，是线性表的推广。这里简要介绍了它的概念、基本运算和存储结构。

教学目的：通过学习多维数组的压缩存储及地址计算方法，了解广义表的概念、存储方式及算法实现。

教学重点：矩阵的基本概念及矩阵的压缩存储，广义表的概念及运算和广义表的存储。

教学难点：矩阵的压缩存储的地址计算公式，广义表的存储及求表头、表尾等公式的学习。

通过本章的学习，要求掌握如下主要内容：

- 理解数组中元素逻辑存储结构；
- 理解数组元素寻址公式的含义；
- 掌握特殊矩阵压缩存储方法；
- 掌握稀疏矩阵压缩存储表示下转置和相乘运算的实现；
- 广义表的概念和它的定义方式、表头和表尾的定义；
- 广义表的性质；
- 广义表的存储结构；
- 广义表的基本操作。

## 5.1 数组的定义和运算

数组的特点是每个数据元素可以又是一个线性表结构。因此，数组结构可以简单地定义如下。若线性表中的数据元素为非结构的简单元素，则称为一维数组，即为向量；若一维数组中的数据元素又是一维数组结构，则称为二维数组；以此类推，若二维数组中的元素又是一个一维数组结构，则称做三维数组。

结论：线性表结构是数组结构的一个特例，而数组结构又是线性表结构的扩展(如图5.1所示)。

$$A_{m\times n}=\begin{bmatrix} a_{00} & a_{01} & \cdots & a_{0,n-1} \\ a_{10} & a_{11} & \cdots & a_{1,n-1} \\ \cdots & \cdots & \cdots & \cdots \\ a_{m-1,0} & a_{m-1,1} & \cdots & a_{m-1,n-1} \end{bmatrix}$$

图 5.1　二维数组的逻辑结构

其中,A是数组结构的名称,整个数组元素可以看成是由 $m$ 个行向量和 $n$ 个列向量组成的,其元素总数为 $m\times n$。在C语言中,二维数组中的数据元素可以表示成 a[表达式1][表达式2],表达式1和表达式2分别被称行下标表达式和列下标表达式,例如 a[i][j]。

### 5.1.1　数组的定义

ADT Array {

数据对象: $j_i=0,\cdots,b_i-1,i=1,2,\cdots n$,

$D=\{a_{j_1j_2\cdots j_n}\mid n(>0)$称为数组的维度,$b_i$ 是数组第 $i$ 维的长度,

$j_i$ 是数组元素的第 $i$ 维下标,$a_{j_1j_2\cdots j_n}\in \text{ElemSet}\}$

数据关系: $R=\{R_1,R_2,\cdots,R_n\}$

$R_i=\{<a_{j_1\cdots j_i\cdots j_n},a_{j_1\cdots j_i+1\cdots j_n}>|$

$0\leqslant j_k\leqslant b_k-1,1\leqslant k\leqslant n$ 且 $k\neq i$,

$0\leqslant j_i\leqslant b_i-2$,

$a_{j_1\cdots j_i\cdots j_n},a_{j_1\cdots j_i+1\cdots j_n}\in D,i=2,\cdots,n\}$

} ADT Array

### 5.1.2　基本运算

```
ADT Array {
InitArray(&A, n, bound1, …, boundn)
```

操作结果: 若维数n和各维长度合法,则构造相应的数组A,并返回OK。

```
DestroyArray(&A)
```

操作结果: 销毁数组A。

```
Value(A, &e, index1, …, indexn)
```

初始条件: A是n维数组,e为元素变量,随后是n个下标值。

操作结果: 若各下标不超界,则e赋值为所指定的A的元素值,并返回OK。

```
Assign(&A, e, index1, …, indexn)
```

初始条件: A是n维数组,e为元素变量,随后是n个下标值。

操作结果: 若下标不超界,则将e的值赋给所指定的A的元素,并返回OK。

```
} ADT Array
```

## 5.2 数组的顺序存储结构

直观上看,数组可看成是一组数对,即下标和值。对每一个有定义的下标,都有一个与该下标相关联的值。一维数组的值对应一个下标,二维数组则对应两个,以此类推,$n$ 维数组的值对应 $n$ 个下标。

数组是一种"均匀"结构,即数组中每个元素必须具有同样的类型。数组又是一种随机存取结构,只要给定一组下标,就可以访问与这组下标相关联的值。就数组而言,我们所关心的操作主要是值检索和值存储。

在内存中,数组元素是连续存储的。数组的第一个元素的地址称为基地址,也称为数组的起始地址。当我们用一组连续的存储单元存放多维数组的元素时会遇到次序问题。例如,对于二维数组 a[2][3],如果每个元素占用一个字节,那么分配给数组 a 的内存空间就有 6 个字节,那么数组 a 的 6 个元素 a[0][0]、a[0][1]、a[0][2]、a[1][0]、a[1][1]和 a[1][2]在内存中如何排列呢?

### 5.2.1 行优先存储

一种方法是先放第一行的三个元素,再放第二行的三个元素。这种方式称为以行为主序的存储方式,按这种方法得到的排列次序如图 5.2 所示

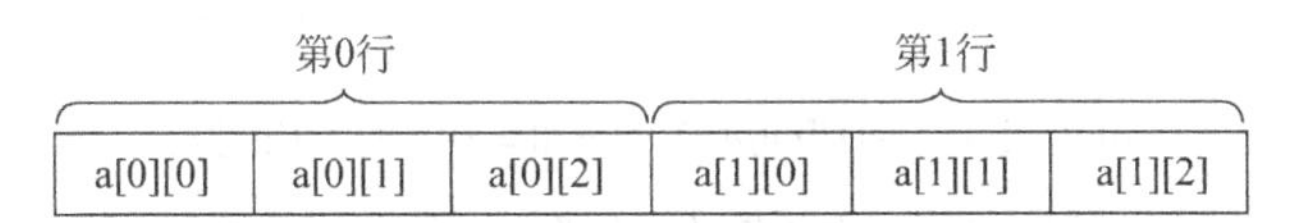


图 5.2 二维数组以行为主序的存储方式

### 5.2.2 列优先存储

第二种方法是先放第一列元素的两个元素,再放第二列的元素,最后放第三列的三个元素,这种方式称为以列为主序的存储方式,按这种方法得到的排列次序如图 5.3 所示。

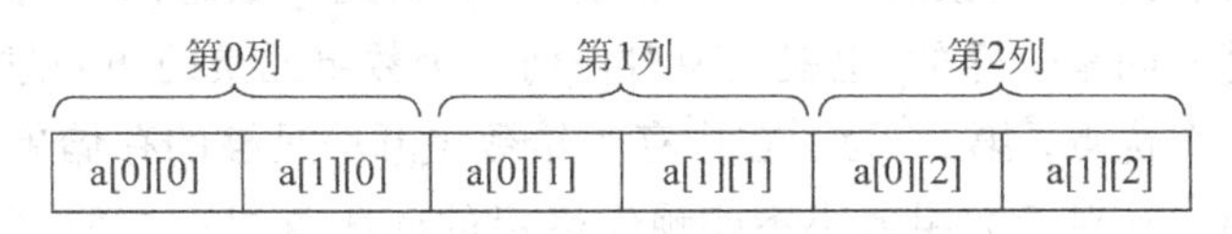


图 5.3 二维数组以列为主序的存储方式

如果数组 a[2][3]采用以行为主序的存储方式,并假定其基地址为 100,即元素 a[0][0]存储于单元 100 中,则 a[0][1]存储在单元 101 中,a[0][2]存储在单元 102 中,a[1][2]在单元 105 中。这个地址是很容易算出来的。其实,只要知道数组的维数,数组每个元素的地址可以很容易地通过数组的基地址得到。

对于一维数组 a[$n$],假定每个元素占一个字节,$\alpha$ 是数组的基地址。则元素 a[0]的地址是 $\alpha$,元素 a[1]的地址是 $\alpha+1$。由于在第 $i+1$ 个元素之前有 $i$ 个元素,因此任一元素a[$i$]的地址是 $\alpha+i$,元素与其地址的关系如下:

| 数组元素 | a[0] | a[1] | a[2] | … | a[$i$] | … | a[$n$−1] |
|---|---|---|---|---|---|---|---|
| 地　　址 | $\alpha$ | $\alpha+1$ | $\alpha+2$ | … | $\alpha+i$ | … | $\alpha+n$ |

对于二维数组 a[$m$][$n$],我们可以理解为 a 是一维数组,它有 $m$ 个元素,分别是行 0、行 1、…、行 $m-1$,而每一行又由 $n$ 个元素组成,如图 5.4 所示。

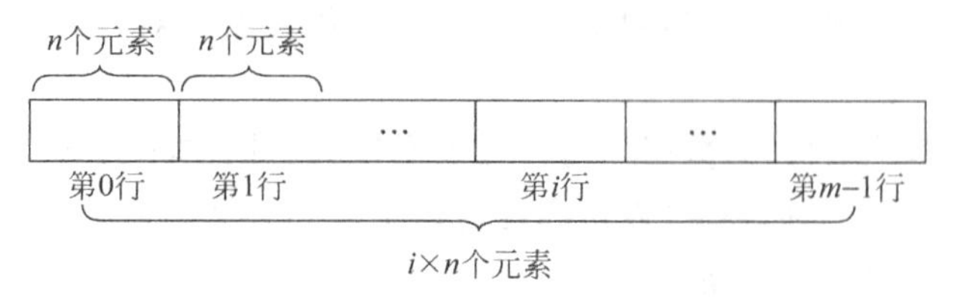


图 5.4　二维数组元素排列方式

若 $\alpha$ 是数组 a 的基地址,也就是其元素 a[0][0]的地址,则第 1 行的第 1 个元素的地址为 $\alpha+1\times n$,第 2 行的第 1 个元素的地址为 $\alpha+2\times n$。因为在第 $i+1$ 行的第一个元素之前,有 $i$ 行,每行有 $n$ 个元素,所以第 $i+1$ 行的第一个元素 a[$i$][0]的地址是 $\alpha+i\times n$,知道了 a[$i$][0]的地址,那么 a[$i$][$j$]的地址就是 $\alpha+i\times n+j$。因此二维数组中元素 a[$i$][$j$]的地址为:

$$\alpha+i\times n+j$$

对于三维数组 a[$m$][$n$][$p$],可以看成 $m$ 个大小为 $n\times p$ 的二维数组,如图 5.5 所示。

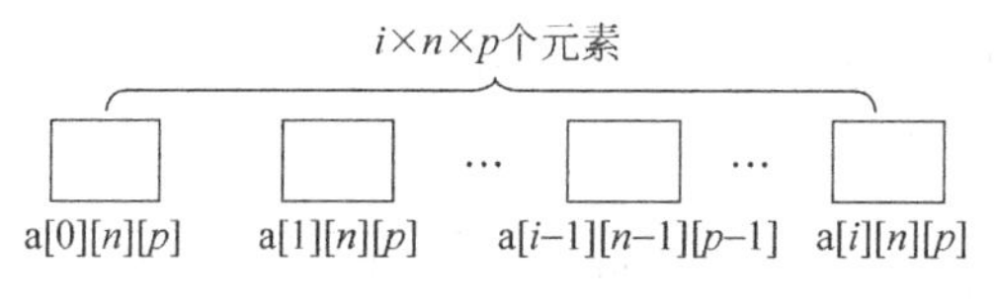


图 5.5　三维数组的以行为主的顺序表示法

因为在元素 a[$i$][0][0]之前,有 $i$ 个大小为 $n\times p$ 的二维数组,所以元素 a[$i$][0][0]的地址为 $\alpha+i\times n\times p$,这也是第 $i$ 个二维数组的基地址,由 a[$i$][0][0]的地址及二维数组的寻址公式,可求得三维数组元素 a[$i$][$j$][$k$]的寻址公式为(以行优先为例):

$$\alpha+i\times n\times p+j\times p+k$$

综上所述,我们可以看出数组的两个特点:第一,对同一数组的任何一个元素,由下标求存储地址的运算时间是一样的,也就是说对任何一个数组元素的访问过程是平等的,这是随机存取结构的一个优点;第二,为了在内存中给数组开辟足够的存储单元,数组的维数和大小必须事先给出。这对于数组大小不能预先确定的问题就很不方便,数组大小规定大了会浪费空间;规定小了,运行时会出现越界,使程序无法运行下去,这是数组这种数据结构的一个缺点。不过,对于许多应用程序来说,数组仍然是完成任务的最合适的工具。

## 5.3　矩阵的压缩存储

矩阵是许多科学与工程计算问题中经常出现的数学对象。这里,我们感兴趣的不是矩阵本身,我们所关心的是表示矩阵的方法,以使对矩阵的各种运算能有效地完成。数学上,一个矩阵一般由 $m$ 行和 $n$ 列元素组成,如图 5.6 所示。其中,矩阵元素都是数字。矩阵 $M_1$ 有 3 行 4 列共 12 个元素,矩阵 $M_2$ 有 5 行 5 列共 25 个元素。

| 3 | 2 | 7 | 8 |
|---|---|---|---|
| 7 | 0 | 2 | 0 |
| 8 | 1 | 0 | 6 |

(a) $M_1$

| 7 | 6 | 5 | 9 | 0 |
|---|---|---|---|---|
| 6 | 0 | 3 | 0 | 7 |
| 5 | 3 | 2 | 1 | 0 |
| 9 | 0 | 1 | 5 | 2 |
| 0 | 7 | 0 | 2 | 8 |

(b) $M_2$

图 5.6　两个矩阵 $M_1$ 与 $M_2$

## 5.3.1　特殊矩阵——对称矩阵和三角矩阵

一般地，我们把一个 $m$ 行 $n$ 列的矩阵表示成 $m\times n$，矩阵的元素个数总计为 $m\times n$ 个。如果 $m$ 等于 $n$，则称该矩阵为方阵。对于一个 $m\times n$ 的矩阵，用二维数组，例如 matrix[$m$][$n$]来表示最简单不过了，这种表示法需要的存储空间是 $m\times n$。在这种表示方法下，通过 matrix[$i$][$j$]可以快速找到矩阵中的任意元素。然而，这种存储表示也存在一些问题，如果观察图 5.7(b)所示的矩阵 $M_2$，就能够发现，该矩阵中的元素是对称的，即矩阵中第 $i$ 行第 $j$ 列与第 $j$ 行第 $i$ 列元素的值相等，这种矩阵称为对称矩阵。对于 $n\times n$ 的对称矩阵，我们只需要为每一对对称元素分配一个存储空间，这样就只需要存储其下三角或上三角（包括对角线）中的元素即可，如图 5.7 中的阴影部分所示。

| 7 | 6 | 5 | 9 | 0 |
|---|---|---|---|---|
| 6 | 0 | 3 | 0 | 7 |
| 5 | 3 | 2 | 1 | 0 |
| 9 | 0 | 1 | 5 | 2 |
| 0 | 7 | 0 | 2 | 8 |

(a) 下三角元素

| 7 | 6 | 5 | 9 | 0 |
|---|---|---|---|---|
| 6 | 0 | 3 | 0 | 7 |
| 5 | 3 | 2 | 1 | 0 |
| 9 | 0 | 1 | 5 | 2 |
| 0 | 7 | 0 | 2 | 8 |

(b) 上三角元素

图 5.7　矩阵 $M_2$ 的下三角和上三角元素

因为 $n\times n$ 矩阵的下三角或上三角的元素有 $n(n+1)/2$ 个。因此，就可将 $n^2$ 个元素压缩存储到 $n(n+1)/2$ 个存储单元中。假设以一维数组 a[$n(n+1)/2$]来存储 $n\times n$ 对称矩阵的下三角元素，那么矩阵中第 $i$ 行第 $j$ 列元素应该放在数组 a 中的哪一个位置呢？注意矩阵的第 0 行只存储一个元素，第 1 行存储 2 个元素，以此类推。这样，第 $i+1$ 行前面共有 $i$ 行，因此总共要存储 $1+2+3+\cdots+i=i\times(1+i)/2$ 个，反之，对所有的 $k=0,1,2,\cdots,n(n+1)/2-1$，都能确定 a[$k$]中的元素在矩阵中的位置$(i,j)$。图 5.8 给出了图 5.6(b)所示矩阵 $M_2$ 的压缩存储形式。

| 7 | 6 | 0 | 5 | 3 | 2 | 9 | 0 | 1 | 5 | 0 | 7 | 0 | 2 | 8 |
|---|---|---|---|---|---|---|---|---|---|---|---|---|---|---|
| 0 | 1 | 2 | 3 | 4 | 5 | 6 | 7 | 8 | 9 | 10 | 11 | 12 | 13 | 14 |

图 5.8　对称矩阵 $M_2$ 的压缩存储

当一个 $n\times n$ 矩阵的主对角线上方或下方的所有元素皆为零时，称该矩阵为三角矩阵。下三角矩阵中的右上角总是 0，如图 5.9(a)所示。而图 5.9 (b)所示的是一个上三角矩阵。对于这样的三角矩阵，同样也可采用对称矩阵的压缩存储方式将其上三角或下三角的元素存储在一维数组中,以达到节约存储空间的目的。

| $a_{00}$ | 0 | 0 | 0 |
|---|---|---|---|
| $a_{10}$ | $a_{11}$ | 0 | 0 |
| $a_{20}$ | $a_{21}$ | $a_{22}$ | 0 |
| $a_{30}$ | $a_{31}$ | $a_{32}$ | $a_{33}$ |

(a) 下三角矩阵

| $a_{00}$ | $a_{01}$ | $a_{02}$ | $a_{03}$ |
|---|---|---|---|
| 0 | $a_{11}$ | $a_{12}$ | $a_{13}$ |
| 0 | 0 | $a_{22}$ | $a_{23}$ |
| 0 | 0 | 0 | $a_{33}$ |

(b) 上三角矩阵

图 5.9 三角矩阵

## 5.3.2 稀疏矩阵

除了上述介绍的对称矩阵和三角矩阵等特殊矩阵外,在实际应用中我们还经常遇到这样一种矩阵。观察如图 5.10(a)所示的矩阵,就可发现矩阵中的很多元素为零,这样的矩阵称为稀疏矩阵。至于矩阵中零元素多少才能算作稀疏矩阵,并没有确切定义。这只是一个直观上的概念。在图 5.10(a)所示的矩阵的 42 个元素中,只有 8 个是非 0 元素,就可以认为这个矩阵是稀疏矩阵。

|  | 0 | 1 | 2 | 3 | 4 | 5 |
|---|---|---|---|---|---|---|
| 0 | 5 | 0 | 0 | 2 | 0 | 8 |
| 1 | 0 | 6 | 9 | 0 | 0 | 0 |
| 2 | 0 | 0 | 0 | 3 | 0 | 0 |
| 3 | 0 | 0 | 0 | 0 | 0 | 0 |
| 4 | 9 | 0 | 0 | 0 | 0 | 0 |
| 5 | 0 | 0 | 2 | 0 | 0 | 0 |
| 6 | 0 | 0 | 0 | 0 | 0 | 0 |

(a) 稀疏矩阵M

|  | 行 | 列 | 值 |
|---|---|---|---|
| 0 | 7 | 6 | 8 |
| 1 | 0 | 0 | 5 |
| 2 | 0 | 3 | 2 |
| 3 | 0 | 5 | 8 |
| 4 | 1 | 1 | 6 |
| 5 | 1 | 2 | 9 |
| 6 | 2 | 3 | 3 |
| 7 | 4 | 0 | 9 |
| 8 | 5 | 2 | 2 |

(b) 稀疏矩阵M的三元组表

图 5.10 稀疏矩阵示例

稀疏矩阵要求我们考虑一种新的表示方法。之所以如此,一方面是因为在实际应用中许多矩阵都是大型的,而同时又是稀疏的。例如 1000×1000 的矩阵,一百万个元素中只有 1000 个是非零元素。另一方面,矩阵中的零元素在矩阵运算中是没有意义的。例如在矩阵转置和矩阵相乘运算中,零元素的运算可不必考虑。如果采用二维数组表示矩阵既浪费了大量的存储单元来存储零元素,又要花大量的时间进行零元素的运算。所以我们要为稀疏矩阵寻找一种新的存储其元素的方法,这种表示法将只存储矩阵中的非零元素。

由于稀疏矩阵中的非零元素的位置是没有规定的,因此为了表示一个矩阵的非零元素 $M_{ij}$,我们必须存储该元素所在的行、列和其值。这样可将一个稀疏矩阵中的非零元素按三元组(行,列,值)存储。为操作方便起见,我们按照行号递增、任意行按照列号递增的方式组织三元组,最终形成三元组表结构。于是,图 5.10(a)所示的稀疏矩阵 M 就可存储在三元组表 a[$t+1$][3]中,如图 5.10(b)所示。其中 $t=8$ 是稀疏矩阵中非零元素的个数,三元组表中 a[0][1]、a[0][2]和 a[0][3]分别表示稀疏矩阵的行数、列数和非零元素个数。

在矩阵上最小的操作集合包括创建、转置、加法、减法和乘法。下面我们介绍矩阵转置和矩阵相乘算法。

**1. 稀疏矩阵的转置算法**

对于一个 $m \times n$ 的矩阵 M，它的转置矩阵 T 是一个 $n \times m$ 的矩阵，而且原矩阵 M 的任意元素 M[$i$][$j$]应该成为其转置矩阵中的元素 T[$j$][$i$]。换句话说，就是把矩阵的行与列对换。图 5.10(a)所示矩阵 M 的转置矩阵 T 和 T 对应的三元组表 b 如图 5.11(a)和(b)所示。

| | | | | | | |
|---|---|---|---|---|---|---|
| 5 | 0 | 0 | 0 | 9 | 0 | 0 |
| 0 | 6 | 0 | 0 | 0 | 0 | 0 |
| 0 | 9 | 0 | 0 | 0 | 2 | 0 |
| 2 | 0 | 3 | 0 | 0 | 0 | 0 |
| 0 | 0 | 0 | 0 | 0 | 0 | 0 |
| 8 | 0 | 0 | 0 | 0 | 0 | 0 |

(a) 转置矩阵T

| | 0 | 1 | 2 |
|---|---|---|---|
| 0 | 6 | 7 | 8 |
| 1 | 0 | 0 | 5 |
| 2 | 0 | 4 | 9 |
| 3 | 1 | 1 | 6 |
| 4 | 2 | 1 | 9 |
| 5 | 2 | 5 | 2 |
| 6 | 3 | 0 | 2 |
| 7 | 3 | 2 | 3 |
| 8 | 5 | 0 | 8 |

(b) T的三元组表

图 5.11　矩阵转置示例

如果矩阵采用二维数组表示，转置算法很容易实现。对于一个 $m \times n$ 的矩阵 M，得到其转置矩阵 T 的关键代码为：

```
for (j = 0; j < n; j++)
    for (i = 0; i < m; i++)
        T[j][i] = M[i][j];
```

由于稀疏矩阵是用三元组表表示的，很显然不能使用上述算法进行转置。那么对于图 5.10(b)中的三元组表来说，如何得到图 5.11(b)所示的三元组表呢？一个简单的想法是，顺序地取出 a 中的元素然后顺序地放到 b 中。例如，取出 a 中的第 1 个元素(0,0,5)变成(0,0,5)放到 b 中的第 1 行，取出 a 中的第 2 个元素(0,3,2)变成(3,0,2)放到 b 中的第 2 行，a 的第 3 个元素(0,5,8)变成(5,0,8)放到 b 中的第 3 行，以此类推。但是观察图 5.10(b)和图 5.11(b)就能够发现，这种做法是错误的，因为我们看到 a 中元素(0,3,2)变成(3,0,2)并不是放在 b 中的第 2 行，而是放在 b 中的第 6 行。

正确的方法应该是将原矩阵 M 中的元素按每一列从上而下进行转置。为此，应对三元组表 a 中的第 2 列元素进行多次反复扫描，第一次取出矩阵 M 中列号为 0 的所有元素，将它们顺序放入 b 中，第二次取出矩阵 M 中列号为 1 的元素，将它们顺序放入 b 中。如此进行下去，直到 a 中所有元素均放入 b 中，转置过程结束。

以图 5.10(a)所示的稀疏矩阵 M 为例。

第一次，挑出第 2 列所有数值为 0 者，即在矩阵 M 中的第 0 列者，逐个放入数组 b 中。a 中第 1 行元素(0,0,5)和第 7 行元素(4,0,9)的列号为 0，因此将它们分别放入 b 的第 1 和第 2 行。三元组表 b 如图 5.12 所示。

第二次，挑出第 2 列所有数值为 1 的元素，只有第 4 行元素(1,1,6)的列号为 1，将其放到 b 的第 3 行。此时的三元组表 b 如图 5.13 所示。

| | 0 | 1 | 2 |
|---|---|---|---|
| 0 | 6 | 7 | 8 |
| 1 | 0 | 0 | 5 |
| 2 | 0 | 4 | 9 |
| 3 | 1 | 1 | 6 |
| 4 | | | |
| 5 | | | |
| 6 | | | |
| 7 | | | |
| 8 | | | |

图 5.12　稀疏矩阵 M 的三元组表 1(第二列所有数值为 0 者)

| | 0 | 1 | 2 |
|---|---|---|---|
| 0 | 6 | 7 | 8 |
| 1 | 0 | 0 | 5 |
| 2 | 0 | 4 | 9 |
| 3 | | | |
| 4 | | | |
| 5 | | | |
| 6 | | | |
| 7 | | | |
| 8 | | | |

图 5.13　稀疏矩阵 M 的三元组表 2(第二列所有数值为 1 者)

第三次，找列号为 2 的元素进行转置。列号为 2 的元素有两个，即(1,2,9)和 (5,2,2)，将 a 中这两个元素分别放到 b 的第 4 和第 5 行。三元组表 b 如图 5.14 所示。

| | 0 | 1 | 2 |
|---|---|---|---|
| 0 | 6 | 7 | 8 |
| 1 | 0 | 0 | 5 |
| 2 | 0 | 4 | 9 |
| 3 | 1 | 1 | 6 |
| 4 | 2 | 1 | 9 |
| 5 | 2 | 5 | 2 |
| 6 | | | |
| 7 | | | |
| 8 | | | |

图 5.14　稀疏矩阵 M 的三元组表 3(列号为 2 的元素转置后)

如此做下去，直到 a 中所有元素都放到 b 中为止，转置结束。最后的三元组表 b 如图 5.11(b)所示。要注意的是，当 a 的某行放到 b 中时，a 的第 1 列数值放到 b 的第 2 列、第 2 列数值放到 b 的第 1 列。

实现上述矩阵转置算法的C语言函数transpose的算法如下所示。其中m和n分别为矩阵M的行数和列数，t为M的非零元素个数。p表示a中某行的下标，变量q指向转置矩阵三元组表b中下一个元素插入的位置。col表示矩阵M中某列的列号。

```
void transpose(a,b)
{   m = a[0][0];
    n = a[0][1];
    t = a[0][2];
    b[0][0] = n;
    b[0][1] = m;
    b[0][2] = t;
    if(t == 0) exit;
    q = 1;                              /* 从b的第一行做起 */
    for(col = 0;col < n;col++)          /* 按M的列进行转置 */
        for(p = 1;p <= t;p++)           /* 对所有非零元素 */
            if(a[p][1] == col)          /* 挑出M中列号等于col的元素 */
                { b[q][0] = a[p][1];
                  b[q][1] = a[p][0];
                  b[q][2] = a[p][2];
                  q++;
                  }
}
```

以上转置算法主要的运算时间花在两个for循环上，外循环共执行 $n$ 次，内循环需要执行 $t$ 次，所以上述算法的时间复杂度是 $O(n \times t)$。除了a和b所需空间外，该算法只需固定量的额外空间，即变量m,n,t,p,col和q所用的空间。

回顾上面我们介绍的把矩阵表示成二维数组时，矩阵转置算法可以在 $O(n \times m)$ 的时间内完成矩阵转置。当矩阵中非0元素个数 $t$ 的数量级为 $n \times m$ 时，算法transpose的时间复杂度 $O(n \times t)$ 便成为 $O(n \times m^2)$。这显然比用二维数组时的时间 $O(n \times m)$ 更差。

如果我们能预先确定a中每一个元素在b中的位置，那么我们就可以按a中元素的顺序逐个将元素放到b中。例如，如果我们知道a中元素(0,0,5)在b中的位置是1的话，就能很容易将元素(0,0,5)取出放在b中的相应位置。同样如果我们知道a中元素(0,3,2)在b中的位置为6的话，那么从a中取出元素(0,3,2)时，很清楚该元素变成(3,0,2)后，应放在b中的第6个位置。采用这种思想的转置算法称为快速转置。

为了确定a中元素在b中的位置，我们需要知道M的每一列中非0元素的个数，有了这个信息，就可容易地获得M中每一列的第一个非0元素在b中的起始位置。设一维数组S用来存放矩阵M中每一列的非零元素个数，S[$j$]表示矩阵M的第 $j$ 列非零元素的个数。一维数组T存放矩阵M的每一列的第一个非零元素的起始位置，T[$j$]表示M中第 $j$ 列第一个非零元素在b中的起始位置。T[$i$]的值可通过下述公式推出：

$$T[0] = 1$$

$$T[i] = T[i-1] + S[i-1]$$

图5.10(a)所示矩阵的S和T的值如图5.15所示。

因为T[0]的值为1，所以当从a中取出元素(0,0,5)时，该元素应放在b中T[0]所表示的位置，即b[1]。同样a中元素(0,3,2)变换为(3,0,2)后，应放到b中第6个位置，这是因

| i | 0 | 1 | 2 | 3 | 4 | 5 |
|---|---|---|---|---|---|---|
| S | 2 | 1 | 2 | 2 | 0 | 1 |
| T | 1 | 3 | 4 | 6 | 8 | 8 |

图 5.15 S和T的值

为T[3]的值为6。因为T[5]的值为8,所以a中元素(0,5,8)变为元素(5,0,8),应放到b中最后一个位置。

下面的算法给出的是快速转置算法实现。第17行、第18行计算矩阵M的每一列的非零元素个数,S[$i$]的值通过统计a中第2列$i$的出现次数得到。第19～21行计算矩阵M中每一列第一个非零元素在b中的起始位置。第22～28行对a中的元素依此进行转置。首先取出元素的列号(第23行),然后根据其T的值,将其放到b中的相应位置。第27行计算同一行的下一个元素的位置。

```
#define  MAXCOL 100
int a[][3] = {{7,6,8},{0,0,5},{0,3,2},{0,5,8},{1,1,6},{1,2,9},{2,3,3},{4,0,9},{5,2,2}};
int b[9][3];
FastTranspose(int a[][3], int b[][3])
{
   int  m,n,tn,i,j;
   int  S[MAXCOL], T[MAXCOL];
   m = a[0][0];
   n = a[0][1];
   tn = a[0][2];
   b[0][0] = n;
   b[0][1] = m;
   b[0][2] = tn;
   if(tn <= 0)   return;
   for(i = 1;i < n;i++)
      S[i] = 0;
   for(i = 1;i <= tn;i++)
      S[a[i][1]] = S[a[i][1]] + 1;
   T[0] = 1;
   for(i = 1;i < n;i++)
      T[i] = T[i - 1] + S[i - 1];
   for(i = 1;i <= tn;i++)
     {  j = a[i][1];
        b[T[j]][0] = a[i][1];
        b[T[j]][1] = a[i][0];
        b[T[j]][2] = a[i][2];
        T[j] = T[j] + 1;
     }
   }
main()
 { FastTranspose(a,b);}
```

上述快速矩阵转置算法中有4个循环,它们分别执行$n$、$t$、$n-1$和$t$次。这些循环每重复一次,只占用一个常量时间,故此算法的时间复杂度为$O(n+t)$。

**2. 稀疏阵的乘法**

设有矩阵 A 和 B,其中 A 矩阵大小为 $m \times n$,矩阵 B 大小为 $n \times p$,A 和 B 的乘积矩阵 C 是 $m \times p$ 矩阵,该矩阵的 $i$、$j$ 元素定义为:

$$c_{ij} = \sum_{0 \leqslant k < n} a_{ik} \times b_{kj}$$

其中 $0 \leqslant i < m, 0 \leqslant j < p$。

如果矩阵 A、B 和 C 都采用二维数组表示,则两个矩阵相乘的经典算法是:

```
for (i = 0;i < m; i++)
    for (j = 0;j < p;j++) {
        c[i][j] = 0;
        for (k = 0;k < n;k++)
            c[i][j] = c[i][j] + a[i][k] * b[k][j];  }        }
```

这个算法的时间复杂度为 $O(m \times n \times p)$。

在矩阵相乘的经典算法中,不论 a[$i$][$k$]和 b[$k$][$j$]的值是否为零,都要进行乘法运算。而实际上我们知道,a[$i$][$k$]和 b[$k$][$j$]有一个值为零时,其乘积也为零。对于图 5.16 所示的稀疏矩阵 A 和 B 而言,矩阵 A 中的非零元素 a[0][0]只需与矩阵 B 中的非零元素 b[0][1]相乘。矩阵 A 中的元素 a[1][1]不需要与矩阵 B 中的任何元素相乘。

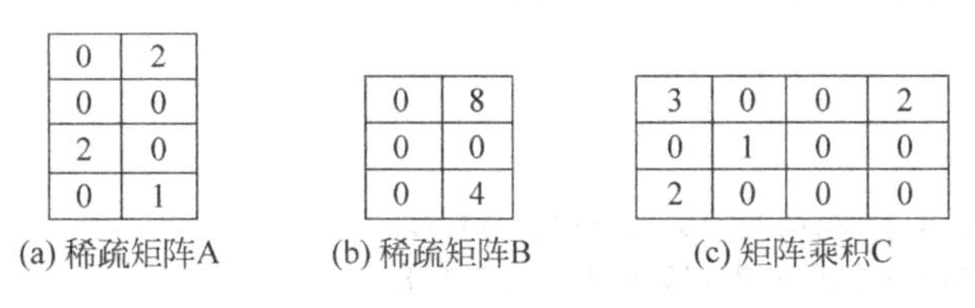


图 5.16　两个稀疏矩阵相乘

因此,当 A 和 B 是稀疏矩阵并用三元组表表示时,就不能套用上述算法。在对稀疏矩阵进行乘法运算时,我们不应该考虑值为零的元素。换句话说,稀疏矩阵相乘时,只需进行非零元素之间的运算。

对于三元组表表示的稀疏矩阵,如果从三元组表 a 中取出某元素,它在 A 矩阵中的行号为 $u$=a[$i$][0],列号为 $k$=a[$i$][1],则需要在三元组表 b 中找出 B 矩阵中所有行号为 $k$ 的非零元素并相乘。如果某元素在 B 矩阵中的行号为 $k$,列号为 $v$=b[$j$][1],则它应与 a 中取出的该非零元素相乘后,乘积应加到矩阵 C 的第 $u$ 行第 $v$ 列元素上。这是因为矩阵 A 中第 $u$ 行的其他非零元素与矩阵 B 中第 $v$ 列的相应元素相乘,其乘积也会加到矩阵 C 的这个元素上。

以图 5.12 所示的三元组表为例。对三元组表 a 中的元素 a[1]来说,它表示 A 矩阵的非零元素(0,0,3),其列号为 0,该元素只需要与 B 矩阵的第 0 行的非零元素相乘。由于 B 矩阵的第 0 行只有一个非零元素(0,1,2),其在三元组表中的位置是 b[1],因此两者的乘积为 6,该乘积是元素 c[0][1]的一部分。a[2]表示的 A 矩阵的非零元素(0,3,2)应与 b[3]表示的 B 矩阵非零元素(3,1,1)相乘,其乘积也是 c[0][1] 的一部分,应累加到 c[0][1] 上,因此 c[0][1]的值为 8。而 a 中的元素 a[3]表示 A 矩阵的非零元素(1,1,1),应与 B 矩阵的第 1 行非零元素相乘,由于 B 中没有行号为 1 的非零元素,因此,该元素不需要和 b 中的任何元素相乘。

| | 0 | 1 | 2 |
|---|---|---|---|
| 0 | 3 | 4 | 4 |
| 1 | 0 | 0 | 3 |
| 2 | 0 | 3 | 2 |
| 3 | 1 | 1 | 1 |
| 4 | 2 | 0 | 2 |

(a) 稀疏矩阵A的三元组表a

| | 0 | 1 | 2 |
|---|---|---|---|
| 0 | 4 | 2 | 3 |
| 1 | 0 | 1 | 2 |
| 2 | 2 | 0 | 2 |
| 3 | 3 | 1 | 1 |

(b) 稀疏矩阵A的三元组表b

图 5.17　矩阵的三元组表

根据上面的分析，稀疏矩阵相乘的基本操作是：逐个从三元组表 a 中取出元素，按其列号 $j$ 在 b 中找出矩阵 B 中所有行号为 $j$ 的非零元素，将它们分别与 A 中取出的非零元素相乘，将乘积累加到 C 中相应的元素中去。为便于操作，应对每个乘积设一个累计和的变量，其初值为零。

一个实现上述稀疏矩阵相乘的算法如下所示。假设 A 是一个 $m\times p$ 稀疏矩阵，非零元素个数为 ta，B 是一个 $p\times n$ 稀疏矩阵，非零元素个数为 tb，且 A 与 B 已表示成三元组表的形式，A 与 B 的乘积为 C，表示成 $m\times n$ 的二维数组形式。如果矩阵 C 是稀疏的，还需要进行进一步的运算，将它表示成三元组表的形式。

```
#define  M  3
#define  P  4
#define  N  2
int a[0][3] = {{3,4,},{0,0,3},{0,3,2}{1,1,1},{2,0,2}};
int b[0][3] = {{4,3,2},{0,1,2},{2,0,2},{3,1,1}};
int c[M][N];
MatrixMultiply()
{
    int m,n,ta,tb,i,j,p,k;
    int S[P],T[P];
    m = a[0][0];
    n = a[0][1];
    ta = a[0][2];
    if(n = b[0][0])
      { p = b[0][1];
        Tb = b[0][2];
       }
    if(ta * tb == 0) return;
    for(i = 0;i < n;i++)
      S[i] = 0;
    for(i = 0;i <= tb;i++)
      S[b[i]][0] = S[b[i]][0] + 1;
    T[0] = 1;
    for(i = 0;i <= n;i++)
      T[i] = T[i - 1] + S[i - 1];
    for(i = 0;i <= ta;i++)
      { k = a[i][1];                       /* a 中列号为 k 的非零元素 */
       for(j = T[k];j < T[k + 1] - 1;j++)  /* b 中第 k 行所有非零元素 */
         c[a[i][0]][b[j][1]] = c[a[i][0]][b[j][1]] + a[i][2] * b[j][2];
```

```
        }
    }
    main()
    {
        MatrixMultiply();
    }
```

## 5.4 广义表的定义与性质

### 5.4.1 广义表的定义

广义表(Lists,又称列表)是线性表的推广。在第2章中,我们把线性表定义为$n \geqslant 0$个元素$a_1, a_2, a_3, \cdots, a_n$的有限序列。线性表的元素仅限于原子项,原子是作为结构上不可分割的成分,它可以是一个数或一个结构,若放松对表元素的这种限制,容许它们具有其自身结构,这样就产生了广义表的概念。

广义表是$n(n \geqslant 0)$个元素$a_1, a_2, a_3, \cdots, a_n$的有限序列,其中$a_i$或者是原子项,或者是一个广义表。通常记作$LS=(a_1, a_2, a_3, \cdots, a_n)$。LS是广义表的名字,$n$为它的长度。若$a_i$是广义表,则称它为LS的子表。

通常用圆括号将广义表括起来,用逗号分隔其中的元素。为了区别原子和广义表,书写时用大写字母表示广义表,用小写字母表示原子。若广义表LS($n \geqslant 1$)非空,则$a_1$是LS的表头,其余元素组成的表$(a_1, a_2, a_3, \cdots, a_n)$称为LS的表尾。

显然广义表是递归定义的,这是因为在定义广义表时又用到了广义表的概念。广义表的例子如下。

(1) A=():A是一个空表,其长度为零。

(2) B=(e):表B只有一个原子e,B的长度为1。

(3) C=(a,(b,c,d)):表C的长度为2,两个元素分别为原子a和子表(b,c,d)。

(4) D=(A,B,C):表D的长度为3,三个元素都是广义表。显然,将子表的值代入后,则有D=((),(e),(a,(b,c,d)))。

(5) E=(E):这是一个递归的表,它的长度为2,E相当于一个无限的广义表E=(a,(a,(a,(a,…))))。

从上述定义和例子可推出广义表的三个重要结论分别如下。

(1) 广义表的元素可以是子表,而子表的元素还可以是子表。由此,广义表是一个多层次的结构,可以用图形象地表示。

(2) 广义表可为其他表所共享。例如在上述例(4)中,广义表A、B、C为D的子表,则在D中可以不必列出子表的值,而是通过子表的名称来引用。

(3) 广义表的递归性。

综上所述,广义表不仅是线性表的推广,也是树的推广。

### 5.4.2 广义表的性质

从上述广义表的定义和例子可以得到广义表的下列重要性质。

(1) 广义表是一种多层次的数据结构。广义表的元素可以是单元素,也可以是子表,而子表的元素还可以是子表。

(2) 广义表可以是递归的表。广义表的定义并没有限制元素的递归,即广义表也可以是其自身的子表。例如表E就是一个递归的表。

(3) 广义表可以为其他表所共享。例如,表A、表B、表C是表D的共享子表。在表D中可以不必列出子表的值,而用子表的名称来引用。

广义表的上述特性对于它的使用价值和应用效果起到了很大的作用。

广义表可以看成是线性表的推广,线性表是广义表的特例。广义表的结构相当灵活,在某种前提下,它可以兼容线性表、数组、树和有向图等各种常用的数据结构。

当二维数组的每行(或每列)作为子表处理时,二维数组即为一个广义表。

另外,树和有向图也可以用广义表来表示。

由于广义表不仅集中了线性表、数组、树和有向图等常见数据结构的特点,而且可有效地利用存储空间,因此在计算机的许多应用领域都有成功使用广义表的实例。

## 5.5 广义表的存储结构

由于广义表中的数据元素可以具有不同的结构,因此难以用顺序的存储结构来表示。而链式的存储结构分配较为灵活,易于解决广义表的共享与递归问题,所以通常采用链式的存储结构来存储广义表。在这种表示方式下,每个数据元素可用一个结点表示。

按结点形式的不同,广义表的链式存储结构又可以分为不同的两种存储方式。一种称为头尾表示法,另一种称为孩子兄弟表示法。

### 5.5.1 头尾表示法

若广义表不空,则可分解成表头和表尾;反之,一对确定的表头和表尾可唯一地确定一个广义表。头尾表示法就是根据这一性质设计而成的一种存储方法。

由于广义表中的数据元素既可能是列表也可能是单元素,相应地在头尾表示法中结点的结构形式有两种:一种是表结点,用以表示列表;另一种是元素结点,用以表示单元素。在表结点中应该包括一个指向表头的指针和指向表尾的指针;而在元素结点中应该包括所表示单元素的元素值。为了区分这两类结点,在结点中还要设置一个标志域,如果标志为1,则表示该结点为表结点;如果标志为0,则表示该结点为元素结点,其形式定义说明如下。

```
typedef  enum {ATOM, LIST} Elemtag;      /* ATOM = 0: 单元素; LIST = 1: 子表 */
typedef  struct  GLNode
{
   elemtag  tag;                          /* 标志域,用于区分元素结点和表结点 */
   union
     {                                    /* 元素结点和表结点的联合部分 */
       datatype  data;                    /* data 是元素结点的值域 */
       struct
         {
           struct GLNode  *hp, *tp;
```

```
        }ptr;                          /* ptr 是表结点的指针域,ptr.hp 和 ptr.tp 分别 */
                                       /* 指向表头和表尾 */
    };
} * GList;                             /* 广义表类型 */
```

头尾表示法的结点形式如图 5.18 所示。

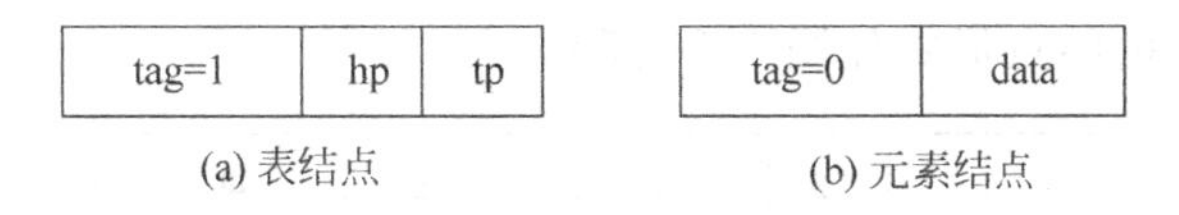


图 5.18　头尾表示法的结点形式

对于 5.4.1 所列举的广义表 A、B、C、D、E、F,若采用头尾表示法的存储方式,其存储结构如图 5.19 所示。

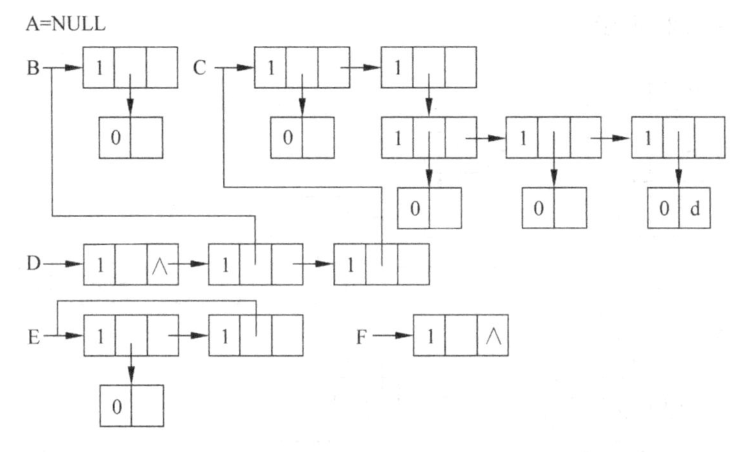


图 5.19　广义表的头尾表示法存储结构示例

从上述存储结构示例中可以看出,采用头尾表示法容易分清列表中单元素或子表所在的层次。例如,在广义表 D 中,单元素 a 和 e 在同一层次上,而单元素 b、c、d 在同一层次上,且比 a 和 e 低一层,子表 B 和 C 在同一层次上。另外,最高层的表结点的个数即为广义表的长度。例如,在广义表 D 的最高层有三个表结点,其广义表的长度为 3。

## 5.5.2　孩子兄弟表示法

广义表的另一种表示法称为孩子兄弟表示法。在孩子兄弟表示法中,也有两种结点形式:一种是有孩子结点,用以表示列表;另一种是无孩子结点,用以表示单元素。在有孩子结点中包括一个指向第一个孩子(长子)的指针和一个指向兄弟的指针;而在无孩子结点中包括一个指向兄弟的指针和该元素的元素值。为了能区分这两类结点,在结点中还要设置一个标志域。如果标志为 1,则表示该结点为有孩子结点;如果标志为 0,则表示该结点为无孩子结点。其形式定义说明如下:

```
typedef  enum {ATOM, LIST} Elemtag;     /* ATOM = 0: 单元素; LIST = 1: 子表 */
typedef  struct  GLENode {
    Elemtag  tag;                       /* 标志域,用于区分元素结点和表结点 */
```

```
    union {                                  /* 元素结点和表结点的联合部分 */
            datatype  data;                  /* 元素结点的值域 */
            struct GLENode   * hp;           /* 表结点的表头指针 */
         };
    struct GLENode   * tp;                   /* 指向下一个结点 */
 } * EGList;                                 /* 广义表类型 */
```

孩子兄弟表示法的结点形式如图5.20所示。

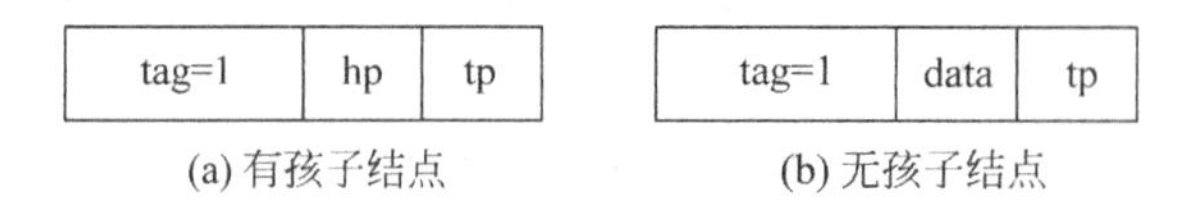


(a) 有孩子结点　　(b) 无孩子结点

图5.20　孩子兄弟表示法的结点形式

对于5.5.1节中所列举的广义表A、B、C、D、E、F,若采用孩子兄弟表示法的存储方式,其存储结构如图5.21所示。

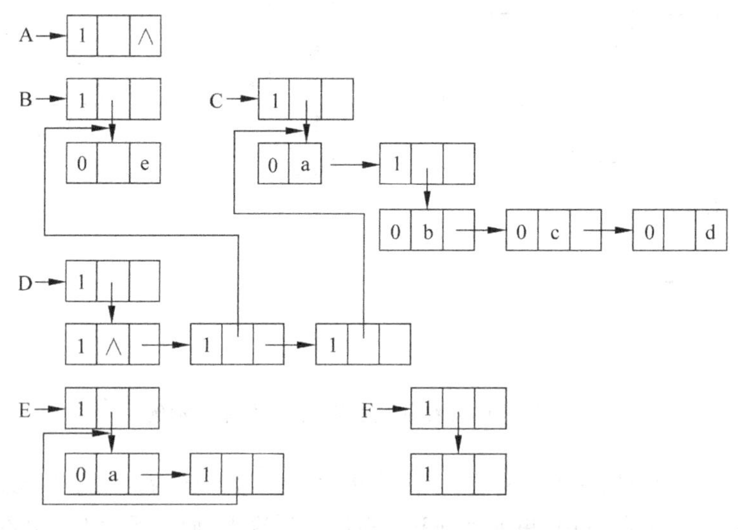


图5.21　广义表的孩子兄弟表示法存储结构

从图5.21的存储结构示例中可以看出,采用孩子兄弟表示法时,表达式中的左括号"("对应存储表示中的tag=1的结点,且最高层结点的tp域必为NULL。

## 5.6　广义表的基本操作

我们以头尾表示法存储广义表,讨论广义表的有关操作的实现。由于广义表的定义是递归的,因此相应的算法一般也都是递归的。

**1. 广义表的取头、取尾操作**

```
GList Head(GList ls)
  {
   if (ls->tag == 1)
      p = ls->hp;
```

```
    return  p;
  }

GList Tail(GList ls)
  {
   If( ls->tag == 1)
       p = ls->tp;
   return  p;
  }
```

**2. 建立广义表的存储结构**

算法 1

```
int  Create(GList *ls, char *S)
 { Glist  p;  char  *sub;
   if (StrEmpty(S)) *ls = NULL;
   else {
    if (!(*ls = (GList)malloc(sizeof(GLNode))))  return  0;
    if (StrLength(S) == 1) {
      (*ls)->tag = 0;
      (*ls)->data = S;
     }
    else {
      (*ls)->tag = 1;
      p = *ls;
      hsub = SubStr(S,2,StrLength(S) - 2);
      do {
        sever(sub,hsub);
        Create(&(p->ptr.hp), sub);
        q = p;
        if (!StrEmpty(sub)){
          if (!(p = (GList)malloc(sizeof(GLNode))))  return 0;
          p->tag = 1;
          q->ptr.tp = p;
         }
       }while (!StrEmpty(sub));
       q->ptr.tp = NULL;
      }
     }
   return 1;
  }
```

算法 2

```
int  sever(char *str, char *hstr)
{
 int  n = StrLength(str);
    i = 1; k = 0;
   for (i = 1, k = 0; i <= n || k != 0; ++i)
     {
      ch = SubStr(str,i,1);
```

```
        if (ch == '(')   ++k;
        else  if (ch == ')')   --k;
      }
    if (i <= n)
     {
      hstr = SubStr(str,1,i-2);
      str = SubStr(str,i,n-i+1);
      }
    else {
      StrCopy(hstr,str);
      ClearStr(str);
        }
 }
```

### 3. 以表头、表尾建立广义表

```
int  Merge(GList ls1,GList ls2, Glist * ls)
{
  if (!( * ls = (GList)malloc(sizeof(GLNode))))  return 0;
  * ls -> tag = 1;
  * ls -> hp = ls1;
  * ls -> tp = ls2;
  return 1;
}
```

### 4. 求广义表的深度

```
int Depth(GList ls)
{
   if (!ls)
     return  1;                        /* 空表深度为 1 */
   if (ls -> tag == 0)
     return  0;                        /* 单元素深度为 0 */
   for (max = 0,p = ls; p; p = p -> ptr.tp)
   {
     dep = Depth(p -> ptr.hp);         /* 求以 p -> ptr.hp 为头指针的子表深度 */
     if (dep > max)  max = dep;
    }
   return max + 1;                     /* 非空表的深度是各元素的深度的最大值加 1 */
}
```

### 5. 复制广义表

```
int  CopyGList(GList ls1, GList * ls2)
{
   if (!ls1)  * ls2 = NULL;                                    /* 复制空表 */
   else
    {
     if (!( * ls2 = (Glist)malloc(sizeof(Glnode)))) return 0;  /* 建表结点 */
     ( * ls2) -> tag = ls1 -> tag;
     if (ls1 -> tag == 0) ( * ls2) -> data = ls1 -> data;      /* 复制单元素 */
     else
```

```
        {
         CopyGList(&((*ls2)->ptr.hp), ls1->ptr.hp);   /*复制广义表 ls1->ptr.hp 的
                                                        /*一个副本*/
         CopyGList(&((*ls2)->ptr.tp) , ls1->ptr.tp);  /*复制广义表 ls1->ptr.tp 的
                                                        /*一个副本*/
        }
      }
    return 1;
  }
```

## 5.7 数组的应用

请看下面的例题,希望能给大家带来一些指导和启发,在枯燥的学习之余给同学们带来一些愉悦和收获!

**【例 5.1】** 请利用栈结构、利用非递归算法实现广义表的存储结构。

```
struct stack
{ struct GLNode elem[255];
  int top;
}S;                                                 //定义用于存储结点的栈
//pop(S) 和 push(S, p)表示数据的出栈和入栈
struct GLNode *bulid_ptr()                          //建立表结点函数
{
  struct GLNode *p1;
  p1 = (struct GLNode *)malloc(sizeof(struct GLNode));
  p1->tag = 1;                              //表示 p 结点是表结点,并初始化两个指针变量
  p1->atom_ptr.hp = NULL;
  p1->atom_ptr.tp = NULL;
  return p1;
}
struct GLNode *bulid_atom(char c)           //建立原子结点函数
{
  struct GLNode *p1;
  p1 = (struct GLNode *)malloc(sizeof(struct GLNode));
  p1->tag = 0;
  p1->atom_ptr.atom = c;
  return p1;
}
```

该算法的主体如下:

```
S.top = -1;
i = 0;
while(str[i]!= '/0')
{
  switch(str[i])
  {
  case '(': p = build_ptr();                //建立表结点
         if(S.top>-1)                       //栈不为空,p 赋给栈顶表结点的 hp
```

```
            S.elem[S.top]->atom_ptr.hp=p;
        push(S,p);                              //p结点入栈
    case ',': p=build_ptr();                    //建立表结点
        q=pop(S);                               //S的栈顶元素出栈,并赋给q
        q->atom_ptr.tp=p;                       //q的tp指向p
        push(S,p);                              //p结点入栈
    case ')': pop(S);                           // S的栈顶元素出栈
        default : p=build_atom(str[i]);         //建立原子结点
        S.elem[S.top]->atom_ptr.hp=p;           // p赋给栈顶表结点的hp
    }
}
```

**【例5.2】** 已知Ackerman函数定义如下：

(1) 根据定义,写出它的递归求解算法；

(2) 利用栈,写出它的非递归求解算法。

(1) 已知函数本身是递归定义的,所以可以用递归算法来解决：

```
unsigned akm(unsigned m, unsigned n)
{
  if (m == 0) return n+1;                       //m == 0
  else if (n == 0) return akm (m-1, 1);         //m>0, n == 0
   else return  akm (m,n-1);                    //m>0, n>0
}
```

(2) 为了将递归算法改成非递归算法,首先改写原来的递归算法,将递归语句从结构中独立出来：

```
unsigned akm(unsigned m, unsigned n)
{
  unsigned v;
  if (m == 0) return n+1;                       //m == 0
  if (n == 0) return akm (m-1, 1);              // m>0, n ==0
  v = akm(m, n-1);                              //m>0, n>0
  return akm(m-1, v);
}
```

用一个栈记录每次递归调用时的实参值,每个结点两个域{vm, vn}。对以上实例,栈的变化相应算法如下：

```
#include
#include "stack.h"
#define maxSize 3500;
unsigned akm(unsigned m, unsigned n)
{
  struct node { unsigned vm, vn; }
  stack st(maxSize);node w; unsigned v;
  w.vm = m; w.vn = n; st.Push(w);
  do {
      while (st.GetTop().vm>0)
        {                                       //计算akm(m-1, akm(m, n-1) )
      while (st.GetTop().vn>0)                  //计算akm(m, n-1),直到akm(m, 0)
```

```
        { w.vn-- ; st.Push(w); }
      w = st.GetTop(); st.Pop(w0;              // 计算 akm(m-1, 1)
      w.vm-- ; w.vn = 1; st.Push(w);           //直到 akm(0, akm(1, * ) )
      w = st.GetTop(); st.Pop(); v = w.vn++;   //计算 v = akm(1, * ) +1
      if (st.IsEmpty() == 0)                   //如果栈不空，改栈顶为(m-1, v)
        { w = st.GetTop(); st.Pop(); w.vm-- ; w.vn = v; st.Push(w); }
      }
    } while (st.IsEmpty() == 0);
  return v;
}
```

**【例 5.3】** 背包问题：设有一个背包可以放入的物品的重量为 $s$，现有 $n$ 件物品，重量分别为 w[1]，w[2]，…，w[$n$]。问能否从这 $n$ 件物品中选择若干件放入此背包中，使得放入的重量之和正好为 $s$。如果存在一种符合上述要求的选择，则称此背包问题有解(或称其解为真)；否则称此背包问题无解(或称其解为假)。试用递归方法设计求解背包问题的算法。

根据递归定义，可以写出递归的算法。

```
enum boolean { False, True }
boolean Knap(int s, int n) {
if (s == 0) return True;
if (s < 0 || s > 0 && n < 1) return False;
if (Knap(s - W[n], n-1) == True)
    { printf("%f",W[n]);return True; }
return Knap(s, n-1);
}
```

若设 w={0,1,2,4,8,16,32}，s=51，n=6，则递归执行过程如下：

```
递归 Knap(51, 6)
return True;                        // 完成
Knap(51-32, 5)
return True;                        //打印 32
Knap(19-16, 4)
return True;                        //打印 16
Knap(3-8, 3)
return False;
Knap(3,3)
return True;                        //无动作 s = -5 < 0
return False;
Knap(3-4, 4)
return False;
Knap(3,2)
return True;                        //无动作 s = -1 < 0
return False ;
Knap(3-2, 1)
return True;                        //打印 2
Knap(1-1, 0)
return True;                        //打印 1 s = 0
return True
```

**【例 5.4】** 八皇后问题：设在初始状态下在国际象棋棋盘上没有任何棋子(皇后)。然后顺序在第1行,第2行,…,第8行上布放棋子。在每一行中有8个可选择位置,但在任一时刻,棋盘的合法布局都必须满足三个限制条件,即任何两个棋子不得放在棋盘上的同一行、同一列,或者同一斜线上,试编写一个递归算法,求解并输出此问题的所有合法布局。(提示：用回溯法。在第 $n$ 行第 $j$ 列安放一个棋子时,需要记录在行方向、列方向、正斜线方向、反斜线方向的安放状态,若当前布局合法,可向下一行递归求解,否则可移走这个棋子,恢复安放该棋子前的状态,试探本行的第 $j+1$ 列)。

此为典型的回溯法问题。

在解决8皇后时,采用回溯法。在安放第 $i$ 行皇后时,需要在列的方向从1到 $n$ 试探($j=1,\cdots,n$)。首先在第 $j$ 列安放一个皇后,如果在列、主对角线、次对角线方向有其他皇后,则出现攻击,撤销在第 $j$ 列安放的皇后。如果没有出现攻击,在第 $j$ 列安放的皇后不动,递归安放第 $i+1$ 行皇后。

解题时设置如下4个数组。

(1) col[$n$]:col[$i$] 标识第 $i$ 列是否安放了皇后;

(2) md[$2n-1$]:md[$k$] 标识第 $k$ 条主对角线是否安放了皇后;

(3) sd[$2n-1$]:sd[$k$] 标识第 $k$ 条次对角线是否安放了皇后;

(4) q[$n$]:q[$i$] 记录第 $i$ 行皇后在第 $n$ 列。

利用行号 $i$ 和列号 $j$ 计算主对角线编号 $k$ 的方法是 $k=n+i-j-1$；计算次对角线编号 $k$ 的方法是 $k=i+j-n$。皇后问题解法如下：

```
void Queen(int i) {
for (int j = 0; j < n; j++) {
    if (col[j] == 0 && md[n + i - j - 1] == 0 && sd[i + j] == 0) { //第 i 行第 j 列没有攻击
            col[j] = md[n + i - j - 1] = sd[i + j] = 1; q[i] = j; //在第 i 行第 j 列安放皇后
            if (i == n)                                          //输出一个布局
                  for (j = 0; j < n; j++) printf(" %d", q[j]);
                        printf("\n");
}
    else { Queen(i + 1);                                         //在第 i + 1 行安放皇后
            col[j] = md[n + i - j - 1] = sd[i + j] = 0; [i] = 0; //撤销第 i 行第 j 列的皇后
}
}
```

**【例 5.5】** 如果矩阵A中存在这样的一个元素A[$i$][$j$]满足条件：A[$i$][$j$]是第 $i$ 行中值最小的元素,且又是第 $j$ 列中值最大的元素,则称之为该矩阵的一个马鞍点。编写一个函数计算出 $1\times n$ 的矩阵A的所有马鞍点。

算法思想：依题意,先求出每行的最小值元素,放入min[$m$]之中,再求出每列的最大值元素,放入max[$n$]之中,若某元素既在min[$m$]中,又在max[$n$]中,则该元素A[$i$][$j$]便是马鞍点,找出所有这样的元素,即找到了所有马鞍点。因此,实现本题功能的程序如下。

```
#include <stdio.h>
#define m 3
#define n 4
void minmax(int a[m][n])
```

```
{
int i1,j,have = 0;
int min[m],max[n];
for(i1 = 0; i1 < m; i1++)                       /* 计算出每行的最小值元素,放入 min[m]之中 */
  {
    min[i1] = a[i1][0];
    for(j = 1;j < n;j++)
      if(a[i1][j]< min[i1]) min[i1] = a[i1][j];
  }
for(j = 0;j < n;j++)                            /* 计算出每列的最大值元素,放入 max[n]之中 */
  {
    max[j] = a[0][j];
    for(i1 = 1; i1 < m; i1++)
        if(a[i1][j]> max[j]) max[j] = a[i1][j];
  }
for(i1 = 0; i1 < m; i1++)
  for(j = 0;j < n;j++)
    if(min[i1] == max[j])
    {
        printf("( %d, %d): %d\n", i1,j,a[i1][j]);
        have = 1;
  }
if(!have) printf("没有马鞍点\n");
}
```

**【例 5.6】** 利用广义表的 head 和 tail 操作写出函数表达式,把以下各题中的单元素 banana 从广义表中分离出来:

(1) L1(apple, pear, banana,orange);

(2) L2((apple, pear), (banana, orange));

(3) L3(((apple), (pear), (banana), (orange)));

(4) L4((((apple))), ((pear)), (banana), orange);

(5) L5((((apple), pear), banana), orange);

(6) L6(apple, (pear, (banana), orange))。

函数表达式如下:

(1) Head(Tail(Tail(L1)));

(2) Head(Head(Tail(L2)));

(3) Head(Head(Tail(Tail(Head(L3)))));

(4) Head(Head(Tail(Tail(L4))));

(5) Head(Tail(Head(L5)));

(6) Head(Head(Tail(Head(Tail(L6)))))。

**【例 5.7】** 编写下列程序:

(1) 求广义表表头和表尾的函数 head()和 tail()。

(2) 计算广义表原子结点个数的函数 count_GL()。

(3) 计算广义表所有原子结点数据域(设数据域为整型)之和的函数 sum_GL()。

```
#include "stdio.h"
#include "malloc.h"
typedef struct node
{ int tag;
union
  { struct  node  *sublist;
    char data;
  }dd;
struct  node  *link;
}NODE;
NODE  *creat_GL(char **s)
{
   NODE *h;
   char ch;
   ch= *(*s);
   (*s)++;
 if(ch!='\0')
 {
     h=(NODE*)malloc(sizeof(NODE));
     if(ch=='(')
         {
                 h->tag=1;
                 h->dd.sublist=creat_GL(s);
         }
       else
         {
                 h->tag=0;
                 h->dd.data=ch;
         }
       }
     else
         h=NULL;
ch= *(*s);
(*s)++;
if(h!=NULL)
     if(ch==',')
         h->link=creat_GL(s);
     else
         h->link=NULL;
return(h);
}
void prn_GL(NODE *p)
{
if(p!=NULL)
{
     if(p->tag==1)
{
printf("(");
if(p->dd.sublist==NULL)
         printf(" ");
else
```

```
        prn_GL(p->dd.sublist);
    }
    else
        printf("%c",p->dd.data);
    if(p->tag==1)
        printf(")");
    if(p->link!=NULL)
    {
        printf(",");
        prn_GL(p->link);
    }
    }
    }
NODE *copy_GL(NODE *p)
{
NODE *q;
if(p==NULL)   return(NULL);
q=(NODE *)malloc(sizeof(NODE));
q->tag=p->tag;
if(p->tag)
    q->dd.sublist=copy_GL(p->dd.sublist);
else
    q->dd.data=p->dd.data;
q->link=copy_GL(p->link);
return(q);
}
NODE *head(NODE *p)                          /*求表头函数 */
{
return(p->dd.sublist);
}
NODE *tail(NODE *p)                          /*求表尾函数 */
{
return(p->link);
}
int sum(NODE *p)                             /*求原子结点的数据域之和函数 */
{ int m,n;
if(p==NULL) return(0);
else
    {  if(p->tag==0) n=p->dd.data;
        else
            n=sum(p->dd.sublist);
        if(p->link!=NULL)
            m=sum(p->link);
            else m=0;
return(n+m);
    }
}
int depth(NODE  *p)                          /*求表的深度函数 */
{
int  h, maxdh;
NODE *q;
```

```
    if(p->tag==0) return(0);
    else    if(p->tag==1&&p->dd.sublist==NULL) return 1;
            else
                {
                    maxdh=0;
                    while(p!=NULL)
                      {
                          if(p->tag==0) h=0;
                          else
                              {   q=p->dd.sublist;
                                  h=depth(q);
                              }
                          if(h>maxdh)maxdh=h;
                                  p=p->link;
                      }
                    return(maxdh+1);
                }
}
main()
{
NODE   *hd, *hc;
char s[100], *p;
p=gets(s);
hd=creat_GL(&p);
prn_GL(head(hd));
prn_GL(tail(hd));
hc=copy_GL(hd);
printf("copy after:");
prn_GL(hc);
printf("sum: %d\n",sum(hd));
printf("depth: %d\n",depth(hd));
}
```

## 本章小结

(1) 了解数组的两种存储表示方法，并掌握数组在以行为主的存储结构中的地址计算方法。

(2) 掌握对特殊矩阵进行压缩存储时的下标变换公式。

(3) 了解稀疏矩阵的两类压缩存储方法的特点和适用范围，领会以三元组表示稀疏矩阵时进行矩阵运算采用的处理方法。

(4) 掌握广义表的结构特点及其存储表示方法，读者可根据自己的习惯熟练掌握任意一种结构的链表，学会对非空广义表进行分解的两种分析方法，即可将一个非空广义表分解为表头和表尾两部分或者分解为 $n$ 个子表。

(5) 学习利用分治的算法设计思想编制递归算法的方法。

# 第6章 树和二叉树

**【本章学习目标】**

本章通过实例引出树的概念，详细讨论树和二叉树这两种数据结构的定义，树的基本术语，树的逻辑表示、存储结构，树和森林的遍历算法及其与二叉树的相互转换。重点介绍二叉树的定义、性质及存储结构，二叉树的遍历和线索化，二叉树的应用。通过本章学习，要求掌握如下内容：

- 了解树的定义及基本术语；
- 了解树的表示方法；
- 熟练掌握二叉树的性质，了解证明其性质的方法；
- 熟练掌握二叉树的存储结构及二叉树的各种遍历算法；
- 理解二叉树线索化的作用，熟练掌握二叉树线索化的过程以及在中序线索化二叉树上找给定结点的后继的方法；
- 熟练掌握哈夫曼树的构造方法及哈夫曼树的应用；
- 熟悉树的各种存储结构及特点，掌握树和森林与二叉树之间的转换方法；
- 熟悉树和森林的遍历方法，理解树和森林与二叉树在存储结构上的对应关系。

## 6.1 树的概念和基本操作

### 6.1.1 树的引例

某学校组织结构图如图6.1所示，从中可以看出学校的组织结构图就像一棵倒放的树一样，表示的是数据之间的一种层次关系，数据与数据之间是一种一对多的关系。这种树型结构在客观世界中广泛存在，例如人类的家谱。在计算机领域也常用到树型结构，例如操作系统中的目录结构、编译程序中用树表示源程序语法结构、数据库系统中用树组织信息等。

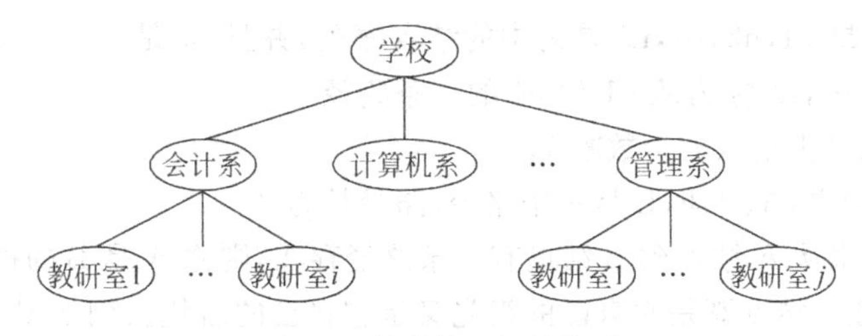


图6.1 某学校组织结构图

### 6.1.2 树的定义和基本术语

树是 $n(n\geq 0)$ 个结点的有限集。在任意一棵非空树中：(1)有且仅有一个特定的称为根的结点；(2)当 $n>1$ 时，其余结点可分为 $m(m>0)$ 个互不相交的有限集 T1，T2，…，T$m$，其中每个集合本身又是一棵树，并且称为根的子树。树的定义是一个递归的定义，即在树的定义中又用到树的概念，归根结底树是由若干结点构成的。例如，图 6.2(a)是只有一个根结点的树，图 6.2(b)是有 13 个结点的树，其中 A 是根，其余结点分成三株互不相交的子集，分别是 T1＝{B,E,F,L,M}，T2＝{C,G}，T3＝{D,H,I,J,K}，它们都是 A 的子树，同时它们本身又是一棵树。

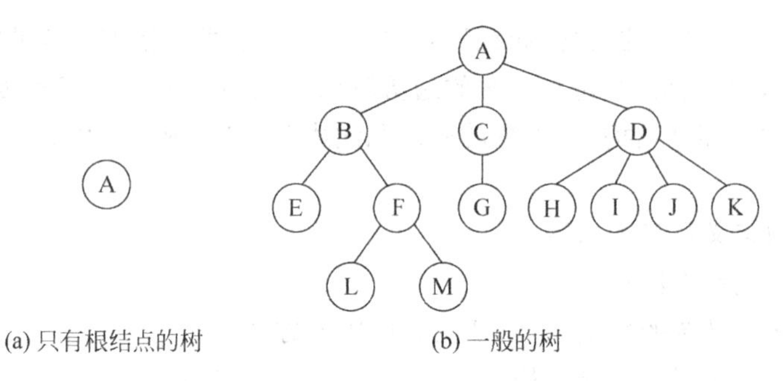


图 6.2 树的示例

下面结合图 6.2 介绍树的基本术语。

(1) 结点的度：一个结点所拥有的子树的个数称为该结点的度。例如图 6.2(b)中 A 的度是 3，D 的度是 4。

树的度：树中结点度数的最大值。例如图 6.2(b)中树的度为 4。

(2) 叶结点：又称终结结点或叶子，是树中度为 0 的结点。例如图 6.2(b)中的 E、L、M、G、H 等结点。

分支结点：又称非终结结点，是树中度不为 0 的结点。例如图 6.2(b)中的 A、B、C、D、F 结点。

(3) 子结点：任一结点 x 的子树的根结点称为 x 的子结点，又称孩子、儿子、子女。

父结点：x 则是其子结点的父结点，又称双亲结点，

兄弟结点：同一父结点的各个子结点之间称为兄弟结点。

例如图 6.2(b)中，B 是 A 的子结点，反过来，A 就是 B 的父结点，B、C、D 互为兄弟结点。

(4) 路径：如果 n1，n2，…，n$k$ 是树中的结点序列，并且 n$i$ 是 n$i$+1$(1\leq i\leq k-1)$的双亲，则序列 n1，n2，…，n$k$ 称为从 n1 到 n$k$ 的一条路径。

路长：等于路径上结点的个数减 1。

例如图 6.2(b)中，A、B、F、L 是一条路径，路径长为 3。

(5) 祖先：如果从 A 结点到 B 结点有一条路径存在，则称 A 是 B 的祖先，反过来，则称 B 是 A 的后代。任一结点既是它自己的祖先又是它自己的后代。例如图 6.2(b)中，B 是 F 的祖先，B 又是 M 的祖先，M 是 B 的后代。

(6) 结点的层：从根结点开始算起，根结点为第 1 层，根的孩子为第 2 层，以此类推。例

如图 6.2(b)中,结点 B 在第 2 层,结点 M 在第 4 层。

堂兄弟结点:双亲结点在同一层上的所有结点互称为堂兄弟结点。例如图 6.2(b)中的结点 E、F、G、H、I、J、K。

树的高度:树中结点的最大层数称为该树的高度。例如图 6.2(b)中树的高度为 4。

(7) 有序树:在树中,一个结点的所有子结点,如果考虑其相对顺序,即按自左向右排序,则这种树称为有序树;如果忽略其子结点的相对顺序,则称为无序树。如图 6.3 中的两株树,若把它们看成是有序树,则是两株不同的树;若看成是无序树,则是同一株树。

(8) 森林:$m(m\geqslant 0)$株互不相交的树构成的集合称为森林。如图 6.4 所示就是一个森林。

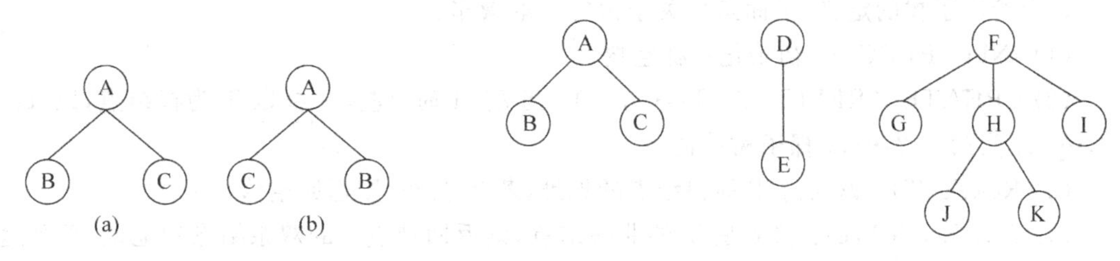


图 6.3　两株有序树

图 6.4　森林示例

就逻辑结构而言,树中任一结点可以有零个或多个后继结点,但只能有一个前驱结点(根结点除外,根结点没有前驱结点)。树型结构是非线性的,数据之间存在着一对多的关系。

## 6.1.3　树的表示方法

通过前面的学习可知,树型结构是一类非常重要的非线性结构。树型结构是以分支关系定义的层次结构。如何表示树在逻辑上的这种层次结构,称为树的表示方法。树的表示方法目前有 4 种:树型图法、嵌套集合法、广义表表示法和凹入表示法。

**1. 树型图法**

树型图法又称为倒悬树,如图 6.2(b)所示,是最常用的树的表示形式,具有结构清晰的特点。为了方便讨论树的各种表示方法,图 6.5 用树型图法表示了一棵结构较简单的树。

**2. 嵌套集合法**

是一些集合的集体,对于任何两个集合,或者不相交,或者一个集合包含另一个集合。图 6.6 是图 6.5 中的树的嵌套集合形式。

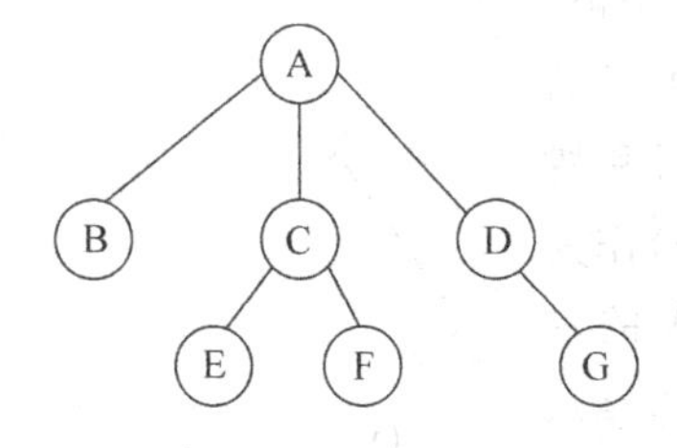


图 6.5　树型图法示例

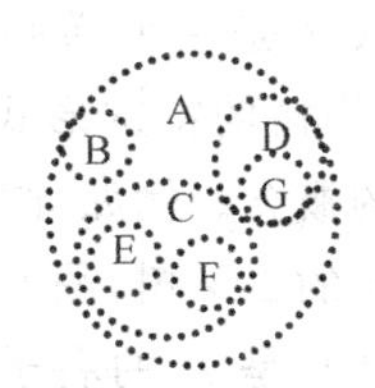


图 6.6　嵌套集合法示例

**3. 广义表表示**

由于广义表也是一种层次结构,因此可以使用广义表来表示树结构。图 6.5 的树可用

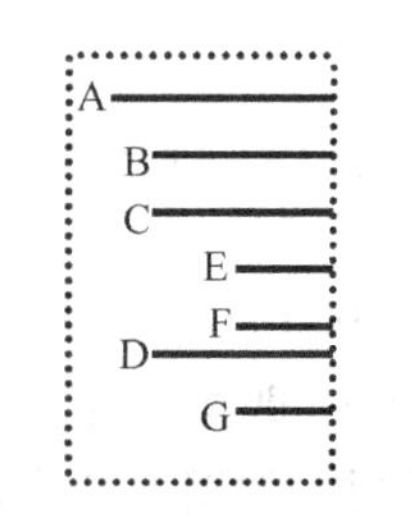

图6.7 凹入表示法示例

下面的广义表表示。

```
(A(B, C(E,F), D(G))
```

**4. 凹入表示法**

凹入表示法是一种较直观的图形化表示法，突出了树中各结点的层次关系。图6.5的树的凹入表示法示例如图6.7所示。

树的表示方法的多样化说明了树结构的重要性。

### 6.1.4 树的基本操作

以上给出了树的定义，下面给出关于树的基本操作。

(1) INITTREE(T)：初始化一株空树。

(2) CREATE_TREE(T,$T_1$,$T_2$,…,$T_k$)：当 $k \geqslant 1$ 时，建立一株以T为根结点，以$T_1$，$T_2$,…,$T_k$为第1,2,…,$k$棵子树的树。

(3) ROOT(T)：返回树T的根结点的地址，若T为空，则返回空值。

(4) PARENT(T,e)：若e是T的非根结点，则返回结点e的双亲结点的地址，否则返回空值。

(5) VALUE(T,e)：返回树T中结点e的值。

(6) LEFTCHILD(T,e)：若e是树T中的非叶子结点，则返回e的最左孩子的地址，否则返回空值。

(7) RIGHTSIBLING(T,e)：若树T中结点e有右兄弟，则返回e的右兄弟的地址，否则返回空值。

(8) TREEEMPTY(T)：判断树空。若树T为空，则返回1，否则返回0。

## 6.2 二 叉 树

二叉树是一类重要的树型结构，许多实际问题抽象出来的数据结构都可以表示成二叉树的形式。

### 6.2.1 二叉树的定义

二叉树是有限个结点的集合，这个集合或者是空集，或者由一个根结点和两株不相交的二叉树组成，其中一株叫做左子树，另一株叫做右子树。

二叉树的定义也是一个递归的定义，值得注意的是，二叉树不是作为树的特殊形式出现的，二叉树和树是两个完全不同的概念。例如，图6.8中(a)和(b)作为二叉树是两株不同的二叉树，图6.8(a)中B是A的左子树，图6.8(b)中B是A的右子树；如果图6.8(a)、(b)作为树的话，无论是有序树还是无序树，它们都是相同的树。

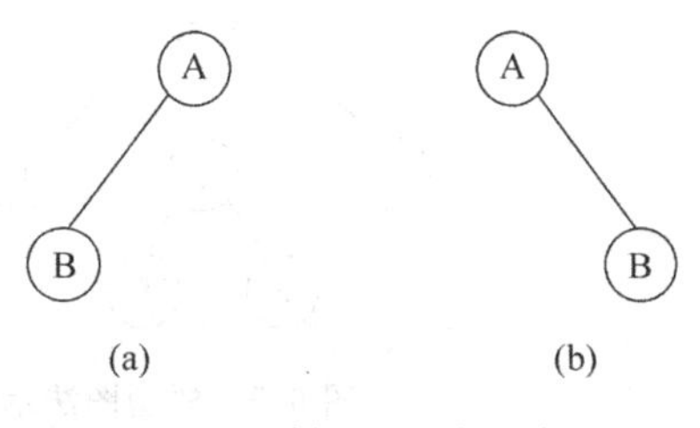

图6.8 树和二叉树示例

树的所有的术语对二叉树依然适用。

## 6.2.2 二叉树的性质

**性质1** 二叉树第 $i$ 层结点上至多有 $2^{i-1}$ 个结点($i \geqslant 1$)。

利用数学归纳法很容易证明该性质。

$i=1$ 时,第一层只有一个根结点,显然 $2i-1=20=1$ 是成立的。

假设命题对所有 $k(1 \leqslant k < i)$ 成立,即第 $k$ 层至多有 $2^{k-1}$ 个结点,由于第 $k$ 层的每个结点至多发出两条分支,则第 $k+1$ 层最多有 $2 \times 2^{k-1}=2^k$ 个结点。从而性质1的结论得以证明。

**性质2** 高度为 $k$ 的二叉树至多有 $2k-1$ 个结点。

**证明**:由性质1可知,第 $i$ 层的结点数最多为 $2i-1$,则高度为 $k$ 的二叉树总的结点个数最多为 $\sum_{i=1}^{k} 2^{i-1} = 2^{k-1}$ 。

**性质3** 对任意一株非空二叉树,如果叶结点的个数为 $n^0$,度为2的结点的个数为 $n^2$,则 $n^0=n^2+1$。

**证明**:设 $n_1$ 是二叉树中度为1的结点的个数,则二叉树中总的结点个数为:

$$n = n_0 + n_1 + n_2 \tag{6.1}$$

再从二叉树中每个结点发出的分支数来看,度为2的结点发出2个分支,度为1的结点发出1个分支,度为0的结点不发出分支,设B为二叉树中的分支总数,则有:

$$B = 2n_2 + n_1 \tag{6.2}$$

另一方面,从进入每个结点的分支来看,除了根结点没有进入分支外,其余结点均有一个进入分支,则分支总数:

$$B = n - 1$$

将其代入式(3.2)得

$$n = 2n_2 + n_1 + 1 \tag{6.3}$$

由式(3.1)和式(3.3)消去 $n$ 和 $n_1$ 得

$$n_0 = n_2 + 1$$

下面介绍两种特殊形式的二叉树。

一棵高度为 $k$ 且具有 $2^k-1$ 个结点的二叉树称为满二叉树。如图6.9(a)是一株满二叉树,满二叉树每层的结点数都是最大结点数。

同时满足下面三个性质的二叉树叫做完全二叉树。(1)设二叉树的高度为 $k$,则所有叶结点都出现在第 $k$ 层或第 $k-1$ 层;(2)第 $k-1$ 层所有的叶结点都在非终结结点的右端;(3)除了第 $k-1$ 层的最右非终结结点可能有一个(只能是左分支)或两个分支外,其余非终结结点都有左、右两个分支。完全二叉树如图6.9(b)所示。

由满二叉树和完全二叉树的定义可知,满二叉树一定是完全二叉树,而完全二叉树不一定是满二叉树。

以下二叉树的性质是基于完全二叉树的。

**性质4** 具有 $n$ 个结点的完全二叉树的深度为 $\lfloor \log_2 n \rfloor + 1$。

**证明**:假设完全二叉树的深度为 $k$,则根据性质2和完全二叉树的定义有

$$2^{k-1} - 1 < n \leqslant 2^k - 1 \quad 或 \quad 2^{k-1} \leqslant n < 2^k$$

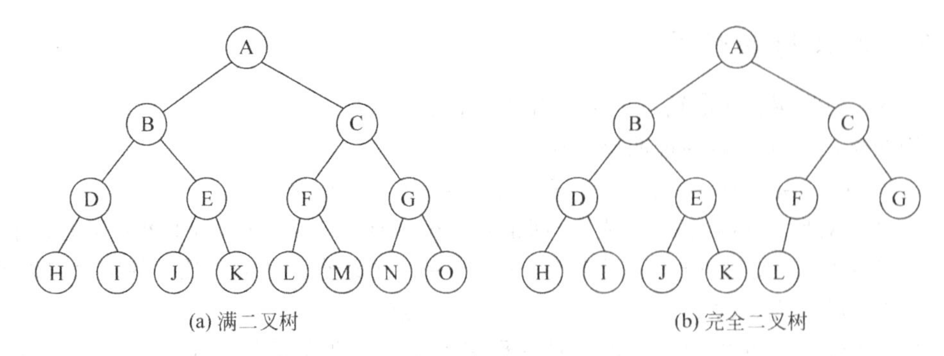


图 6.9　满二叉树和完全二叉树

于是 $k-1\leqslant\log_2 n<k$，因为 $k$ 是整数，所以 $k=\lfloor\log_2 n\rfloor+1$。[①]

**性质 5**　对于一棵具有 $n$ 个结点的完全二叉树，按照层次自上而下、自左而右的顺序给每个结点编号，则对任意编号为 $i(1\leqslant i\leqslant n)$ 的结点有下列性质。

(1) 若 $i=1$，则结点 $i$ 是二叉树的根；若 $i>1$，则结点 $i$ 的双亲结点为 $\lfloor i/2\rfloor$。

(2) 若 $2i<n$，则结点 $i$ 有左孩子，其左孩子的编号为 $2i$，否则 $i$ 无左孩子，是叶结点。

(3) 若 $2i+1<n$，则结点 $i$ 有右孩子，其右孩子的编号为 $2i+1$，否则 $i$ 无右孩子。

对于性质 5 读者可以在任何一个完全二叉树上得到验证。

### 6.2.3　二叉树的基本操作

二叉树的基本操作如下。

(1) CREATE_BT(BT,LBT,RBT)：建立一株以 BT 为根、LBT 为左子树、RBT 为右子树的二叉树。

(2) ROOT(BT)：返回二叉树 BT 的根结点的地址，若 BT 为空，则返回空值。

(3) VALUE(BT,e)：返回二叉树 BT 中结点 e 的值。

(4) PARENT(BT,e)：若 e 是二叉树 BT 的非根结点，则返回结点 e 的双亲结点的地址，否则返回空值。

(5) LCHILD(BT,e)：返回二叉树 BT 中结点 e 的左孩子的地址，若 e 没有左孩子，则返回空值。

(6) RCHILD(BT,e)：返回二叉树 BT 中结点 e 的右孩子的地址，若 e 没有右孩子，则返回空值。

(7) TREEDEPTH(BT)：返回二叉树 BT 的高度。

(8) TREEEMPTY(BT)：判断二叉树是否为空，若为空，则返回 1，否则返回 0。

## 6.3　二叉树的存储结构

### 6.3.1　顺序存储结构

二叉树可以使用一组连续的存储单元来存储，一般使用一维数组来存储一个完全二叉

---

① 符号 $\lfloor x\rfloor$ 表示不大于 x 的最大整数，反之，$\lceil x\rceil$ 表示不小于 $x$ 的最小整数。

树，将一个完全二叉树按照层次从上到下、从左到右的顺序给每个结点编号，按编号的顺序将每个结点的值存储到对应的数组单元中，即第 $i$ 个结点对应存储到下标值为 $i-1$ 的单元中。如图 6.10 所示是图 6.9(b)中的完全二叉树的顺序存储结构。对于非完全二叉树，则需要将其转化成完全二叉树的形式，再存储到一维数组中，不存在的结点存储空值。非完全二叉树的顺序存储结构如图 6.11 所示。

| 0 | 1 | 2 | 3 | 4 | 5 | 6 | 7 | 8 | 9 | 10 | 11 |
|---|---|---|---|---|---|---|---|---|---|---|---|
| A | B | C | D | E | F | G | H | I | J | K | L |

图 6.10　完全二叉树的顺序存储结构

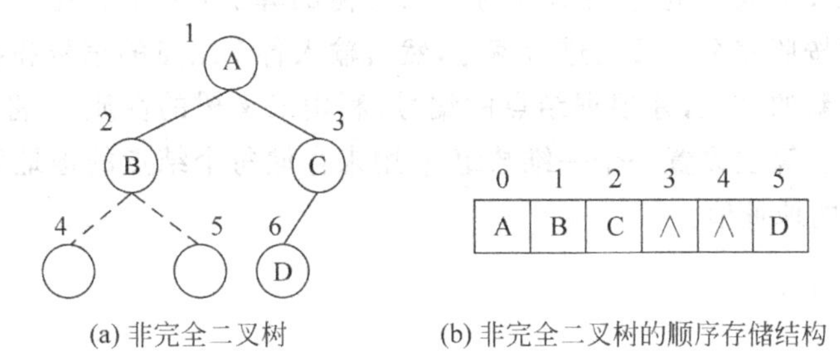


图 6.11　非完全二叉树的顺序存储

二叉树的顺序存储结构使用 C 语言描述如下：

```
#define DATATYPE2 char
#define MAXSIZE 100
typedef struct
{
    DATATYPE2 BT[MAXSIZE];
    int btnum;
}BTSEQ;
```

## 6.3.2　链式存储结构

设计不同的结点结构可构成不同的链式存储结构。

**1. 二叉链表**

根据二叉树每个结点可能有左、右子树的特点，使用链式存储结构来存储二叉树，二叉树的链式存储结构又叫做二叉链表。二叉链表的每个结点具有三个域，如图 6.12 所示，其中 lchild 是指向该结点左孩子的指针，rchild 是指向该结点右孩子的指针，data 用来存储该结点本身的值。图 6.11(a)中的二叉树用链式存储结构表示如图 6.13 所示。任何一株二叉树都可以用二叉链表存储，不论是完全二叉树还是非完全二叉树。

二叉树的链式存储结构使用 C 语言描述如下：

```
#define DATATYPE2 char
typedef struct node
{
    DATATYPE2 data;
    struct node * lchild, * rchild;
}BTLINK;
```

| lchild | data | rchild |
| --- | --- | --- |

图 6.12　二叉链表中的结点结构

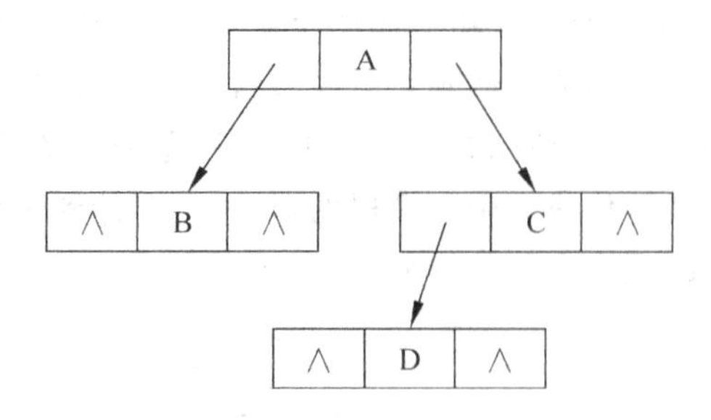


图 6.13　二叉链表图示

下面给出以二叉链表作为存储结构构造二叉树的算法，该算法利用二叉树的性质5。将任意一株二叉树按照完全二叉树进行编号，然后输入各个结点的编号和数据值，根据输入的结点的信息建立新的结点，并根据结点的编号，利用二叉树的性质5，将该结点链接到二叉树的对应位置上。算法设置一个一维数组q，用来存储每个结点的地址值，q[$i$]中存放对应编号为$i$的结点的地址值。

```
BTLINK *createbt()
{
    BTLINK *q[MAXSIZE];
    BTLINK *s;
    char n;
    int i,j;
    printf("输入二叉树各结点的编号和值:\n");
    scanf("%d,%c",&i,&n);
    while(i!=0 && n!='$')
    {   s=(BTLINK *)malloc(sizeof(BTLINK));  //生成一个结点
        s->data=n;
        s->lchild=NULL;
        s->rchild=NULL;
        q[i]=s;
        if(i!=1)                              //表示不是根结点
        {   j=i/2;                            //求i的双亲结点的编号
            if(i%2==0)                        //i为j的左孩子
                q[j]->lchild=s;
            else                              //i为j的右孩子
                q[j]->rchild=s;
        }
        printf("输入二叉树各结点的编号和值:\n");
        scanf("%d,%c",&i,&n);
    }
    return(q[1]);                             //q[1]中存放的是根结点的地址
}
```

**2. 三叉链表**

三叉链表的结点结构是在二叉链表的三个域之上，再增加一个指针域，用来指向结点的父结点，结点结构定义如下：

```
typedef struct BTNode_3
```

```
{  DATATYPE2  data;
struct BTNode_3   * lchild,  * rchild,  * parent;
}BTNode_3;
```

三叉链表结点的结构如图 6.14 所示。图 6.11(a)中的二叉树对应的三叉链表如图 6.15 所示。

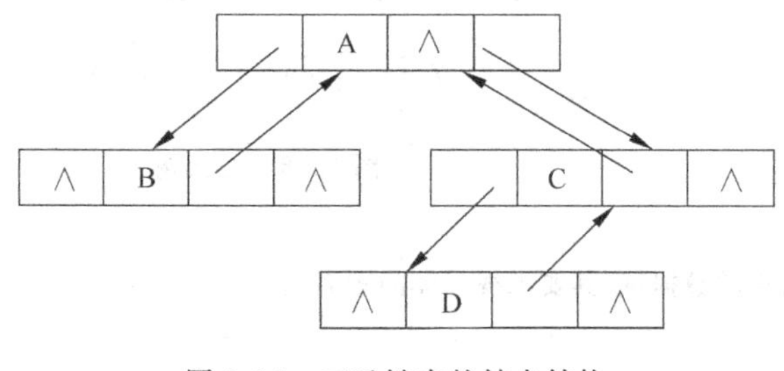


图 6.14　三叉链表的结点结构

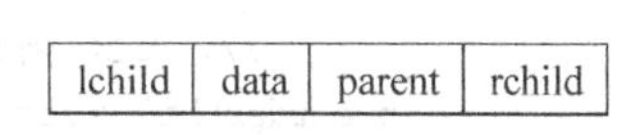


图 6.15　三叉链表图示

## 6.4　二叉树的遍历

遍历二叉树是指按指定的规律对二叉树中的每个结点访问一次且仅访问一次。所谓访问是指对结点做某种处理，例如输出信息、修改结点的值等。二叉树的遍历是二叉树的一个重要的操作，许多关于二叉树的操作都基于二叉树的遍历，例如查找二叉树中具有某种特征的结点或对二叉树中的全部结点逐一进行处理等操作。二叉树遍历的实质是将非线性结构的数据线性化的过程。二叉树是一种非线性结构，每个结点都可能有左、右两棵子树，因此，需要寻找一种规律，使二叉树上的结点能排列在一个线性队列上，从而便于遍历。由于二叉树的基本组成可分为根结点、左子树和右子树，因此若能依次遍历这三部分，就是遍历了二叉树。

若以 L、D、R 分别表示遍历左子树、遍历根结点和遍历右子树，则有 6 种遍历方案，即 DLR、LDR、LRD、DRL、RDL、RLD。若规定先左后右，则只有前三种情况，分别是：

DLR——前(根)序遍历。

LDR——中(根)序遍历。

LRD——后(根)序遍历。

对于二叉树的遍历，分别讨论递归遍历算法和非递归遍历算法。递归遍历算法具有非常清晰的结构，但初学者往往难以接受或怀疑，不敢使用。实际上，递归算法是由系统通过使用堆栈来实现控制的。而非递归算法中的控制是由设计者定义和使用堆栈来实现的。

二叉树的遍历除了上述三种方法以外，还有层次顺序遍历，下面分别对这 4 种访问方式加以介绍。

### 6.4.1　前序遍历

前序遍历二叉树的操作定义为：

若二叉树为空，则退出；否则

(1) 访问根结点；

(2) 前序遍历左子树;

(3) 前序遍历右子树。

对如图6.16所示的二叉树进行前序遍历的结果为：A、B、D、E、H、I、C、F、J、G。

前序遍历操作是以递归的形式给出的，其递归算法如下：

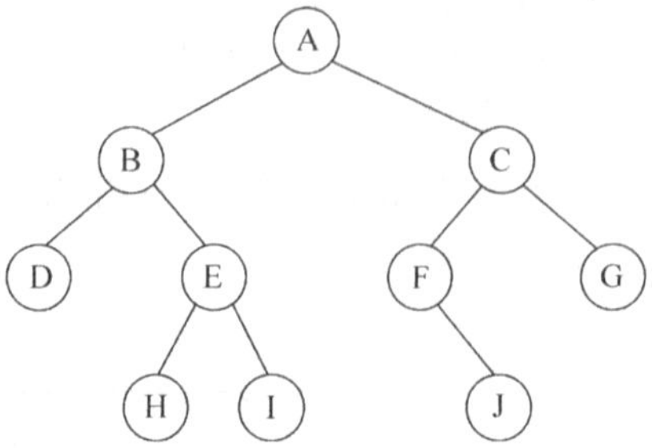

图6.16　二叉树

```
void preorder(BTLINK * bt)
{
    if(bt!= NULL)
    {   visit(bt->data);
            //visit()函数是访问结点的数据域,其要求视具体问题而定
        preorder(bt->lchild);
        preorder(bt->rchild);
    }
}
```

### 6.4.2　中序遍历

中序遍历二叉树的操作定义为：

若二叉树为空，则退出；否则

(1) 中序遍历左子树；

(2) 访问根结点；

(3) 中序遍历右子树。

对图6.16所示的二叉树进行中序遍历的结果为：D、B、H、E、I、A、F、J、C、G。

中序遍历的递归算法如下：

```
void inorder(BTLINK * bt)
{
    if(bt!= NULL)
    {   inorder(bt->lchild);
        visit(bt->data);
            // visit()函数是访问结点的数据域,其要求视具体问题而定
        inorder(bt->rchild);
    }
}
```

下面给出中序遍历的非递归算法。设bt是指向二叉树根结点的指针变量，非递归算法如下。

若二叉树为空，则返回；否则，令p=bt。

(1) 若p不为空，p进栈，p=p－>lchild。

(2) 否则(即p为空)，退栈到p，访问p所指向的结点。

(3) p=p－>rchild，转(1)。

直到栈空为止。

算法实现：

```
#define MAX_NODE  50
void  InorderTraverse(BTNode  * bt)
{  BTNode  * Stack[MAX_NODE] , * p = bt;
    int  top = 0, bool = 1;
    if  (bt == NULL)  printf(" Binary Tree is Empty!\n");
   else  { do
              { while (p!= NULL)
                  {   stack[++top] = p;  p = p -> lchild ;  }
                if  (top == 0)  bool = 0;
                else  {  p = stack[top];  top -- ;
                          visit(p -> data);  p = p -> rchild; }
              }  while (bool!= 0);
         }
 }
```

### 6.4.3 后序遍历

后序遍历二叉树的操作定义为：

若二叉树为空，则退出；否则

(1) 后序遍历左子树；

(2) 后序遍历右子树；

(3) 访问根结点。

对图 6.16 所示的二叉树进行后序遍历，输出结果为：D、H、I、E、B、J、F、G、C、A。

后序遍历的递归算法如下：

```
void postorder(BTLINK * bt)
{
    if(bt!= NULL)
    {   postorder(bt -> lchild);
        postorder(bt -> rchild);
        visit(bt -> data);
            // visit()函数是访问结点的数据域，其要求视具体问题而定
    }
}
```

前序遍历和后序遍历也可以通过非递归的遍历算法来实现，此处不再给出具体算法，给读者留出思考的空间。

### 6.4.4 层次遍历

对二叉树的遍历除了采用以上三种遍历方式外，还可以按照层次，从上到下、从左到右依次输出二叉树每层上的各个结点值。对于图 6.16 所示的二叉树按层次遍历的结果为：A、B、C、D、E、F、G、H、I、J。其算法可以借助一个队列作为辅助存储工具，具体算法实现如下：

```
#define MAXSIZE 100
void level(BTLINK * bt)
{
```

```
    BTLINK   * q[MAXSIZE], * p;
    int front,rear;
    front = 0;
    rear = 0;                               //初始化空队列
    if(bt!= NULL)
    {   rear = (rear + 1) % MAXSIZE;
        q[rear] = bt;                       //二叉树不空,根结点入队列
    }
    while(front!= rear)
    {   front = (front + 1) % MAXSIZE;
        p = q[front];
        visit(bt -> data);
              // visit()函数是访问结点的数据域,其要求视具体问题而定
        if(p -> lchild!= NULL)              //p的左子树不空,左子树入队列
        {   rear = (rear + 1) % MAXSIZE;
            q[rear] = p -> lchild;
        }
        if(p -> rchild!= NULL)              //p的右子树不空,右子树入队列
        {   rear = (rear + 1) % MAXSIZE;
            q[rear] = p -> rchild;
        }
    }
}
```

# 6.5 线索二叉树

## 6.5.1 线索二叉树的概念

6.4节关于二叉树的遍历操作是将一个非线性的结构线性化的过程,使每个结点(除第一个和最后一个外)在线性序列中只有一个前驱和后继。对于使用二叉链表存储的二叉树,可以不通过二叉树的遍历操作,直接找到某个结点的前驱和后继,这就要求建立一个线索二叉树。

使用二叉链表存储二叉树时,含有 $n$ 个结点的二叉树中有 $n-1$ 条边指向其左、右孩子,这意味着在二叉链表中的 $2n$ 个指针域中只用到了 $n-1$ 个域,另外的 $n+1$ 个指针域是空的。可以考虑使用这些空的指针域来存储结点的线性直接前驱和直接后继的信息。

我们做如下的规定:若结点有左子树,则让其 lchild 域指向左子树,否则令 lchild 域指向其前驱结点;若结点有右子树,则让其 rchild 域指向右子树,否则令 rchild 域指向其后继结点。为了区分 lchild 是指向左子树还是前驱,rchild 是指向右子树还是后继,设置两个标志 ltag 和 rtag。修改后的二叉链表结点的结构如图 6.17 所示。

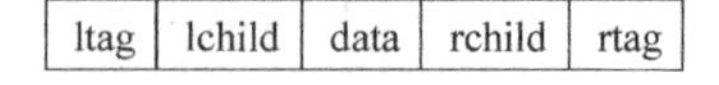

| ltag | lchild | data | rchild | rtag |
|---|---|---|---|---|

图 6.17 线索二叉树的结点结构

其中：

$$ltag = \begin{cases} 0 & \text{lchild 域指向结点的左子树} \\ 1 & \text{lchild 域指向结点的前驱} \end{cases}$$

$$rtag = \begin{cases} 0 & \text{rchild 域指向结点的右子树} \\ 1 & \text{rchild 域指向结点的后继} \end{cases}$$

以上这种结点构成的二叉链表作为二叉树的存储结构，叫做线索链表。其中指向结点前驱和后继的指针叫做线索，加上线索的二叉树叫做线索二叉树。对二叉树进行不同的遍历，各个结点的前驱和后继是不同的，由此确定的线索二叉树也是不同的，根据不同的遍历方法，可以构建前序线索二叉树、中序线索二叉树、后序线索二叉树。图 6.18 描述了二叉树的三种线索化过程，图中虚线部分就是线索。请读者仔细体会三种线索二叉树中"线索"指向的变化。

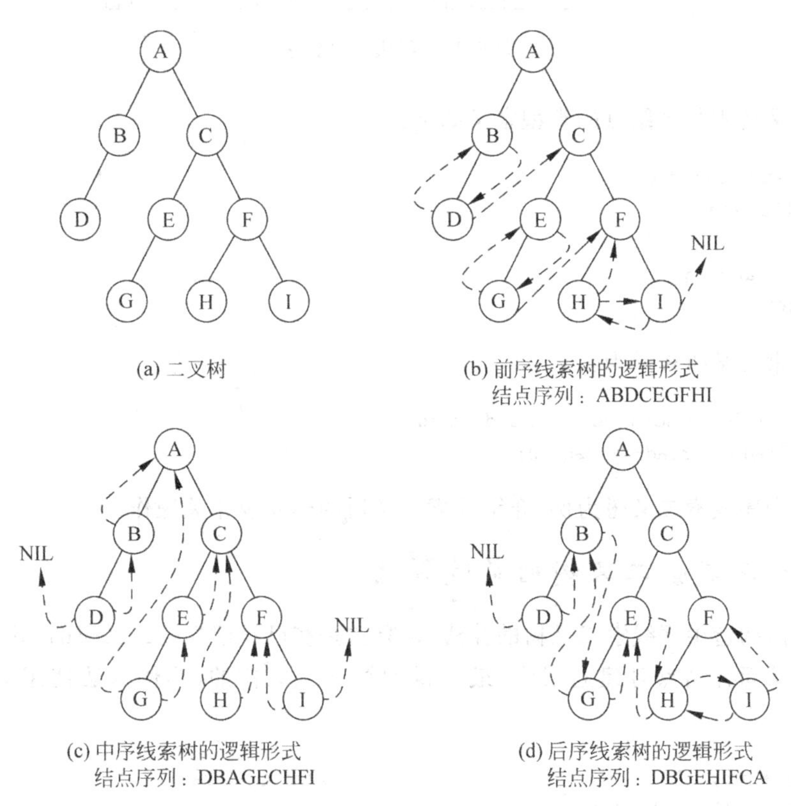


图 6.18　线索二叉树

对于图 6.18(a)所示的二叉树，与单链表类似，为了在线索二叉树中表示空树方便，增设一个头结点 head，线索二叉树中遍历序列里第一个结点没有前驱，则令其 lchild 指向头结点，序列里最后一个结点没有后继，则令其 rchild 指向头结点。规定二叉树 bt 作为头结点 head 的左孩子，head 作为其自身的右孩子。

图 6.19 以中序线索树为例，描述了中序线索树的存储结构——线索二叉链表。图 6.19 中的二叉树的最左结点 D 没有前驱，则令其 lchild 指向头结点，最右结点 I 没有后

继,则令其 rchild 指向头结点。规定二叉树 bt 作为头结点 head 的左孩子,head 作为其自身的右孩子。

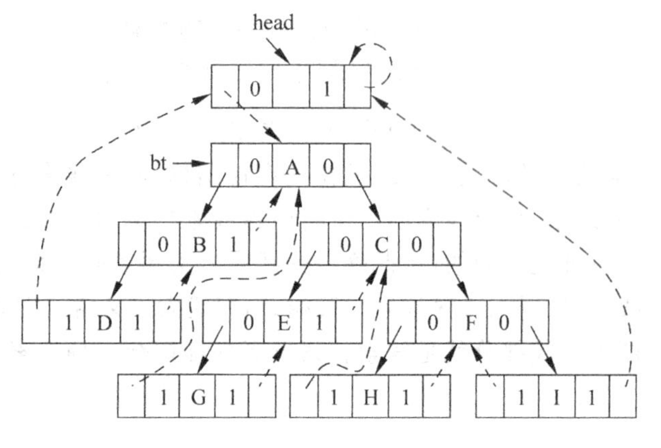


图 6.19　线索二叉链表

线索二叉树中每个结点的类型定义如下:

```
typedef struct thnode
{DATATYPE2 data;
    struct thnode * lchild, * rchild;
    int ltag,rtag;
}THREADBT;
```

空的线索二叉树表示为:

```
head -> lchild = head; head -> rchild = head;
head -> ltag = 1; head -> rtag = 0;
```

下面以中序线索二叉树为例,介绍线索二叉树的建立及相关操作。

## 6.5.2　中序线索二叉树的构造算法

下面给出构造中序线索二叉树的算法,该算法是在已经建立的二叉树的基础上,按中序遍历的方式访问各结点时建立线索,最后得到线索二叉树的,具体算法使用 C 语言描述如下:

```
THREADBT * pre;                                  //定义前驱结点
THREADBT * inthrbt(THREADBT * bt)
{
    THREADBT * head;
    head = (THREADBT * )malloc(sizeof(THREADBT)); //建立头结点
    head -> rtag = 0;
    head -> rchild = head;
    if(bt == NULL)
    {   head -> ltag = 1;
        head -> lchild = head;
    }
    else
```

```
    {   head->ltag=0;
        head->lchild=bt;
        pre=head;                      //给 pre 赋初始值,head 作为中序遍历第一个结点的前驱
        inthread(bt);                  //中序线索化
        pre->rchild=head;              //最后一个结点的后继线索指向 head
        pre->rtag=1;
    }
    return(head);
}
void inthread(THREADBT *p)             //对结点 p 按照中序遍历进行线索化
{
    if(p!=NULL)
    {   inthread(p->lchild);           //左子树线索化
        if(p->lchild==NULL)
        {   p->ltag=1;
            p->lchild=pre;             //pre 指向当前结点的前驱
        }
        if(pre->rchild==NULL)
        {  pre->rtag=1;
           pre->rchild=p;
        }
        pre=p;                         //修改 pre 的值
        inthread(p->rchild);           //右子树线索化
    }
}
```

### 6.5.3 线索二叉树的遍历

**1. 访问某个结点的后继结点**

建立了线索二叉树以后,使得查找某个结点的前驱和后继变得简单起来,下面以中序线索二叉树为例,介绍如何访问某个结点 p 的后继结点。查找某个结点的后继可以分为以下两种情况。

(1) p 所指的右子树为空,则 p 的右线索即是 p 的后继,例如图 6.18(c)中查找结点 G 的后继为 E;

(2) p 所指的右子树不空,则 p 的后继就是 p 的右子树的最左结点,例如图 6.18(c)中查找结点 F 的后继为 I。

访问某个结点的后继结点的 C 语言算法描述如下:

```
THREADBT *innext(THREADBT *p)
{
    THREADBT *q;
    q=p->rchild;
    if(p->rtag==0)
    {   while(q->ltag==0)
            q=q->lchild;
    }
    return(q);
}
```

**2. 遍历中序线索二叉树**

遍历线索二叉树只要从该线索二叉树的起始结点出发,例如对中序线索二叉树,则从中序遍历该二叉树的第一个结点开始,不断地访问输出各个结点的后继结点,直至二叉树中的所有结点都访问输出为止。下面给出遍历中序线索二叉树的C语言算法。

```
void thrinorder(THREADBT * head)
{
    THREADBT * p;
    p = HEAD -> lchild;
    if(p!= head)
    {   while(p -> ltag == 0)
            p = p -> lchild;
    }
    while(p!= head)
    {   printf(" %4c",p -> data);
        p = innext(p);
    }
}
```

上述遍历二叉树的算法简单方便,但是它是以在结点中增加线索为代价的,在实际应用中,是使用普通的二叉链表来存储二叉树还是使用增加了线索的二叉链表来存储二叉树,要根据具体的问题来确定。

# 6.6 哈夫曼树及其应用

## 6.6.1 哈夫曼树的定义

在介绍哈夫曼树之前,首先了解以下几个概念。

(1) 树的路径长度:树的根结点到每个结点的路径长度之和。

在树的实际应用中,树的每个结点经常被赋予一个具有某种意义的数值,把这个数值称为该结点的权值,权值与该结点到根结点路径长度的乘积称为带权路径长度。

(2) 树的带权路径长度:树中所有叶结点的带权路径长度之和,记为 $WPL=\sum_{i=1}^{n}W_iL_i$,其中 $n$ 为叶结点的个数,$W_i$ 是结点 $i$ 的权值,$L_i$ 是从根结点到结点 $i$ 的路径长度。

(3) 哈夫曼树:又称为最优二叉树,假设有 $n$ 个权值$\{w_1,w_2,\cdots,w_n\}$,构造一株有 $n$ 个叶结点的二叉树,每个叶结点 $i$ 带有权值 $w_i$,则其中WPL最小的二叉树称为哈夫曼树。

例如图6.20中所示的三株二叉树,它们都有4个叶结点,都带有权值{3,4,6,9},它们的WPL分别如下。

① WPL=3×2+4×2+6×2+9×2=44。

② WPL=9×1+6×2+3×3+4×3=42。

③ WPL=3×1+9×2+4×3+6×3=51。

通过计算可知,图6.20中(b)的WPL值最小,(b)即为哈夫曼树,因为结点A和结点B

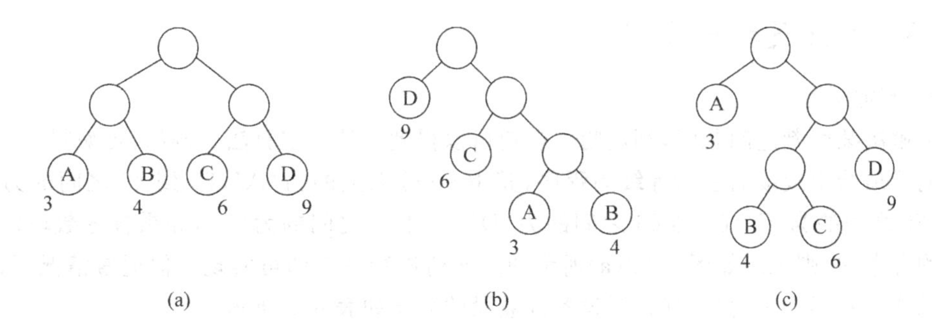


图 6.20　具有不同 WPL 的二叉树

的位置交换后不影响 WPL 值，所以哈夫曼树不是唯一的。

## 6.6.2　构造哈夫曼树

如何根据已知的 $n$ 个权值构造出一个哈夫曼树呢？下面给出的哈夫曼算法解决了此问题。

哈夫曼算法：

(1) 对于给定的 $n$ 个权值 $w_1,w_2,\cdots,w_n$，使其构成 $n$ 株二叉树的集合 $T=\{w_1,w_2,\cdots,w_n\}$；

(2) 从 T 中选择出权值最小的两棵二叉树 $w_i$、$w_j$ 作为左、右子树，构成一株新的二叉树，根结点的权值为 $w_{i+}w_j$，将这株新的二叉树加入 T 中，同时删除 T 中的 $w_i$ 和 $w_j$；

(3) 重复过程(2)，直到 T 中只有一株二叉树时为止，这株二叉树就是所求的最优二叉树。构造哈夫曼树的过程如图 6.21 所示，给定的权值为{12,8,6,3,5}。

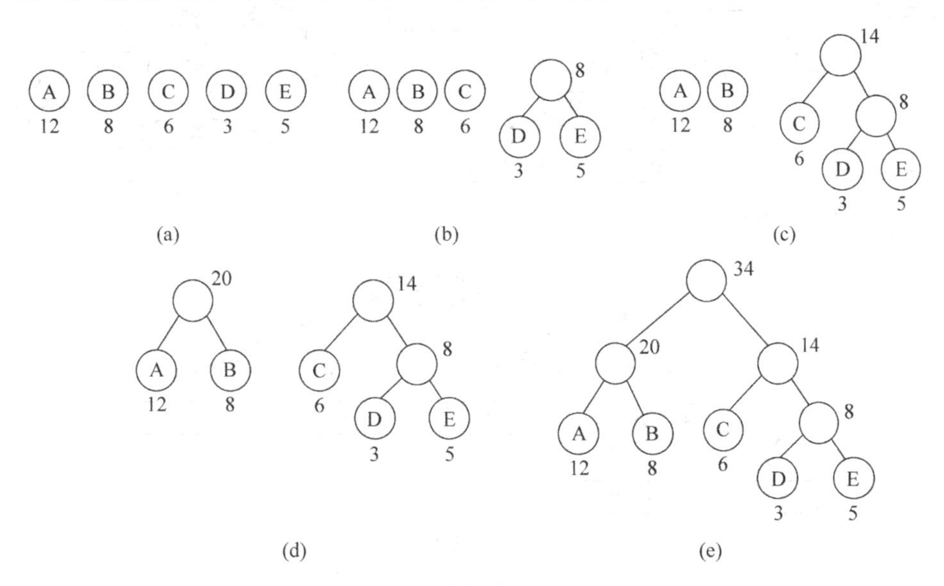


图 6.21　哈夫曼树的生成过程

## 6.6.3 哈夫曼树的应用

### 1. 判定问题

在解决某些判定问题时,利用哈夫曼树可以得到最佳判定算法。例如,要编制一个按照学生的成绩给出成绩的字母等级的程序,其中90分以上的为'A'、80到89之间的为'B'、70到79之间的为'C'、60到69之间的为'D'、0到59之间的为'E',如果各分数段的成绩是平均分布的,则采用如图6.22(a)所示的二叉树进行判定即可实现。但通常情况下,各分数段的成绩并不是平均分布的,假设各分数段的分布如表6.1所示。

表6.1 各分数段成绩分布情况表

| 分 数 段 | 0～59 | 60～69 | 70～79 | 80～89 | 90～100 |
|---|---|---|---|---|---|
| 比例(%) | 5 | 15 | 40 | 30 | 10 |

由于成绩分布不均匀,若采用图6.22(a)所示的二叉树进行判定,可以看出80%以上的数据需要经过至少三次比较才能得出结果。因此可以利用哈夫曼树来进行判定程序的设计,以比例值作为权值构造哈夫曼树,如图6.22(b)所示,可以看出大部分数据经过较少次数的比较就可得出结果。由于图6.22(b)中每个判定框都有两次比较,将这两次比较分开,得到如图6.22(c)所示的判定树,按此判定树可写出相应的程序。假设现有10 000个输入数据,按图6.22(a)所示的判定过程进行操作,需比较31 500次,若按图6.22(c)所示的判定过程进行操作,则仅需比较22 000次。

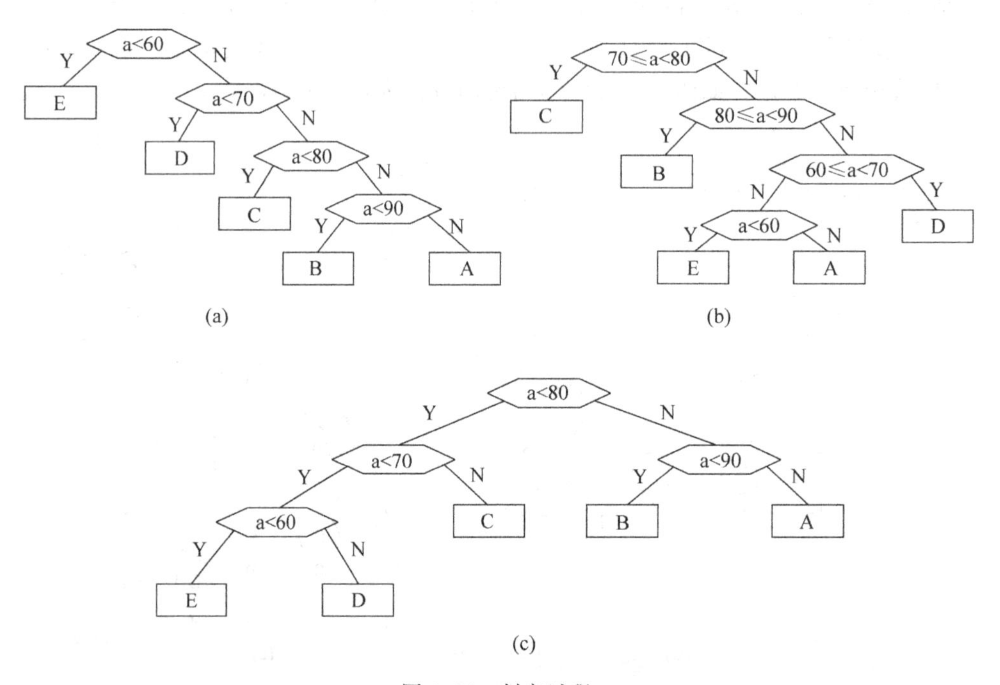


图6.22 判定过程

### 2. 哈夫曼编码

哈夫曼树的另一个应用就是哈夫曼编码。在通信或数据传输中,通常要对组成信息的字符进行编码，假设全部信息出自于由 8 个字符构成的字符集{A，B，C，D，E，F，G，H}，这 8 个字符可以采用三位二进制对其进行编码，即 000、001、010、011、100、101、110、111，如果传递的信息为 BAD，则对应的编码为 001000011，接收方只要按编码规则进行解码就可以了。但是，在传输数据的过程中，人们总是希望传输的数据长度尽可能短，如果对字符设计长度不同的编码，且让信息中出现次数较多的字符采用尽可能短的编码，则传送的信息总长便可以减少。另外，在编码之后，信息传递到接收方后，接收方应能保证正确地解码，这就要求在编码的过程中不能产生二义性，也就是在编码的时候，使任意一个字符的编码不会是另外其他任何字符编码的前缀。为了保证上面两个要求的实现，可以统计字符集中每个字符出现的概率，以概率作为权值构造哈夫曼树，并且对得到的哈夫曼树所有的左分支赋值'0'、右分支赋值'1'，从根结点出发，到每个叶结点经过的路径扫描得到的二进制位串就是对应叶结点的编码。

例如，对上述的 8 个字符组成的字符集{A，B，C，D，E，F，G，H}，各字符出现的概率为{0.07，0.19，0.02，0.06，0.32，0.03，0.21，0.10}，设计哈夫曼编码的过程如图 6.23 所示。各字符编码为{1010，01，10010，1000，11，10011，00，1011}，例如 BAD 的编码为 0110101000，哈夫曼编码的平均编码长度为 $\sum_{i=1}^{8} w_i l_i = 0.07 \times 4 + 0.19 \times 2 + 0.02 \times 5 + 0.06 \times 4 + 0.32 \times 2 + 0.03 \times 5 + 0.21 \times 2 + 0.10 \times 4 = 2.55$，而前面用三位二进制编码的平均编码长度为 3。由此可见，哈夫曼编码是较好的编码方法。

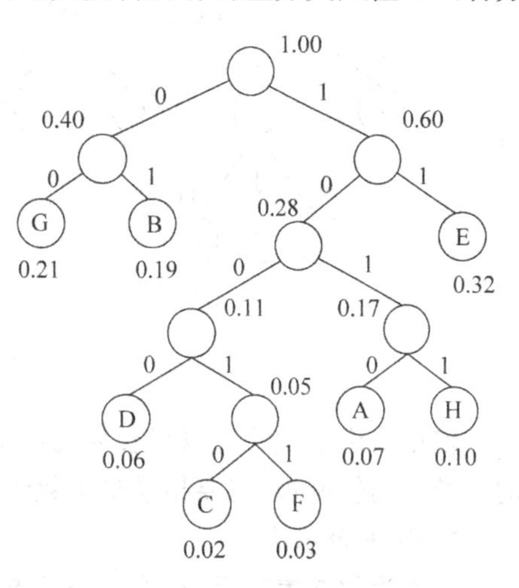

图 6.23 构造哈夫曼树及哈夫曼编码

# 6.7 树与森林

## 6.7.1 树的存储结构

### 1. 双亲表示法

对一株树 T 中的各结点按层次从上到下、从左到右的顺序编号，按照编号将其存入一组连续的存储空间，即编号为 $i$ 的结点的值存入下标为 $i-1$ 的单元中，另外，根据树中每个结点 $i$ 都有一个父亲的特点，将其父结点所在单元的下标也存入对应的 $i-1$ 单元中，这样每个单元中存储了两方面的信息，一个是结点的数据信息，另一个就是该结点的父结点的信息。使用 C 语言来描述每个结点的信息如下：

```
typedef struct
{
    DATATYPE2 data;
    int parent;
}PTNODE;
```

树的结构描述如下：

```
typedef struct
{
    PTNODE nodes[MAXSIZE];
    int nodenum;
}PTTREE;
```

图 6.24(a)所示的树使用双亲表示法存储如图 6.24(b)所示。

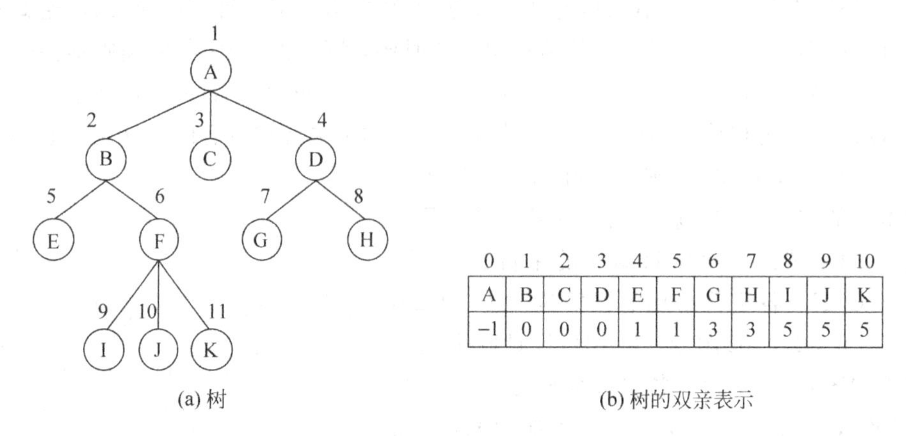


| 0 | 1 | 2 | 3 | 4 | 5 | 6 | 7 | 8 | 9 | 10 |
|---|---|---|---|---|---|---|---|---|---|---|
| A | B | C | D | E | F | G | H | I | J | K |
| -1 | 0 | 0 | 0 | 1 | 1 | 3 | 3 | 5 | 5 | 5 |

(a) 树　　(b) 树的双亲表示

图 6.24　树的双亲表示法

使用双亲表示法可以很容易完成求某一结点的双亲结点的操作,但如果要求某一结点的子结点则较麻烦,需要扫描整个数组才能找到。

**2. 孩子表示法**

又称为邻接表表示,是将一个结点的所有子结点链接形成一个单链表,树中有若干个结点,因此会形成若干个单链表,将这些单链表的首地址存储在一个一维数组中,同时数组中还存储每个结点的数据值。图 6.24(a)所示的树的邻接表表示如图 6.25 所示。树的邻接表表示能够很方便地实现查找某一结点子结点的操作。树使用邻接表存储,其结构描述如下:

```
typedef struct node
{
    int child;
    struct node * next;
}CHILDLINK;                              //定义子结点形成的单链表中结点的结构
typedef struct
{
    DATATYPE2 data;
    CHILDLINK * link;
}CTNODE;                                 //定义一维数组中结点的结构
typedef CTNODE nodes[MAXSIZE] CTREE;     //定义树的结构
```

**3. 孩子兄弟表示法**

孩子兄弟表示法是利用二叉链表的结点结构,即每个结点包括三个域,一个数据域用来存储结点的数据值,另外两个是指针域,其中一个用来指向结点的最左孩子,另一个用来指

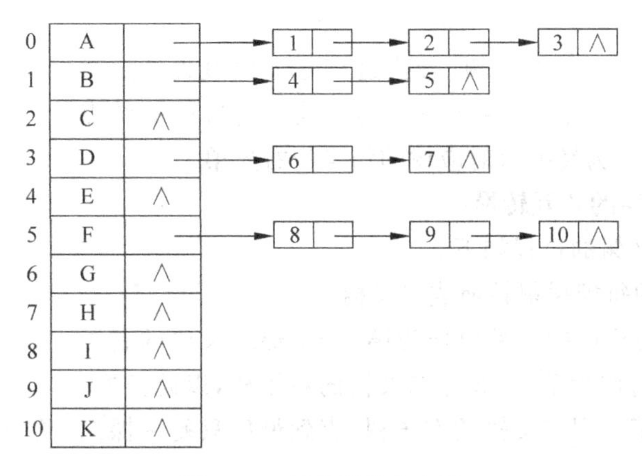

图 6.25　树的邻接表表示

向结点的右兄弟。图 6.26(a)所示的树用孩子兄弟表示法表示如图 6.26(b)所示。树使用孩子兄弟表示法表示，其结构描述如下：

```
typedef struct node
{
    DATATYPE2 data;
    struct node * leftlchild, * rightsibling;
}CSNODE;
typedef  CSNODE  * T  CSTREE;
```

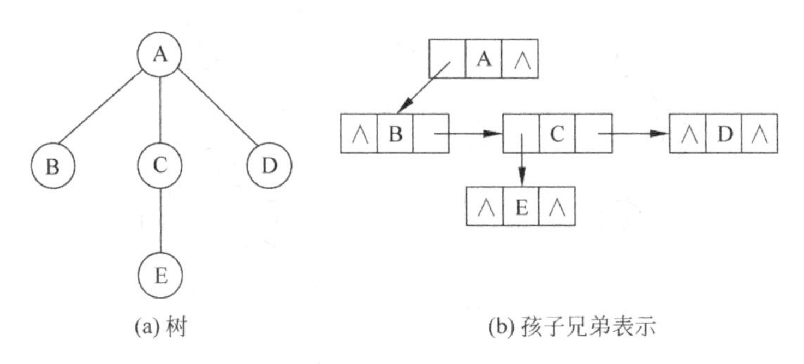

图 6.26　树的孩子兄弟表示

以上介绍了树的三种存储表示方法，在具体问题中使用哪种表示方法，要根据不同的算法要求选用不同的存储方式。

## 6.7.2　树、森林与二叉树的转换

### 1. 树与二叉树的相互转换

由于树和二叉树都可以使用二叉链表的结点结构作为存储结构，则利用树的孩子兄弟表示法可以将一株树转换成一株二叉树。转换的过程如下：将一株树使用孩子兄弟表示法存储，对每个结点，让 leftchild 指针指示的最左孩子作为转换后二叉树对应结点的左子树，rightsibling 指针指示的右兄弟作为转换后二叉树对应结点的右子树。图 6.27 给出了图 6.26(a)所示的树转换后的二叉树。由于根结点没有右兄弟，所以转换后二叉树根结点

就没有右子树。

同样,二叉树也可以转换成树,转换过程是上面过程的逆过程,即对二叉树的每个结点,让左子树作为转换后对应树的结点的最左孩子,右子树作为转换后对应树的结点的右兄弟。

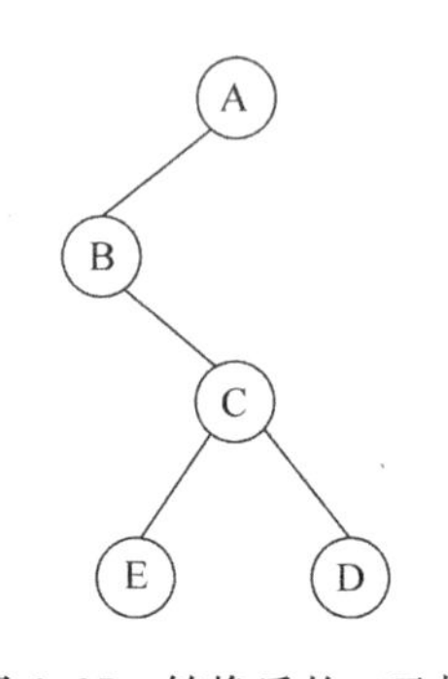

图 6.27 转换后的二叉树

**2. 森林与二叉树的相互转换**

森林转换成二叉树的过程如下。

(1) 将森林中的每棵树都转换成二叉树;

(2) 让第 $n$ 棵转换后的二叉树作为第 $n-1$ 棵二叉树的右子树,第 $n-1$ 棵二叉树作为第 $n-2$ 棵二叉树的右子树,以此类推,第二棵二叉树作为第一棵二叉树的右子树,直到最后只剩一棵二叉树为止。

森林转换为二叉树的过程如图 6.28 所示。

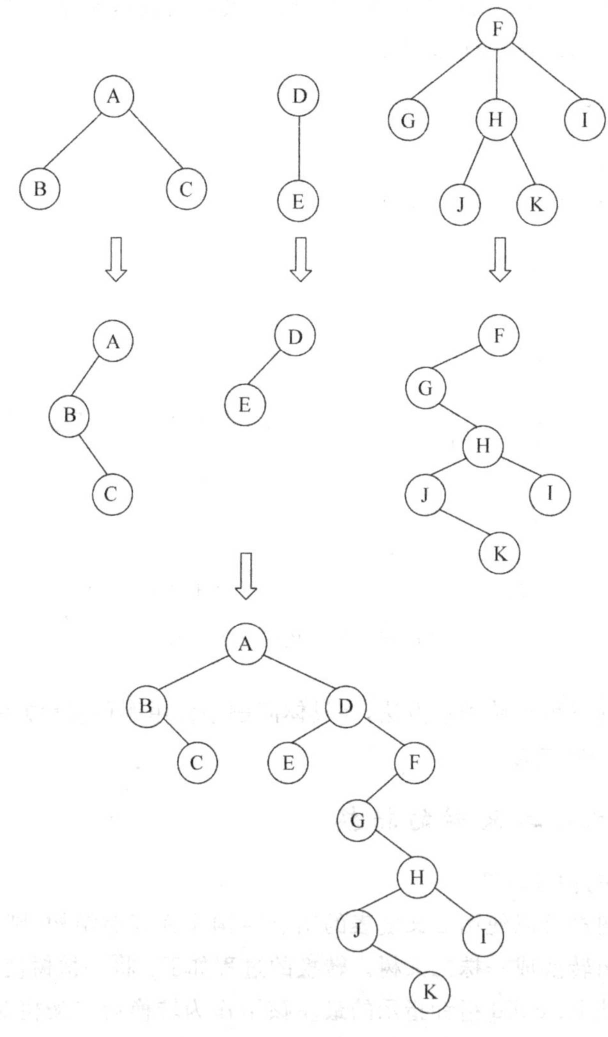

图 6.28 森林转换成二叉树

二叉树转换成森林的过程如下：

(1) 将二叉树从根结点开始，沿着右子树的方向，断开所有的右子树，得到若干棵无右子树的二叉树；

(2) 将这若干棵二叉树按照二叉树转换成树的方法，转换成 $n$ 棵树，即得到对应的森林。

### 6.7.3 树和森林的遍历

由树结构的定义可知，一个结点可能有两棵以上的子树，所以不宜讨论中序遍历，这样，树只有两种次序遍历树的方法。

**1. 前(根)序遍历**

若树非空，则先访问树的根结点，然后依次前(根)序遍历各子树。

**2. 后(根)序遍历**

若树非空，则依次后(根)序遍历每棵子树，然后访问根结点。

例如，对图 6.26(a)中的树进行前序遍历，得到树的前序序列为：ABCED。

对此树进行后序遍历，则得到树的后序序列为：BECDA。

按照森林和树相互递归的定义，可以推出森林的两种遍历方法。

**1. 前序遍历森林**

若森林非空，则：

(1) 访问森林中第一棵树的根结点；

(2) 前序遍历第一棵树中根结点的子树森林；

(3) 前序遍历除去第一棵树之后剩余的树构成的森林。

**2. 中序遍历森林**

若森林非空，则：

(1) 中序遍历森林中第一棵树的根结点的子树森林；

(2) 访问第一棵树的根结点；

(3) 中序遍历除去第一棵树之后剩余的树构成的森林。

对图 6.28 中的森林进行前序遍历得到森林的前序序列为：ABCDEFGHJKI。

对图 6.28 中森林进行中序遍历得到森林的中序序列为：BCAEDGJKHIF。

根据森林与二叉树之间转换的规则可知，当森林转换成二叉树时，该森林的第一棵树的子树森林转换成左子树，剩余树的森林转换成右子树，则上述森林的前序遍历和中序遍历即为其对应的二叉树的前序和中序遍历。遍历树、森林与遍历二叉树的关系如表 6.2 所示。

**表 6.2 遍历树、森林和二叉树的关系**

| 树 | 森 林 | 二 叉 树 |
|---|---|---|
| 前序遍历 | 前序遍历 | 前序遍历 |
| 后序遍历 | 中序遍历 | 中序遍历 |

## 6.8 二叉树的应用

**【例 6.1】** 求二叉树的深度。

利用层次遍历算法可以直接求得二叉树的深度。

算法实现：

```
#define  MAX_NODE  50
int  search_depth(BTNode  * T)
{  BTNode  * Stack[MAX_NODE] , * p = T;
int  front = 0 , rear = 0, depth = 0, level;
/ * level 总是指向访问层的最后一个结点在队列的位置 * /
if  (T!= NULL)
{  Queue[++rear] = p;                    / * 根结点入队 * /
level = rear;                            / * 根是第 1 层的最后一个节点 * /
while (front < rear)
     {  p = Queue[++front];
        if (p -> Lchild!= NULL)
              Queue[++rear] = p;        / * 左结点入队 * /
        if (p -> Rchild!= NULL)
              Queue[++rear] = p;        / * 左结点入队 * /
         if (front == level)
            / * 正访问的是当前层的最后一个结点 * /
            {  depth++;  level = rear;  }
     }
}
}
```

**【例 6.2】** 已知一棵二叉树的前序遍历序列为 EBADCFHGIKJ，中序遍历序列为 ABCDEFGHIJK，请画出该二叉树。

解题思路：前序遍历序列中第一个结点 E 必是根结点，找到根结点后再到中序遍历序列中确定左、右子树的结点值，结点 E 左边的结点序列是左子树的各个结点，结点 E 右边的结点序列是右子树的各个结点；然后再到前序遍历序列中找左、右子树的根结点，重复上述过程直到得到一棵确定的二叉树。本例所得二叉树如图 6.29 所示。

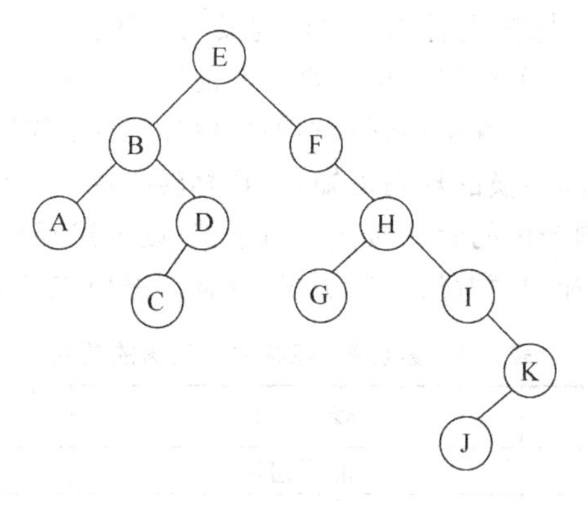


图 6.29　由前序遍历和中序遍历序列确定的二叉树

**【例 6.3】** 哈夫曼编码的算法实现。

(1) 数据结构设计

哈夫曼树中没有度为 1 的结点，因此 1 棵有 $n$ 个叶子结点的哈夫曼树共有 $2n-1$ 个结点，则可存储在大小为 $2n-1$ 的一维数组中。实现编码的结点结构如图 6.30 所示。

weight：权值域；parent：双亲结点下标；lchild：左孩子结点下标；rchild：右孩子结点

| weight | parent | lchild | rchild |
|---|---|---|---|

图 6.30　哈夫曼编码的结点结构

下标。

这样,求编码需从叶子结点出发走一条从叶子到根的路径,译码需从根结点出发走一条到叶子结点的路径。

结点类型定义如下:

```
#define  MAX_NODE  200                //Max_Node>2n-1
typedef struct
{      unsigned int weight ;          //权值域
unsinged int parent, lchild, rchild;
} HTNode;
```

(2) 哈夫曼树的生成

算法实现如下:

```
void Create_Huffman(unsigned n, HTNode HT[ ], unsigned m)
                                      //创建一棵叶子结点数为 n 的 Huffman 树
{  unsigned  int  w;   int  k, j;
 for (k=1; k<m; k++)
 {   if  (k<=n)
     {  printf("\n Please Input weight: w=?");
        scanf(" %d", &w);HT[k].weight=w;
     }                                //输入时,所有叶子结点都有权值
     else  HT[k].weight=0;            //非叶子结点没有权值
     HT[k].parent=HT[k].lchild=HT[k].rchild=0;
 }                                    //初始化向量 HT
 for (k=n+1; k<m; k++)
 {   unsigned w1=32767, w2=w1;
                                      //w1、w2 分别保存权值最小的两个权值
    int  p1=0, p2=0;
                                      //p1、p2 保存两个最小权值的下标
    for (j=1; j<=k-1; j++)
    {   if (HT[k].parent==0)          //尚未合并
            {   if (HT[j].weight<w1)
                    {   w2=w1; p2=p1;
                        w1=HT[j].weight; p1=j;
                    }
             else if (HT[j].weight<w2)
                    {   w2=HT[j].weight;  p2=j;   }
            }                         //找到权值最小的两个值及其下标
}
HT[k].lchild=p1; HT[k].rchild=p2;
HT[k].weight=w1+w2;
HT[p1].parent=k; HT[p2].parent=k;
}
}
```

说明：生成哈夫曼树后，树的根结点的下标是 $2n-1$。

(3) 哈夫曼编码算法

根据出现频度(权值)weight，对叶子结点的哈夫曼编码有以下两种方式：

① 从叶子结点到根逆向处理，求得每个叶子结点对应字符的哈夫曼编码。

② 从根结点开始遍历整棵二叉树，求得每个叶子结点对应字符的哈夫曼编码。

由哈夫曼树的生成过程可知，$n$ 个叶子结点的树共有 $2n-1$ 个结点，叶子结点存储在数组 HT 中的下标值为 $1\cdots n$。编码是叶子结点的编码，只需对数组 HT[$1\cdots n$]的 $n$ 个权值进行编码；每个字符的编码不同，但编码的最大长度是 $n$。

求编码时先设一个通用的指向字符的指针变量，求得编码后再复制。算法实现如下：

```
void Huff_coding(unsigned n, Hnode HT[], unsigned m)
                                        //m 应为 n+1,编码的最大长度 n 加 1
{  int  k, sp,fp;
   char *cd, *HC[m];
   cd = (char *)malloc(m*sizeof(char));
                                        //动态分配求编码的工作空间
   cd[n] = '\0'                         //编码的结束标志
   for (k = 1; k<n+1; k++)              //逐个求字符的编码
   {  sp = n; p = k; fp = HT[k].parent;
      for (  ; fp!= 0;p = fp, fp = HT[p].parent)
                                        //从叶子结点到根逆向求编码
         if  (HT[fp].parent == p)  cd[ -- sp] = '0';
         else  cd[ -- sp] = '1';
     HC[k] = (char *)malloc((n - sp) * sizeof(char));
                                        //为第 k 个字符分配保存编码的空间
     trcpy(HC[k], &cd[sp]);
   }
  free(cd);
}
```

# 本章小结

(1) 树型结构是一种非常重要的非线性结构，本章主要介绍了树型结构的相关概念和性质。

(2) 在学习的过程中注意理解树和二叉树是两类不同的树型结构。

(3) 本章涉及的算法较难理解。大部分算法都使用递归的方法来实现，在学习过程中，注意递归算法的递归调用层次。使用非递归方法实现的算法大多使用栈和队列来实现，注意栈和队列的使用。

(4) 二叉树是本章学习的重点内容，二叉树的遍历操作是很多操作的基础，因此要很好地理解二叉树的遍历，并能进行应用。

(5) 建立线索二叉树，可以不遍历二叉树，直接通过线索得到某个结点的前驱或后继。

(6) 树、森林和二叉树之间通过转换存在一一对应的关系，遍历序列也存在着对应关系。

(7) 哈夫曼编码是二叉树的一个典型应用。

# 第7章 图

【本章学习目标】

本章介绍了图的基本概念、术语，以及使用邻接矩阵和邻接表实现图的存储的方法，通过实例引出概念，并在两种存储结构上使用C语言实现其相关的操作算法，包括图的遍历算法、构造最小生成树、求最短路径和进行拓扑排序，同时进行时间复杂度的分析。通过本章的学习，要求掌握以下主要内容：

- 了解图的基本概念和相关的术语；
- 熟练掌握图的邻接矩阵和邻接表以及图的深度遍历和广度遍历算法；
- 能够使用Prim和Kruscal算法构造最小生成树；
- 熟练掌握求某一源点到其余各顶点的最短路径的Dijkstra算法；
- 了解求每一对顶点之间的最短路径的Floyd算法；
- 熟练掌握拓扑排序的方法。

## 7.1 图的定义和基本术语

### 7.1.1 图的引例

假设有6个城市(1、2、3、4、5、6)如图7.1所示，已知每对城市间交通线的建造费用，要求建造一个连接6个城市的交通网，使任意两个城市之间都可以直接或间接到达。若要求总的建造费用最小。那么该如何建造这几个城市间的交通网呢？

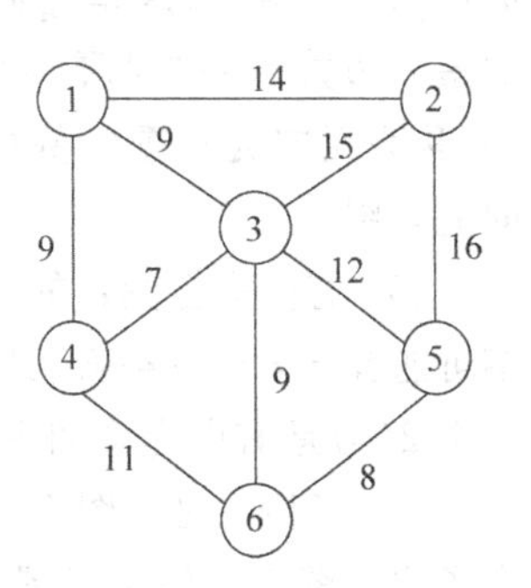


图7.1 图的实例

以这6个城市为顶点，以交通线为边，边上的数值为建造交通线的费用，这样就构成了一个图的实例，求总的建造费用最小的交通网就是著名的求图的最小生成树问题。

图(Graph)是由欧拉(L. Euler)在1736年首先引进的另一类重要的非线性结构，可称为图型结构或网状结构。图型结构比树型结构更复杂、更常见，我们可以把前面讲到的线性结构和树型结构都看成是简单的图型结构。

在树型结构中，结点之间具有分支层次关系，每一层上的结点至多只能和上一层中的一个结点相关，但可能和下层的多个结点相关；而在图型结构中，任意两个结点之间都可能相关，即结点之间的邻接关系可以是任意的。图型结构可以描述各种复杂的数据对象，因此被广泛地应用于许多科学技术领域，如工程计划分析、统计力学、电子线路分析、寻找最短路径、语言学等。这就给计算机科学提出了一项重要的课题——如何在计算机中表示和处理图。关于图的理论是数学的研究内容,本章只介绍图的基本概念、图在计算机中的存储结构及有关图的常用算法等。

### 7.1.2 图的定义

(1) 图:图 G 由集合 V 和 E 组成,记为 G=(V,E),图中的结点又称为顶点,其中 V 是顶点的非空有穷集合,相关的顶点的偶对称为边,E 是边的有穷集合。

(2) 无向图:在 G 图中,如果代表边的顶点偶对是无序的,则称 G 为无向图(Undirected Graph)。我们把无向图中的无序偶对用圆括号括起来,用以表示一条边。例如$(v_i, v_j)$代表顶点 $v_i$ 与 $v_j$ 之间的一条无向边。显然,$(v_i, v_j)$和$(v_j, v_i)$所代表的是同一条边。图 7.2(a)是无向图,其顶点集合和边集如下:

$$V = \{v_1, v_2, v_3, v_4\}$$

$$E = \{(v_1, v_2), (v_1, v_3), (v_1, v_4), (v_2, v_3), (v_2, v_4), (v_3, v_4)\}$$

(3) 有向图:若图中代表边的偶对是有序的,则称为 G 为有向图(Directed Graph)。有向图中的边又称弧(Arc),我们用一对尖括号把有序偶对括起来,用以表示一条有向边(即弧)。例如$<v_i, v_j>$表示从顶点 $v_i$ 到顶点 $v_j$ 的一条弧,顶点 $v_i$ 称为$<v_i, v_j>$的尾(Tail),$v_j$ 称为$<v_i, v_j>$的头(Head),并用由尾指向头的箭头来形象地表示一条弧。显然,$<v_i, v_j>$和$<v_j, v_i>$是两条不同的弧。图 7.2(b)为一有向图,其顶点集合和边集如下:

$$V = \{v_1, v_2, v_3, v_4\}$$

$$E = \{<v_1, v_2>, <v_1, v_3>, <v_1, v_4>, <v_2, v_3>\}$$

**注意**:*若$<v_i, v_j>$或$<v_j, v_i>$是 E(G) 中的一条边,则应满足 $v_i \neq v_j$。*

(4) 无向完全图:在一个具有 $n$ 个顶点的无向图中,若每一个顶点与其他 $n-1$ 个顶点之间都有边相连,则共有 $n(n-1)/2$ 条边,这是任何具有 $n$ 个顶点的无向图可能有的最大边数。一个拥有 $n(n-1)/2$ 条边的 $n$ 个顶点的无向图,称为无向完全图。例如,图 7.2(a)是有 4 个顶点的无向完全图。

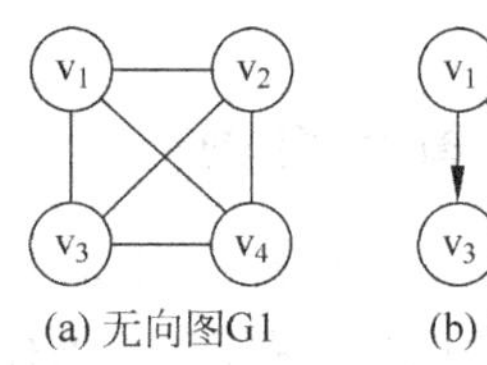


图 7.2 图的示例

(5) 有向完全图:在一个具有 $n$ 个顶点的有向图中,最多可能有 $n(n-1)$ 条弧,具有 $n(n-1)$ 条弧的 $n$ 个顶点的有向图称为有向完全图。请思考图 7.2(b)是有向完全图吗?

(6) 子图:对于图 G=(V,E)、G′=(V′,E′),若有 V′∈V、E′∈ E,则称图 G′是 G 的一个子图。图 7.3 给出了图 7.2 的部分子图。

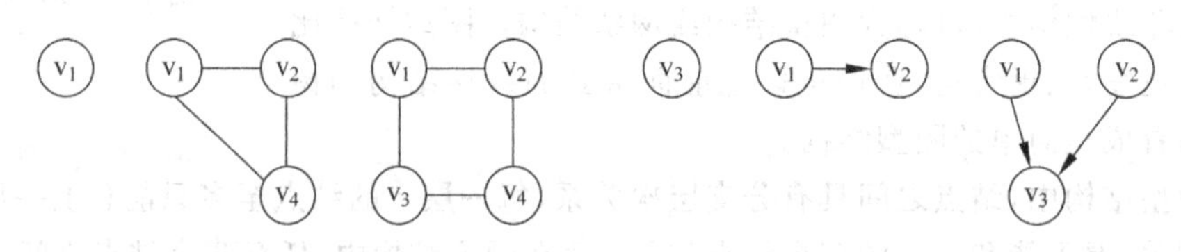


图 7.3 子图示例

### 7.1.3 图的基本术语

(1) 邻接：若$(v_1,v_2)$是E(G)中的一条边，则称顶点$v_1$和$v_2$是相邻接(Adjacent)的顶点，而称边$(v_1,v_2)$是依附于顶点$v_1$和$v_2$的边。例如，在图7.2(a)中，与顶点$v_1$相邻接的顶点是$v_2$、$v_3$和$v_4$；图7.2(b)中$<v_1,v_2>$是有向图的一条弧，则称顶点$v_1$邻接至顶点$v_2$，顶点$v_2$邻接自顶点$v_1$，弧$<v_1,v_2>$依附于顶点$v_1$和$v_2$。

(2) 路径：在图G中，从顶点$v_p$到顶点$v_g$的路径(Path)是顶点序列$(v_p,v_{i1},v_{i2},\cdots,v_{in},v_g)$，且$(v_p,v_{i1}),(v_{i1},v_{i2}),\cdots,(v_{in},v_g)$是E(G)中的边。若G是有向图，则路径也是有向的，由弧$<v_p,v_{i1}>,<v_{i1},v_{i2}>,\cdots,<v_{in},v_g>$组成。

(3) 路径长度：路径上的边数称为路径长度。

(4) 简单路径：在一条路径中，如果除了第一个顶点和最后一个顶点外，其余顶点都各不相同，则称这样的路径为简单路径。例如，图7.2(a)中，由边$(v_1,v_2)$、$(v_2,v_4)$、$(v_4,v_3)$构成的从顶点$v_1$到顶点$v_3$的路径可以写成序列$(v_1,v_2,v_4,v_3)$。路径$(v_1,v_2,v_4,v_3)$和$(v_1,v_2,v_4,v_2)$都是长度为3的路径。显然，前者是一条简单路径，而后者不是。

(5) 回路或环：如果路径的起点和终点相同(即$v_p=v_q$)，则称此路径为回路或环。

(6) 简单回路或者简单环：序列中除第一个顶点与最后一个顶点之外，其他顶点不重复出现的回路为简单回路或者简单环。

(7) 顶点的度：顶点的度是指依附于某顶点$v_i$的边数，通常记为$TD(v_i)$。在有向图中，要区别顶点的入度和出度的概念。所谓顶点$v_i$的入度是指以$v_i$为终点的弧的数目，记为$ID(v_i)$；所谓顶点$v_i$的出度是指以$v_i$为始点的弧的数目，记为$OD(v_i)$。显然

$$TD(v_i)=ID(v_i)+OD(v_i)$$

例如，图7.2(a)中顶点$v_1$的度$TD(v_1)=3$，图7.2(b)中顶点$v_2$的入度$ID(v_2)=1$，出度$OD(v_2)=1$，$TD(v_2)=2$。可以证明，对于具有$n$个顶点、$e$条边的图，顶点$v_i$的度$TD(v_i)$与顶点的个数及边的数目满足关系：

$$2e=\sum_{i=1}^{n}TD(v_i)$$

(8) 连通：若从顶点$v_i$到顶点$v_j(i\neq j)$有路径，则$v_i$和$v_j$是连通的。

(9) 连通图：如果无向图中任意两个顶点$v_i$和$v_j$都是连通的，则称此无向图是连通图。图7.2(a)是连通图。而图7.4(a)则是非连通图，但它有两个连通分量，如图7.4(b)所示。所谓连通分量，指的是无向图中的极大连通子图。

(10) 强连通图：对于有向图来说，图中任意一对顶点$v_i$和$v_j(i\neq j)$均有从$v_i$到$v_j$及从$v_j$到$v_i$的有向路径，则称该有向图是强连通图。有向图中的极大强连通子图称为有向图的强连通分量。图7.2(b)不是强连通图，但它有两个强连通分量，如图7.5所示。如果有向图不考虑方向时是连通的，而考虑方向时是不连通的，则称该有向图是弱连通图。

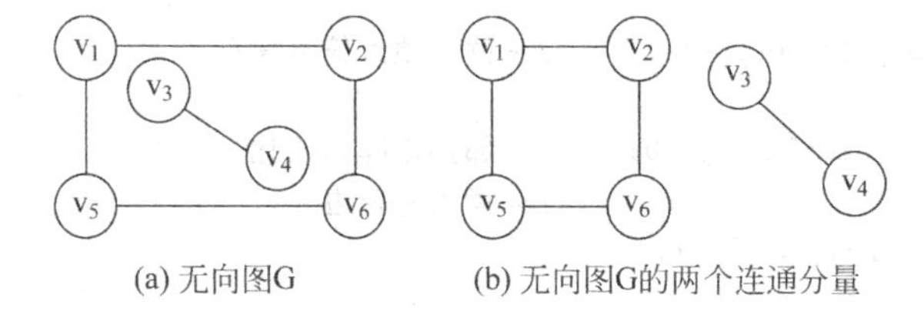

(a) 无向图G　　(b) 无向图G的两个连通分量

图7.4　无向图及其连通分量

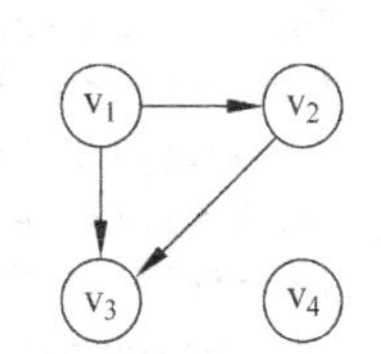

图7.5　有向图G2的2个强连通分量

# 7.2 图的存储结构

图的存储结构比较多,对图的存储结构的选择取决于具体的应用和欲施加的操作。下面介绍几种常用的存储结构。

## 7.2.1 数组表示法

### 1. 邻接矩阵(Adjacency Matrix)

设G=(V,E)是一个具有 $n$ 个顶点的图($n \geq 1$),用一个一维数组存放图中所有的顶点数据;用一个二维数组存放顶点间关系(边或弧)的数据,这个二维数组称为邻接矩阵。邻接矩阵又分为有向图邻接矩阵和无向图邻接矩阵。G的邻接矩阵是一个具有下列性质的 $n$ 阶方阵:

$$A[i][j]=\begin{cases}1 & 若(v_i,v_j)或<v_i,v_j>\in E(G)\\ 0 & 若(v_i,v_j)或<v_i,v_j>\notin E(G)\end{cases}$$

即若$(v_i,v_j)$或$<v_i,v_j>$在E(G)之中时,则$A[i][j]=1$,否则$A[i][j]=0$。例如,图7.2的邻接矩阵如图7.6所示。

$$\begin{array}{c} \\ (1)\\(2)\\(3)\\(4)\end{array}\begin{array}{c}\begin{array}{cccc}1&2&3&4\end{array}\\ \begin{bmatrix}0&1&1&1\\1&0&1&1\\1&1&0&1\\1&1&1&0\end{bmatrix}\end{array}$$

(a) 图7.2(a)无向图的邻接矩阵

$$\begin{array}{c} \\ (1)\\(2)\\(3)\\(4)\end{array}\begin{array}{c}\begin{array}{cccc}1&2&3&4\end{array}\\ \begin{bmatrix}0&1&1&1\\0&0&1&0\\0&0&0&0\\0&0&0&0\end{bmatrix}\end{array}$$

(b) 图7.2(b)有向图的邻接矩阵

图7.6 图的邻接矩阵

用邻接矩阵来存储图,对应的结构使用C语言描述如下:

```
typedef char vextype;                    /* 顶点的数据类型 */
typedef struct
    {vextype vex[n+1];
     int arcs[n+1][n+1];
     }graph;
```

下面给出建立无向图的邻接矩阵的算法:

```
void creatgraph(graph *ga)                                  /* 建立无向图 */
    {int  i,j,k;
      for(i=1;i<=n;i++) ga->vex[i]=getchar();               /* 读入顶点信息 */
      for(i=1;i<=n;i++)
          for(j=1;j<=n;j++) ga->arcs[i][j]=0;               /* 邻接矩阵初始化 */
      for(k=1;k<=e;k++)                                     /* 读入 e 条边 */
      {scanf{"%d%d",&i,&j};ga->arcs[i][j]=1;
       ga->arcs[j][i]=1;
      }
    }                                                       /* creatgraph */
```

**2. 特点**

(1) 无向图的邻接矩阵一定是对称的,而有向图的邻接矩阵不一定对称。因此,用邻接矩阵来表示一个具有 $n$ 个顶点的有向图时需要 $n^2$ 个存储单元来存储邻接矩阵;对有 $n$ 个顶点的无向图则只须存入上(下)三角形,故只需 $n(n+1)/2$ 个存储单元。

(2) 对于无向图,邻接矩阵的第 $i$ 行(或第 $i$ 列)中非零元素的个数正好是第 $i$ 个顶点的度 $TD(v_i)$;对于有向图,邻接矩阵的第 $i$ 行(或第 $i$ 列)非零元素的个数正好是第 $i$ 个顶点的出度 $OD(v_i)$(或入度 $ID(v_i)$)。

(3) 用邻接矩阵表示图,很容易确定图中任意两个顶点间是否有边相连。但是,如果要用邻接矩阵来检测图 G 中共有多少条边,则必须按行、列对每个元素进行检测。这样所花的时间是较多的,所以用邻接矩阵来表示图也有局限性。

鉴于图的邻接矩阵表示法的局限性,我们提出图的另一种存储表示——邻接表。

## 7.2.2 邻接表

**1. 邻接表(Adjacency List)**

图的邻接表存储结构是一种顺序分配和链式分配相结合的存储结构。它包括两个部分,一部分是链表,另一部分是向量。

在链表部分中共有 $n$ 个链表($n$ 为顶点数),即每个顶点对应一个链表。每个链表由一个表头结点(如图 7.7(a)所示)和若干个表结点(如图 7.7(b)所示)组成。表头结点用来指示第 $i$ 个顶点 $v_i$ 所对应的链表,表结点由顶点域(vertex)和链域(link)组成。顶点域指示了与 $v_i$ 相邻接的顶点的序号,所以一个表结点实际上代表了一条依附于 $v_i$ 的边;链域指示了依附于 $v_i$ 的下一条边的结点。第 $i$ 个链表就表示了依附于顶点 $v_i$ 的所有的边。对于有向图来说,第 $i$ 个链表就表示了从 $v_i$ 发出的所有的弧。邻接链表的另一部分是一个向量,用来存储 $n$ 个结点。向量的下标指示了顶点的序号,这样就可以随机地访问任意一个链表。

图 7.7 邻接表的结点结构

链表结点的类型可定义如下:

```
typedef struct anode
{
    int vertex;
    struct anode * link;
}ANODE;
```

表头结点类型及存储表示描述如下:

```
#define M 30
typedef struct vnode
{
    anytype data;
    ANODE * first;
}VNODE;
```

```
VNODE adjlist[M];
```

例如,对于图 7.2,其邻接表如图 7.8 所示。



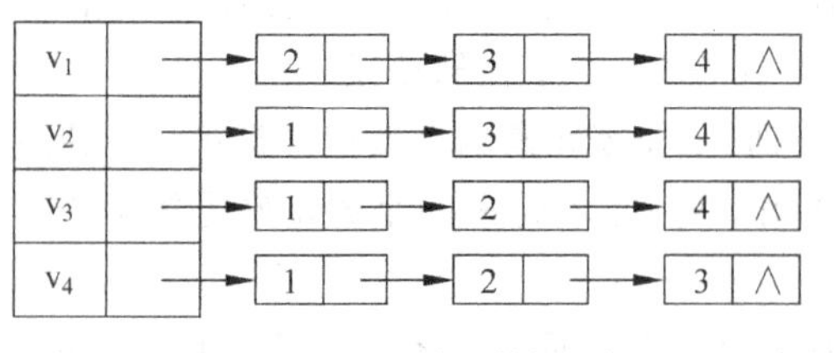

(a) 图7.2(a)无向图的邻接表

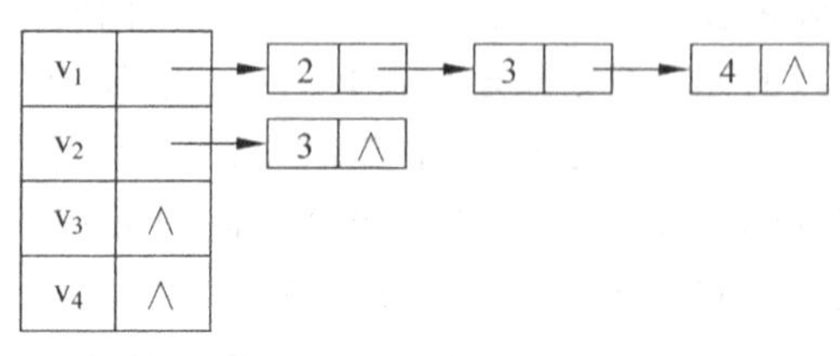

(b) 图7.2(b)有向图的邻接表

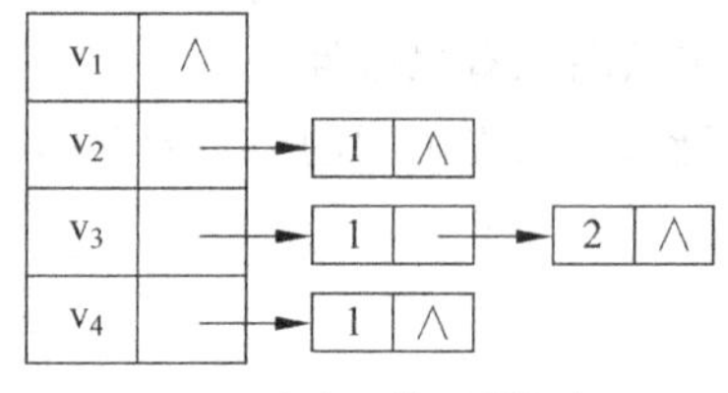

(c) 图7.2(b)有向图的逆邻接表

图 7.8 邻接表示例

下面给出建立无向图邻接链表的算法。

算法的基本思想是:先将表头结点数组的指针域 first 置为空,然后,每当输入一条边($v_i$,$v_j$),就相应地为其所依附的两个顶点 $v_j$ 和 $v_i$ 建立两个表结点,并分别把顶点 $v_j$ 的表结点插到第 $i$ 个链表中,把顶点 $v_i$ 的表结点插到第 $j$ 个链表中,当图中所有的边输入完毕后,用(0,0)作为结束标志。现用 C 语言描述如下:

```
void create_adjlist(VNODE adjlist[ ], int n)
{/* 依次输入无向图所有的边(vi,vj),建立无向图的邻接表.N 为图中的顶点个数 */
    ANODE *p;
    int i,j;
    for (i = 1;i <= n;i++)
      adjlist[i].first = NULL;
      printf(" vi,vj = ");
      scanf(" %d, %d",&i,&j);
      while((i>0)&&(j>0))
        {p = (ANODE *)malloc(sizeof(ANODE));
         p->vertex = j;p->link = adjlist[i].first;adjlist[i].first = p;
         p = (ANODE *)malloc(sizeof(ANODE));
         p->vertex = i;p->link = adjlist[j].first;adjlist[j].first = p;
         scanf(" %d, %d",&i,&j);
        }
   }
```

在无向图的邻接表中,顶点 $v_i$ 的度恰为第 $i$ 个链表中的结点数;而在有向图中,第 $i$ 个链表中的结点个数只是顶点 $v_i$ 的出度,为求入度,必须遍历整个邻接表。在所有链接表中其邻接点域的值为 $i$ 的结点的个数是顶点 $v_i$ 的入度。有时,为了便于确定顶点的入度或以顶点 $v_i$ 为头的弧,可以建立一个有向图的逆邻接表,即对每个顶点 $v_i$ 建立一个链接以 $v_i$ 为头的弧的表,例如图 7.8(c)所示为有向图的逆邻接表。

**2. 特点**

(1) 无向图中,第 $i$ 个链表中的表结点数是顶点 $v_i$ 的度;有向图中,第 $i$ 个链表中的表结点数是顶点 $v_i$ 的出度。

(2) 若无向图有 $n$ 个顶点、$e$ 条边,则邻接链表需 $n$ 个表头结点和 $2e$ 个表结点。每个表结点有两个域。显然,对于边很少的图,用邻接表比用邻接矩阵要节省存储单元。

(3) 在邻接表中,要确定两个顶点 $v_i$ 和 $v_j$ 之间是否有边或弧相连,需要遍历第 $i$ 个或第 $j$ 个单链表,不像邻接矩阵那样能方便地对顶点进行随机访问。

### 7.2.3 十字链表

十字链表(Orthogonal List)是有向图的另一种链式存储结构。可以看成是将有向图的邻接表和逆邻接表结合起来的一种链表。在十字链表中,对应于有向图中的每一条弧有一个结点,对应于每个顶点也有一个结点。这些结点的结构如图 7.9 所示。

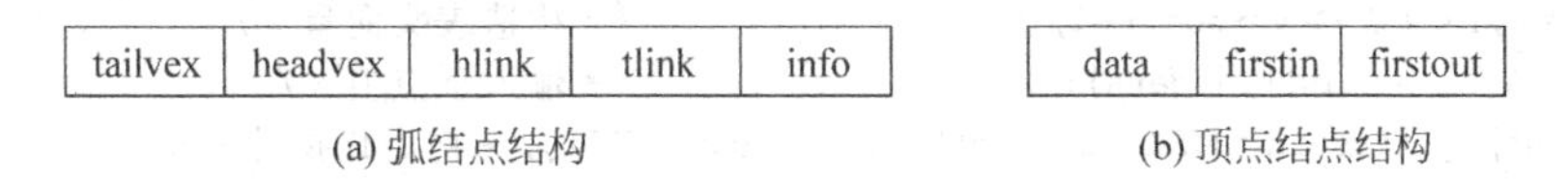

(a) 弧结点结构 (b) 顶点结点结构

图 7.9 十字链表的结点结构

在弧结点中有 5 个域,其中尾域(tailvex)和头域(headvex)分别指示弧尾和弧头这两个顶点在图中的位置,链域 hlink 指向弧头相同的下一条弧,而链域 tlink 指向弧尾相同的下一条弧,info 域指向该弧的相关信息。弧头相同的弧在同一链表上,弧尾相同的弧也在同一链表上。它们的头结点即为顶点结点,它由三个域组成,其中 data 域存储和顶点相关的信息,如顶点的名称等;firstin 和 firstout 为两个链域,分别指向以该顶点为弧头或弧尾的第一个弧结点。例如,对于如图 7.10(a)所示的有向图,其十字链表如图 7.10(b)所示。若将有向图的邻接矩阵看成是稀疏矩阵,则十字链表也可以看成是邻接矩阵的链表存储结构,在图的十字链表中,弧结点所在的链表非循环链表,结点之间相对位置自然形成,不一定按顶点序号有序,表头结点即顶点结点,它们之间不连接,而是顺序存储。

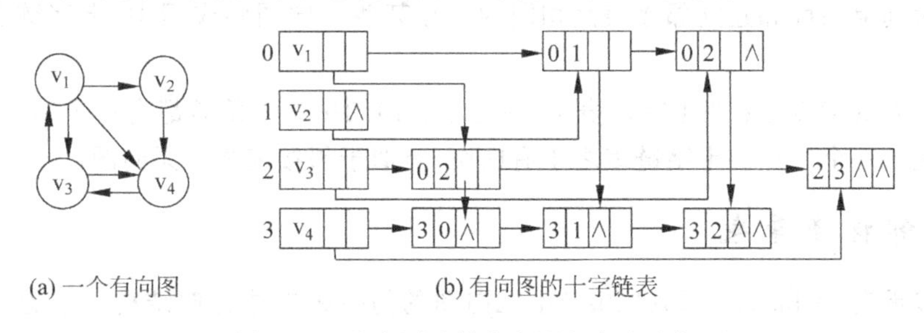

(a) 一个有向图 (b) 有向图的十字链表

图 7.10 有向图及其十字链表表示示意

有向图的十字链表存储表示的形式说明如下:

```
#define MAX_VERTEX_NUM 20
typedef struct ArcBox {
   int              tailvex,headvex;      /* 该弧的尾和头顶点的位置 */
   struct ArcBox    *hlink, *tlink;       /* 分别为弧头相同和弧尾相同的弧的链域 */
   InfoType         *info;                /* 该弧相关信息的指针 */
```

```
}ArcBox;
typedef struct VexNode {
  VertexType  data;
  ArcBox          *firstin, *firstout;/*分别指向该顶点第一条入弧和出弧*/
}VexNode;
typedef struct {
  VexNode  xlist[MAX_VERTEX_NUM];      /*表头向量*/
  Int   vexnum,arcnum;                 /*有向图的顶点数和弧数*/
}OLGraph;
```

下面给出建立一个有向图的十字链表存储表示的算法。通过该算法,只要输入 $n$ 个顶点的信息和 $e$ 条弧的信息,便可建立该有向图的十字链表,其算法内容如下。

```
Status CreateDG(LOGraph &G) {
//采用十字链表表示,构造有向图 G(G.kind = DG)
scanf(&(*G->brcnum),&(*G->arcnum),&IncInfo);/*IncInfo 为 0 则各弧不含其他信息*/
for (i = 0;i < *G->vexnum;++i) {                  /*构造表头向量*/
  scanf(&(G->xlist[i].data);                      /*输入顶点值*/
  G.xlist[i].firstin = NULL; G.xlist[i].firstout = NULL;/*初始化指针*/
}
for(k = 0;k < G.arcnum;++k) {                            /*输入各弧并构造十字链表*/
  scanf(&v1,&v2);                                        /*输入一条弧的始点和终点*/
  i = LocateVex(*G,v1); j = LocateVex(*G,v2);            /*确定 v1 和 v2 在 G 中的位置*/
  p = (ArcBox*) malloc(sizeof(ArcBox));                  /*假定有足够空间*/
  *p = {i,j,*G->xlist[j].firstin,*G->xlist[i].firstout,NULL}  /*对弧结点赋值*/
    /*{tailvex,headvex,hlink,tlink,info}*/
  G.xlist[j].firstin = G.xlist[i].firstout = p;          /*完成在入弧和出弧链头的插入*/
  if (IncInfo) Input(*p->info);                          /*若弧含有相关信息,则输入*/
}
}                                                        /*CreateDG*/
```

在十字链表中既容易找到以 $v_i$ 为尾的弧,也容易找到以 $v_i$ 为头的弧,因而容易求得顶点的出度和入度(若需要,可在建立十字链表的同时求出)。同时,由上述算法可知,建立十字链表的时间复杂度和建立邻接表是相同的。在某些有向图的应用中,十字链表是很有用的工具。

十字链表的特点是:在十字链表中,对应于有向图中每一条弧都有一个结点,对应于每个定顶点也有一个结点。十字链表之于有向图,类似于邻接表之于无向图。

### 7.2.4 邻接多重表

邻接多重表(Adjacency Multilist)是无向图的另一种链式存储结构。它的结构与十字链表类似,在邻接多重表中,每一条边用一个结点表示,它由 6 个域组成,如图 7.11(a)所示。其中 mark 为标志域,用来标记边是否被搜索过;ivex、jvex 为边的两个顶点在图中的位置;ilink 指向下一条依附于顶点 ivex 的边;jlink 指向下一条依附于顶点 jvex 的边;info 为指向和边相关的各种信息的指针域。每个顶点也用一个结点表示,由两个域组成,如图 7.11(b)所示,data 存储和该顶点相关的信息,firstdge 指出第一条依附于该顶点的边。

如图 7.12(b)所示为无向图 7.12(a)的邻接多重表。在这个邻接多重表中,所有依附于同一顶点的边串联在同一链表中,由于每条边依附于两个顶点,则每个边结点同时链接在两

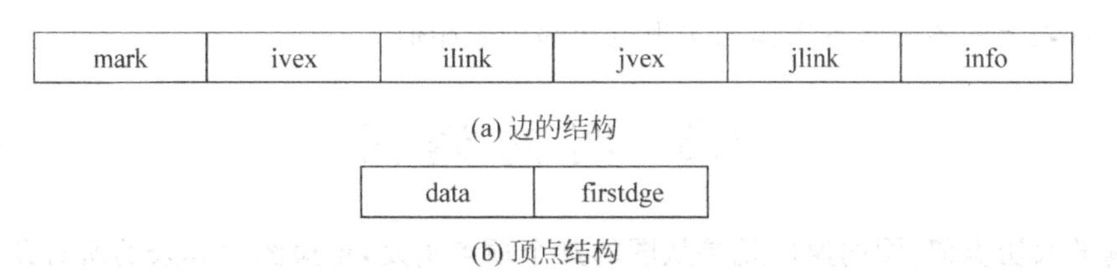


图 7.11　邻接多重表的结点结构

个链表中，由此可见，邻接多重表与邻接表的差别就在于同一条边在邻接表中用两个结点表示，而在邻接多重表中只用一个结点表示。除此之外，邻接多重表所需的存储量以及各种基本操作的实现都与邻接表相似。

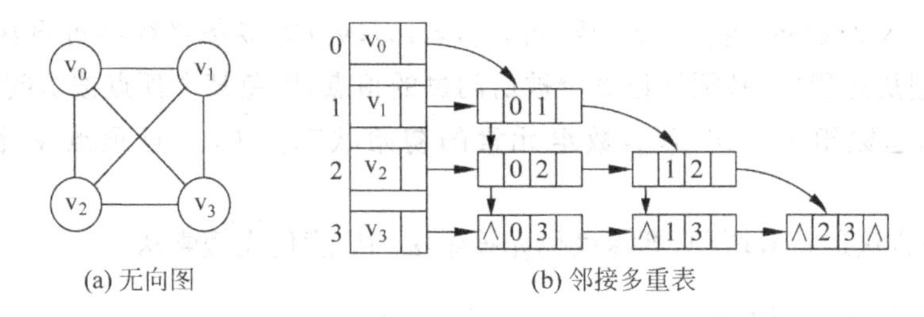


图 7.12　无向图的邻接多重表

邻接多重表的类型说明如下：

```
//======== 无向图的邻接多重表存储表示 ========
#define MAX_VERTEX_NUM 20
typedef enum{unvisited,visited}VisitIf;
typedef struct EBox
{
   VisitIf mark;                     /* 访问标记 */
   int ivex,jvex;                    /* 该边依附的两个顶点的位置 */
   struct EBox *ilink,*jlink;        /* 分别指向依附这两个顶点的下一条边 */
   InfoType *info;                   /* 该边的信息指针 */
}EBox;
typedef struct
{
   VertexType data;
   EBox *firstedge;                  /* 指向第一条依附该顶点的边 */
}VexBox;
typedef struct
{
   VexBox adjmulist[MAX_VERTEX_NUM];
   int vexnum,edgenum;               /* 无向图的当前顶点数和边数 */
}AMLGraph;
```

在邻接多重表中，所有依附于同一个顶点的边串联在同一链表中，由于每边依附于两个顶点，则每个边结点同时链接在两个链接表中。由此可见，对于无向图而言，邻接表与邻接多重表的区别仅仅在于同一条边在邻接表中用两个结点表示，而在邻接多重表中只有一个结点。因此，除了在边结点中增加一个标志域外，邻接多重表所需的存储量与邻接表相同。

在邻接多重表上的各种基本操作的实现也和邻接表相似。

# 7.3 图的遍历

与树的遍历类似,图的遍历就是从图的某个顶点出发,走遍图中其余的所有顶点。若给定一个无向图 G=(V,E)和顶点集合 V(G)中的任一顶点 $v$,当 G 是连通图时,则从 $v$ 出发,顺着 G 中的某些边可以访问到图中的所有顶点,且每个顶点只被访问一次。这个过程叫图的遍历(Traversing Graph)。

图的遍历比树的遍历复杂得多。由于图可能存有回路,故在访问了某个顶点后,有可能顺着一条回路再次访问到一个被访问过的顶点。例如,对于图 7.1(a),在访问了顶点 $v_1$ 后,顺着($v_1$,$v_2$,$v_3$,$v_1$)或($v_1$,$v_2$,$v_4$,$v_1$)或($v_1$,$v_2$,$v_4$,$v_3$,$v_1$)等多条路径都可再次访问到顶点 $v_1$。因此,在遍历过程中,必须标记每个被访问过的顶点,以免某个顶点被访问多次。为此,可定义一个标志数组 visited[$N$],数组元素的初始状态为 0,一旦顶点 $v_i$ 被访问,就置 visited[$i$]=1。

图的遍历方法通常有两种,即深度优先搜索法和广度优先搜索法。

## 7.3.1 深度优先搜索

深度优先搜索遍历(Depth First Search,DFS)类似于树的前根遍历,其基本思想是:

(1) 假定图中某个顶点 $v_i$ 为出发点,首先访问;

(2) 然后任意选择一个 $v_i$ 未访问的邻接点 $v_j$ 进行访问;

(3) 重复第(2)步,直至图中所有顶点都被访问过;若到达的某顶点不存在未被访问过的邻接顶点时,则一直退回到最近被访问过的且存在未被访问过邻接顶点的那个顶点。

显然,图的深度优先搜索是一个递归过程。

现以图 7.13(a)为例说明深度优先搜索过程,过程如图 7.13(b)所示。假定 $v_1$ 是出发点,首先访问顶点 $v_1$。因 $v_1$ 有两个邻接点 $v_2$、$v_3$ 均未被访问过,可以选择 $v_2$ 作为新的出发点,访问 $v_2$ 之后,再找 $v_2$ 的未访问过的邻接点。同 $v_2$ 邻接的有 $v_1$、$v_4$、$v_5$,其中 $v_1$ 已被访问过,而 $v_4$、$v_5$ 尚未被访问过,可以选择 $v_4$ 作为新的出发点。重复上述搜索过程,继续依次访问 $v_8$、$v_5$。访问 $v_5$ 之后,由于与 $v_5$ 相邻的顶点均已被访问过,搜索退回到 $v_8$。由于 $v_8$、$v_4$、$v_2$ 都是已被访问的邻接点,所以搜索过程连续地从 $v_8$ 退回到 $v_4$,再退回到 $v_2$,最后退回到

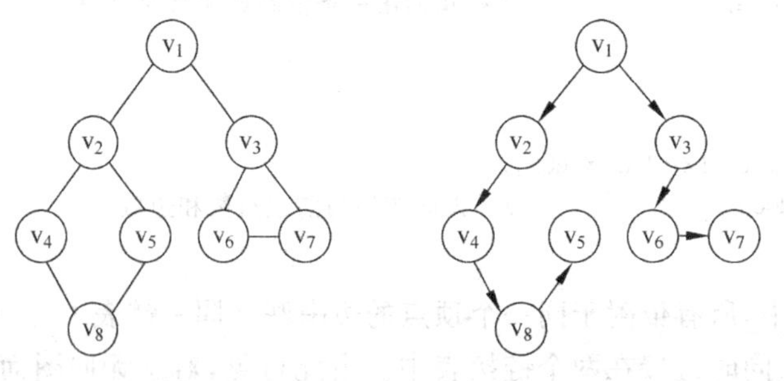


(a) 无向图　　(b) 图(a)的深度优先搜索遍历过程

图 7.13　深度优先搜索遍历过程

$v_1$。这时选择 $v_1$ 的未被访问过的邻接点 $v_3$，继续往下搜索，依次访问 $v_3$、$v_6$、$v_7$，从而遍历了图中的全部顶点。在这个过程中得到的顶点的访问序列为：

$v_1 \to v_2 \to v_4 \to v_8 \to v_5 \to v_3 \to v_6 \to v_7$

下面以邻接表作为图的存储结构给出具体算法。

```
struct ArcNode                    /* 定义边结点 */
{int adjvex;
 struct ArcNode *nextarc;
 };
struct Vnode                      /* 定义顶点结点 */
  {int data;
   struct ArcNode *firstarc;
   };
void dfs(struct Vnode A[MaxSize])
{struct ArcNode *p, *ar[MaxSize];
 /* ar[MaxSize]作为顺序栈,存放遍历过程中边结点的地址 */
 int x,i,y,top = -1;
 int visited[MaxSize];        /* 用作存放已遍历过顶点的标记 */
 for (i = 0;i < n;i++) visited[i] = 0;
 printf(" \ninput x");
 scanf(" %d",&x);
 printf(" %d",x);
 visited[x - 1] = 1;
 p = A[x - 1].firstarc;
    /* 下一个要遍历的顶点所关联的边结点,向量表的下标从 0 开始 */
 while((p)||(top>= 0))
   {if(!p) {p = ar[top];top --;}
    y = p->adjvex;
    if(visited[y - 1] == 0)
       {visited[y - 1] = 1;
 /* 若未遍历过,则遍历,并且把一个顶点进栈,从本顶点出发继续按深度优先遍历 */
        printf(" ->%d",y);
        p = p->nextarc;
        if (p) {top++;ar[top] = p;}
        p = A[y - 1].firstarc;
        }
      else p = p->nextarc;
    }
}/* dfs end */
```

由上述可知，遍历图的过程实质上是对每个顶点搜索邻接点的过程。故用邻接矩阵表示图时，搜索一个顶点的所有邻接点需花费 $O(n)$ 时间，则从 $n$ 个顶点出发搜索的时间应为 $O(n^2)$，即 DFS 算法的时间复杂度为 $O(n^2)$；如果使用邻接表表示图时，其 DFS 算法的时间复杂度为 $O(n+e)$，此处 $e$ 为无向图中边的数目或有向图中弧的数目。

### 7.3.2 广度优先搜索遍历

广度优先搜索遍历类似于树的按层次遍历，其基本思想是：

从图中某个顶点 $v_i$ 出发，在访问了 $v_i$ 之后依次访问 $v_i$ 的所有邻接点；然后分别从这些邻接点出发按广度优先搜索遍历图的其他顶点，直至所有顶点都被访问过。

下面以图7.13(a)为例说明广度优先搜索的过程。首先从起点 $v_1$ 出发,访问 $v_1$。$v_1$ 有两个未曾访问的邻接点 $v_2$、$v_3$,先访问 $v_2$,再访问 $v_3$;然后再访问 $v_2$ 的未曾访问的邻接点 $v_4$、$v_5$ 及 $v_3$ 未曾访问过的邻接点 $v_6$、$v_7$,最后访问 $v_4$ 的未曾访问过的邻接点 $v_8$。至此图中所有顶点均已被访问过。得到的顶点访问序列为:

$$v_1 \rightarrow v_2 \rightarrow v_3 \rightarrow v_4 \rightarrow v_5 \rightarrow v_6 \rightarrow v_7 \rightarrow v_8$$

**注意**:在广度优先搜索中,若对 $v_i$ 的访问先于 $v_j$,则对 $v_i$ 邻接点的访问也先于对 $v_j$ 邻接点的访问。因此,可采用队列来暂存那些刚被访问过,但可能还有未访问的邻接点的顶点。现在,我们以邻接矩阵作为图的存储结构,给出广度优先搜索遍历算法。

```
void bfs(GRAPH g,int k)                    /*从vk出发广度优先遍历图G,G用邻接矩阵表示*/
{  r=0;f=0;                                /*置空队列qu[],f和r分别是头指针和尾指针*/
   printf(" %c\n",g.vexs[k]);              /*访问出发点vk*/
   visited[k]=1;                           /*标记vk已访问过*/
   r++;qu[r]=k;                            /*已访问过的顶点(序号)入队列*/
   while(r!=f)                             /*队非空时执行*/
   {  f++;i=qu[f];                         /*队头元素序号出队列*/
      for(j=1;j<=n;j++)
            if((g.arcs[i][j]==1)&&(!visited[j]))
       {  printf(" %c\n",g.vexs[j]);       /*访问vi的未曾访问的邻接点vj*/
          visited[j]=1;
          r++;qu[r]=j;                     /*访问过的顶点入队列*/
       }/*if*/
   }/*while*/
}/*bfs*/
```

分析上述过程,每个顶点进一次队列,所以算法BFS的外循环次数、内循环次数均为 $n$ 次,故算法BFS的时间复杂度为 $O(n^2)$;若采用邻接表存储结构,广度优先搜索遍历图的时间复杂度与深度优先遍历是相同的。

# 7.4 图的连通性问题

求图的连通分量和生成树问题,都是图的遍历的应用实例。

## 7.4.1 无向图的连通分量和生成树

### 1. 无向图的连通分量

作为遍历图的应用举例,下面我们来讨论如何求图的连通分量。无向图中的极大连通子图称为连通分量。求图的连通分量的目的,是为了确定从图中的一个顶点是否能到达图中的另一个顶点,也就是说,图中任意两个顶点之间是否有路径可达。这个问题从图上可以直观地看出答案,然而,一旦把图存入计算机中,答案就不大清楚了。

对于连通图,从图中任一顶点出发遍历图,可以访问到图的所有顶点,即连通图中任意两顶点间都是有路径可达的。

对于非连通图,从图中某个顶点v出发遍历图,只能访问到包含顶点v的那个连通分量中的所有顶点,而访问不到别的连通分量中的顶点。这就是说,在连通分量中的任意一对顶点之间都有路径，但是如果 $v_i$ 和 $v_j$ 分别处于图的不同连通分量之中，则图中就没有从 $v_i$ 到 $v_j$ 的路径，即从 $v_i$ 不可达 $v_j$。因此，只要求出图的所有连通分量，就可以知道图中任意两顶点之间是否有路径可达。

**2. 生成树(Spanning Tree)**

设图 G=(V,E)是个连通图，当从图中任意一顶点出发遍历图 G 时，将边集 E(G)分成两个集合 A(G)和 B(G)。其中 A(G)是遍历图时所经过的边的集合，B(G)是遍历图时未经过的边的集合。显然，G′=(V,A)是图 G 的子图。我们称子图 G′是连通图 G 的生成树。

如对图 7.13(a)，按深度和广度优先搜索法进行遍历就可以得到图 7.14 所示的两种不同的生成树，并分别称为深度优先生成树和广度优先生成树。因此图的生成树是不唯一的。

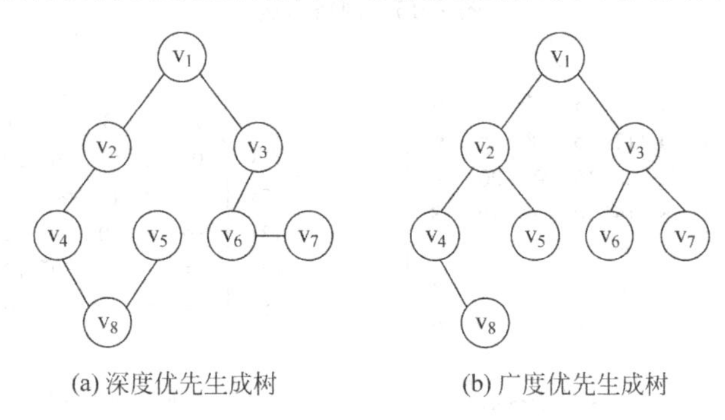


(a) 深度优先生成树　　(b) 广度优先生成树

图 7.14　生成树示例

对于有 $n$ 个顶点的连通图，至少有 $n-1$ 条边，而生成树中恰好有 $n-1$ 条边，所以连通图的生成树是该图的极小连通子图(即连通分量)。

### 7.4.2　有向图的强连通分量

有向图中的极大强连通子图称为该有向图的强连通分量。

对于非连通图，若从图的每个连通分量中的一个顶点出发遍历图，就可以得到图的所有连通分量。因此，我们只要对图中的每个顶点进行检测，若已被访问过，则说明该顶点已落入图中某个已求得的连通分量中；若未曾访问过，则从该顶点出发按 DFS 或 BFS 遍历图，便可求得图的另一个连通分量。

### 7.4.3　最小生成树

**1. 网络的概念**

若将图的每条边都赋上一个权值，则称这种带权的图为网络。通常权是具有某种意义的数，例如可以表示两个顶点之间的距离、耗费等。如图 7.15 所示是两个网络的例子。

若 G=(V,E)是网，则邻接矩阵可定义为：

$$A[i][j]=\begin{cases} w_{ij} & \text{若}(v_i,v_j)\text{或}<v_i,v_j>\in E(G) \\ \infty & \text{若}(v_i,v_j)\text{或}<v_i,v_j>\in E(G) \\ 0 & \text{若}\ i=j \end{cases}$$

其中 $w_{ij}$ 表示边上的权值；∞表示一个计算机允许的、大于所有边上权值的数。

例如，图 7.15 的邻接矩阵如图 7.16 所示。

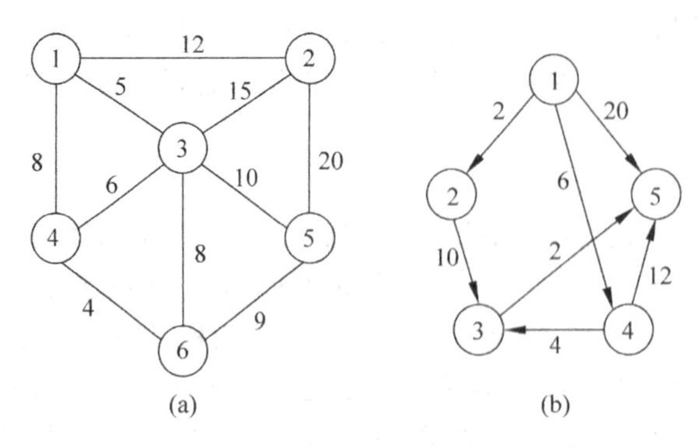


图 7.15　网络示例

|  | 1 | 2 | 3 | 4 | 5 | 6 |
|---|---|---|---|---|---|---|
| (1) | 0 | 12 | 5 | 8 | ∞ | ∞ |
| (2) | 12 | 0 | 15 | ∞ | 20 | ∞ |
| (3) | 5 | 15 | 0 | 6 | 10 | 8 |
| (4) | 8 | ∞ | 6 | 0 | ∞ | 4 |
| (5) | ∞ | 20 | 10 | ∞ | 0 | 9 |
| (6) | ∞ | ∞ | 8 | 4 | 9 | ∞ |

(a) 无向网络邻接矩阵

|  | 1 | 2 | 3 | 4 | 5 |
|---|---|---|---|---|---|
| (1) | 0 | 2 | ∞ | 6 | 20 |
| (2) | ∞ | 0 | 10 | ∞ | ∞ |
| (3) | ∞ | ∞ | 0 | ∞ | 2 |
| (4) | ∞ | ∞ | 4 | 0 | 12 |
| (5) | ∞ | ∞ | ∞ | ∞ | 0 |

(b) 有向网络邻接矩阵

图 7.16　网络的邻接矩阵示例

**2. 最小生成树(Minimum Cost Spanning Tree)的定义**

如果连通图是一个网络,称该网络中所有生成树中权值总和最小的生成树为最小生成树(也称最小代价生成树)。

图 7.17 中给出了图 7.16(a)的几棵生成树。其中图 7.17(a)的权为 46,图 7.17(b)的权为 53,图 7.17(c)的权为 36,可以证明图 7.17(c)为一棵最小生成树。

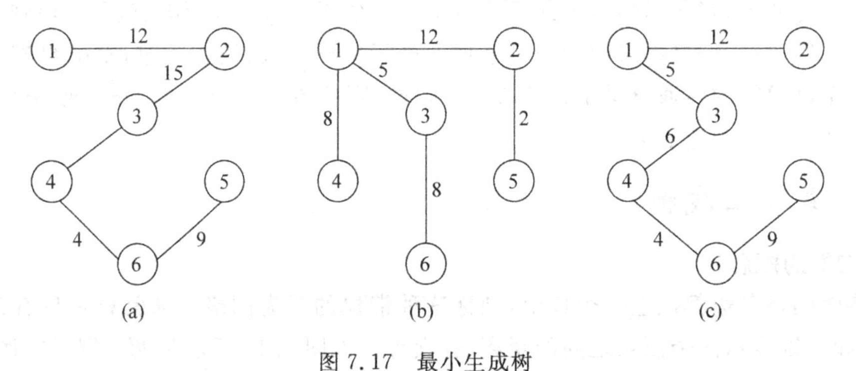


图 7.17　最小生成树

那么,为什么要求网络的最小生成树呢?

求网络的最小生成树是一个具有重大实际意义的问题。例如,要求沟通 $n$ 个城市之间的通信线路。可以把 $n$ 个城市看作图的 $n$ 个顶点,各个城市之间的通信线路看作边,相应的建设花费作为边的权,这样就构成了一个网络。由于在 $n$ 个城市之间,可行线路有 $(n\times(n-1))/2$ 条,那么选择其中的 $n-1$ 条线路(边)在 $n$ 个城市间建成全都能相互通信的网,并且使总的建设花费最小，这就是求该网络的最小生成树问题。

构造最小生成树的方法很多，其中大多数算法都利用了 MST 性质。

MST 性质：设 G=(V,E)是一个连通图，T=(T,TE)是正在构造的最小生成树。若边(u,v)是 G 中所有一端在 U 中而另一端在(U－T)中且具有最小权值的一条边，则存在一棵包含边(u,v)的最小生成树。(证明略)

普里姆算法和克鲁斯卡尔算法就是利用 MST 性质构造最小生成树的两种常用算法。

**3. 普里姆(Prim)算法**

基本思想如下：假设 G=(V,E)是连通网，T=(U,TE)为欲构造的最小生成树。

(1) 设 U(T)和 TE(T)的初值均为空；

(2) 从顶点集 V(G)中任取一顶点 $v_i$ 加入到顶点集 U(T)中；

(3) 从与 U(T)中各顶点相关联的所有边中，选取一条权值最小的边($v_i$,$v_j$)，其中 $v_i \in$ U(T)，$v_j \in$ E(T)－U(T)中；

(4) 将边($v_i$,$v_j$)并入 TE(T)，同时将 $v_i$ 并入 U(T)；

(5) 若 U(T)已满 $n$ 个顶点则算法终止，否则转(3)。

连通网用邻接矩阵 net 表示，若两个顶点之间不存在边，用一个权值大于任何边上权值的较大数 max 来表示不存在的边的长度。

数据类型定义和 Prim 算法描述如下：

```
typedef struct
{
   int begin,end;                        /* 边的起点和终点 */
   float length;                         /* 边的权值 */
}edge
float net[n][n];                         /* 连通网的带权邻接矩阵 */
edge tree[n-1];                          /* 生成树 */
void Prim(void)
{  /* 构造网 net 的最小生成树,u0 = 1 为构造出发点 */
   int j,k,m,v,min,max = 10000;
   float d;
   edge e;
   for(j = 1;j < n;j++)                  /* 初始化 tree[n-1] */
   {  tree[j-1].begin = 1;               /* 顶点 1 并入 U */
      tree[j-1].end = j+1
      tree[j-1].length = net[0][j];
   }
   for(k = 0;k < n-1;k++)                /* 求第 k+1 条边 */
   {  min = max;
      for(j = k;j < n-1;j++)
          if(tree[j].length < min)
          {   min = tree[j].length;
              m = j
          }
      e = tree[m];tree[m] = tree[k];tree[k] = e;
      v = tree[k].end;                   /* v∈U */
      for(j = k+1;j < n-1;j++)           /* 在新的顶点 v 并入 U 之后更新 tree[n-1] */
      {  d = net[v-1][tree[j].end-1];
```

```
            if(d<tree[j].length)
            {   tree[j].length=d;
                tree[j].begin=v;
            }
          }
      }
      for(j=0;j<n-1;j++)
          printf(" %d%d%f\n",tree[j].begin,tree[j].end,tree[j].length);
}/*Prim*/
```

求图 7.17 中网的最小生成树的 Prim 算法的执行过程如图 7.18 所示。

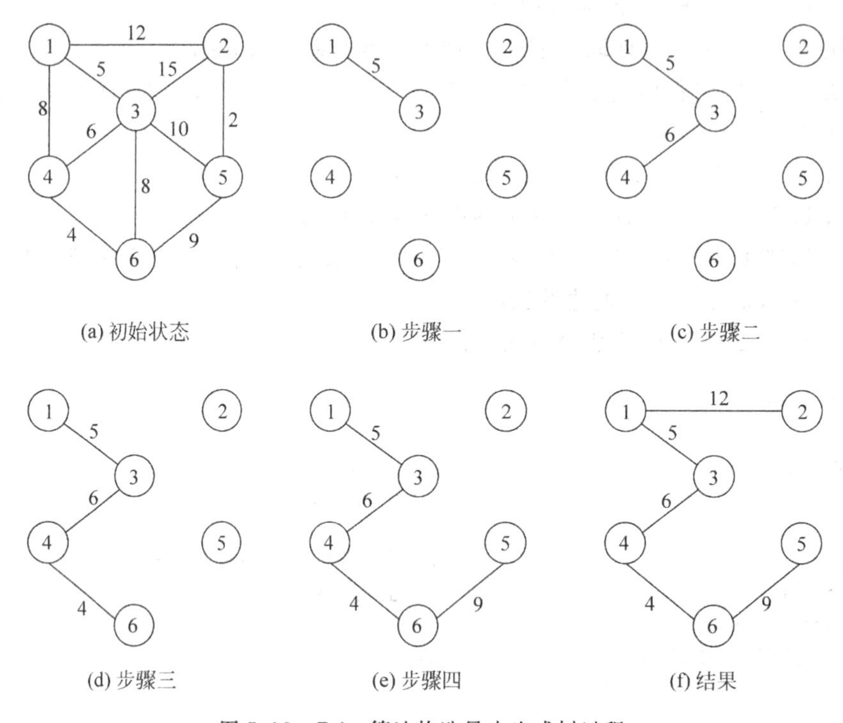


图 7.18　Prim 算法构造最小生成树过程

图 7.18(a)为一个网,此时 U={1},V-U={2,3,4,5,6};在和 1 相关联的所有边中,(1,3)为权值最小的边,因此取(1,3)为最小生成树的第一条边,如图 7.18(b)所示;此时 U={1,3},V-U={2,4,5,6},在和 1、3 相关联的所有边中,(3,4)为权值最小的边,取(3,4)为最小生成树的第二条边,如图 7.18(c)所示;现在 U={1,3,4},V-U={2,5,6},在和 1、3、4 相关联的所有边中,(4,6)的权值最小,取(4,6)为最小生成树的第三条边,如图 7.18(d)所示;这样,U={1,3,4,6},V-U={2,5},在所有和 1、3、4、6 相关联的边中,(6,5)为权值最小的边,取(6,5)为最小生成树的第 4 条边,如图 7.18(e)所示;U={1,3,4,6,5},V-U={2},U 中顶点和 2 相关联的权值最小的边为(1,2),取(1,2)为最小生成树的第 5 条边,如图 7.18(f)所示,则图 7.18(f)为最终得到的最小生成树。

Prim 算法初始化时,其时间复杂度为 $O(n)$,但 $k$ 循环内有两个循环语句,故这个循环的总时间为 $O(n^2)$,所以整个算法的时间复杂度是 $O(n^2)$。Prim 算法的运算量与网的边数有关,因此适合于求边稠密的网的最小生成树。

**4. 克鲁斯卡尔(Kruskal)算法**

构造最小生成树的另一个算法是一种按权值递增的次序来构造最小生成树的方法,是由 Kruskal 提出的。

基本思想为:假设 G=(V,E)是连通网,T=(U,TE)为欲构造的最小生成树。

(1) 初始时 U=V,TE=Φ,即 T 包含网 G 的全部顶点;

(2) 把 G 的边按权值升序排列;

(3) 从中选取权值最小边(u,v),若(u,v)并入 T 后不产生回路,则将(u,v)并入 T 中;重复此过程直到选出 $n-1$ 条边为止。

此算法可以简单描述如下:

```
T=(V,Φ);
while(T中所有边数<n-1)
{从E中选取当前最短边(u,v);
从E中删去边(u,v);
if((u,v)并入T之后不产生回路)将(u,v)并入T中;}
```

按此算法思想对图 7.16(a)进行处理,逐步形成最小生成树的过程如图 7.19 所示。

可以证明 Kruskal 算法的时间复杂度是 $O(e)$,其中 $e$ 是图 G 的边数。

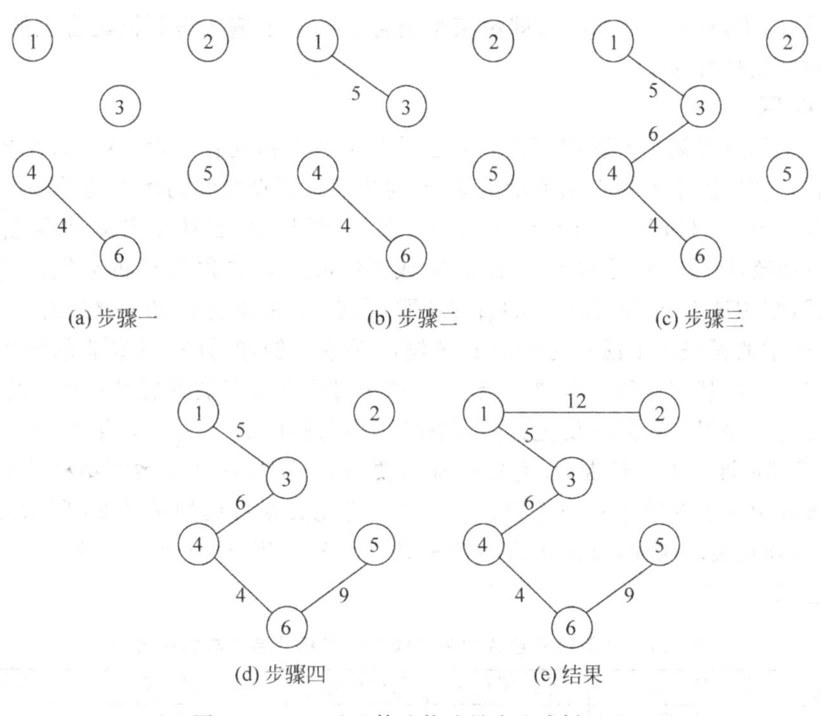


图 7.19　Kruskal 算法构造最小生成树过程

### 7.4.4　关节点和重连通分量

(1) 关节点(Articulation Point):如果在删去顶点 v 以及和 v 相关联的各边之后,将图的一个连通分量分割成两个或两个以上的连通分量,则称顶点 v 为该图的一个关节点。

(2) 重连通图(Biconnected Graph):一个没有关节点的连通图称为重连通图。

在重连通图上任意一对顶点之间至少存在两条路径,则在删去某一个顶点以及依附于该顶点的各边时也不会破坏图的连通性。若在连通图上至少删去 $k$ 个顶点才能破坏图的连通性,则称此图的连通度为 $k$。由此可见,一个图的连通度越高,其可靠性也就越高。关节点和重连通图在实际生活中有很多应用,如通信网络、航空网络、集成电路、运输网络等。

## 7.5 有向无环图及其应用

一个无环的有向图称为有向无环图(Directed Acycline Graph),简称 DAG 图。它是一类比有向树更一般的特殊有向图。常被用来描述含有公共子式的表达式,也是表述一项工程或系统进行过程的有效工具。一般的工程(Project)都可分为若干个子工程,即活动(Activity),这些子工程之间通常受一定条件的约束,例如某个子工程必须在另一个子工程完成之后才能开始等。对于整个工程或系统来说,人们最关心的问题是:工程能否顺利进行以及如何使工程尽早完成。对应于有向图,即为进行拓扑排序和关键路径的操作。下面将这个人们最关心的问题分两个方面分别讨论。

### 7.5.1 拓扑排序

拓扑排序(Topological Sort),即由某个集合上的一个偏序得到该集合上的一个全序,这个操作称为拓扑排序。

**1. AOV 网**

所有的工程或者某种流程都可以分为若干个小的工程或者阶段,称这些小的工程或阶段为“活动”。若以图中的顶点来表示活动,有向边表示活动之间的优先关系,则这样的有向图为 AOV(Activity On Vertex network)网。在 AOV 网中,若从顶点 $v_i$ 到顶点 $v_j$ 之间存在一条有向路径,称顶点 $v_i$ 是顶点 $v_j$ 的前驱,或者称顶点 $v_j$ 是顶点 $v_i$ 的后继。若 $<v_i, v_j>$ 是图中的弧,则称顶点 $v_i$ 是顶点 $v_j$ 的直接前驱,顶点 $v_j$ 是顶点 $v_i$ 的直接后继。

AOV 网中的弧表示了活动之间存在的制约关系。例如,计算机专业的学生必须完成一系列规定的专业基础课和专业课才能毕业,这个过程就可以被看成是一个大的工程,而活动就是学习每门课程。我们不妨把这些课程的名称与相应的代号列于表 7.1 中。其中 $C_1$、$C_{13}$ 是独立于其他课程的基础课,而有的课却需要有先行课(如学完数据结构才能学算法分析),前提条件规定了课程之间的优先关系。这种优先关系可用如图 7.20 所示的有向图来表示。其中,顶点表示课程,有向边表示前提条件。若课程 $v_i$ 为课程 $v_j$ 的先行课,则必然存在有向边 $<v_i, v_j>$。

表 7.1 计算机专业的学生必须完成课程的名称与相应代号

| 课程代号 | 课 程 名 | 先行课程名 | 课程代号 | 课 程 名 | 先行课程名 |
|---|---|---|---|---|---|
| $C_1$ | 计算机基础 | 无 | $C_9$ | 算法分析 | $C_3$ |
| $C_2$ | 程序设计 | $C_1$、$C_{14}$ | $C_{10}$ | Java | $C_3$、$C_4$ |
| $C_3$ | 数据结构 | $C_1$、$C_{14}$ | $C_{11}$ | 编译系统 | $C_{10}$ |
| $C_4$ | 汇编 | $C_1$、$C_{13}$ | $C_{12}$ | 操作系统 | $C_{11}$ |
| $C_5$ | 自动控制 | $C_{15}$ | $C_{13}$ | 专业英语 | 无 |
| $C_6$ | 人工智能 | $C_3$ | $C_{14}$ | 微积分 | $C_{13}$ |
| $C_7$ | 图形学 | $C_3$、$C_4$、$C_{10}$ | $C_{15}$ | 线性代数 | $C_{14}$ |
| $C_8$ | 微机原理 | $C_4$ | | | |

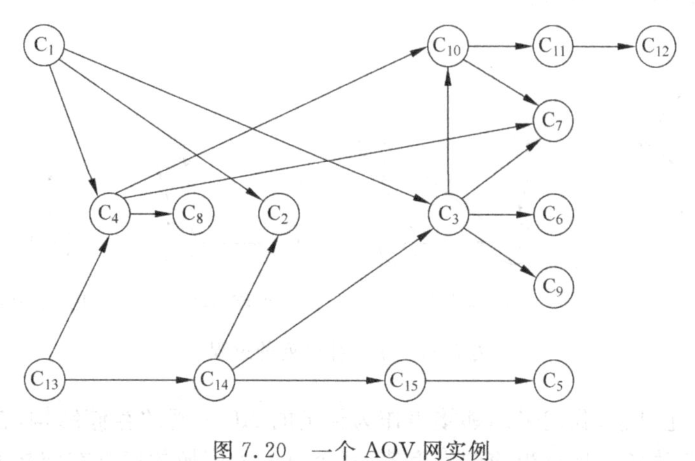


图 7.20　一个 AOV 网实例

显然,任何一个可执行程序也可以划分为若干个程序段(或若干语句),由这些程序段组成的流程图也是一个 AOV 网。

**2. 拓扑排序**

对于 AOV 网,一项十分重要和有意义的工作是分析由网所表示的工程是否可行,也就是判断网中是否存在有向回路。因为,网中的弧所表示的优先关系是可传递的,若网中存在有向回路,则回路上的顶点所代表的活动将以其自身为先决条件,即在这些活动开始之前,它们已经完成。显然,这是不可能的,是荒谬的。因此,AOV 网中不能出现有向回路,否则它所表示的工程将是不可行的,它所表示的程序将出现死循环。

对于给定的一个 AOV 网,应首先判断其中是否存在有向回路。检测有向回路的办法是构造 AOV 网中所有顶点的线性序列$(\cdots,v_i,\cdots,v_k,\cdots,v_j,\cdots)$。这种线性序列具有这样的性质:在网中,若顶点 $v_i$ 是顶点 $v_j$ 的前驱,则在线性序列中,$v_i$ 的位置应在 $v_j$ 的前面;对于网中没有优先关系的两个顶点,即没有弧相连的顶点间,例如 $v_i$ 和 $v_k$ 之间,也建立起先后关系,或者 $v_i$ 在前,或者 $v_k$ 在前。我们把具有这种性质的线性序列称为拓扑有序序列。对 AOV 网构造拓扑有序序列的运算称为拓扑排序。

若 AOV 网有环,则找不到该网的拓扑有序序列。反之,任何无环有向图,其所有顶点都可以排在一个拓扑有序序列里。一个 AOV 网的拓扑有序序列不是唯一的。例如,图 7.20 的两种拓扑有序序列如下:

$$(C_1,C_{13},C_4,C_8,C_{14},C_{15},C_2,C_3,C_{10},C_{11},C_{12},C_9,C_6,C_7,C_5)$$

$$(C_1,C_{13},C_4,C_8,C_{14},C_{15},C_5,C_2,C_3,C_{10},C_7,C_{11},C_{12},C_6,C_9)$$

对 AOV 网进行拓扑排序的方法和步骤如下:

(1) 从 AOV 网中选择一个没有前驱的顶点(该顶点的入度为 0)并且输出它;

(2) 从网中删去该顶点,并且删去该顶点发出的全部有向边;

(3) 重复上述两步,直到剩余网中不再存在没有前驱的顶点为止。

操作的结果有两种:一种是网中全部顶点都被输出,这说明网中不存在有向回路,拓扑排序成功;另一种是网中顶点未被全部输出,剩余的顶点均有前趋顶点,这说明网中存在有向回路,不存在拓扑有序序列。图 7.21 给出了一个 AOV 网实施上述步骤的例子。这样得到一个拓扑序列(1,2,4,3,5)。

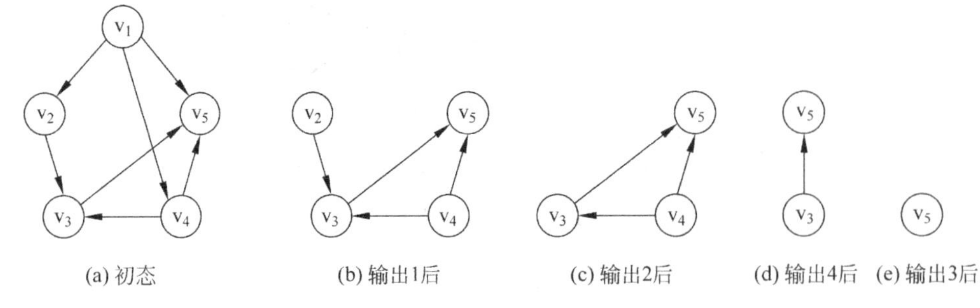


图 7.21　求拓扑序列的过程

为了实现上述思想,我们采用邻接表作为给定的 AOV 网的存储结构,在表头结点增设一个入度域,以存放各个顶点当前的入度值,每个点的入度域的值都在邻接表动态生成过程中累计得到,由图 7.21 的 AOV 网生成的邻接表如图 7.22(a)所示。

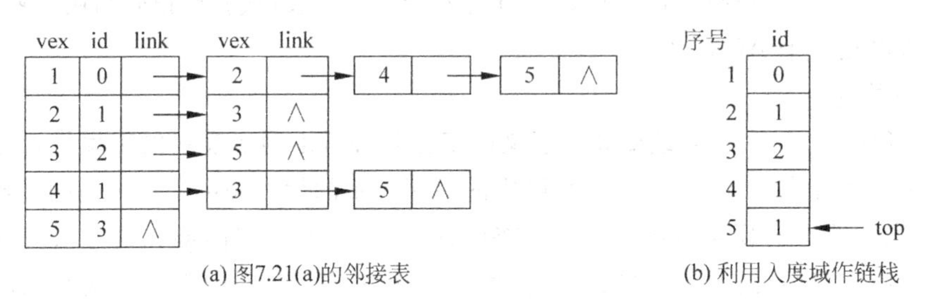


图 7.22　AOV 网的邻接表表示

为了避免在每一步选入度为零的顶点时重复扫描表头数组,将表头数组中入度为零的顶点域作为链栈域,存放下一个入度为零的顶点序号,零表示栈底,栈顶指针为 top,寄生在表头数组的入度域中的入度为零的顶点链表如图 7.22(b)所示。

栈顶指针 top=5 指出 $v_5$ 的入度为 3、$v_6$ 的入度域为 1,指出下一个入度为零的顶点是 $v_1$,$v_1$ 的入度为零表示 $v_1$ 是栈底。

根据上面的叙述,我们得到以邻接链表作为存储结构的拓扑排序算法如下:

(1) 扫描顶点表,将入度为零的顶点入栈;

(2) While(栈非空)

{将栈顶点 $v_j$ 弹出并输出之;
在邻接链表中查找 $v_j$ 的直接后继 $v_k$,把 $v_k$ 的入度减 1,若 $v_k$ 的入度为 0 则进栈;}

(3) 若输出的顶点数小于 $n$,则输出"有回路";否则拓扑排序正常结束。

下面给出拓扑排序算法。

```
typedef struct node
{
    int vex;
    struct node link;
}edgenode
typedef struct vnode
```

```
{
    int id;
    struct node link;
}vexnode;
void toposort(vexnode dig[])                  /* AOV 网的邻接表 */
{
    edgenode *p;
    top = 0;m = 0;
    for(i = 1;i < n + 1;i++)                  /* 入度为零的顶点进栈 */
        if(dig[i].id == 0){dig[i].id = top; top = i;}
    while(top > 0)
    {   j = top;top = dig[top].id;
        printf(" %d",j);                      /* 删除入度为零的顶点并输出 */
        m++;p = dig[j].link;
         while (p!= NULL)
         {   k = p -> vex;
             dig[k].id--;                     /* 把以 vj 为尾的弧的头顶点 vk 的入度减 1 */
             if(dig[k] == 0){dig[k].id = top;top = k;}
             p = p -> link;
         }
    }
   if(m < n)printf(" \n The network has a cycle. \n");
}/* toposort */
```

根据此算法对图 7.22 所示的邻接表进行处理，所得拓扑有序序列为(1,2,4,3,5)。

对一个具有 $n$ 个顶点、$e$ 条边的网来说，初始建立入度为零的顶点栈，要检查所有顶点一次，执行时间为 $O(n)$；排序中，若 AOV 网无回路，则每个顶点入、出栈各一次，每个表结点被检查一次，因而执行时间是 $O(n+e)$。所以，整个算法的时间复杂度是 $O(n+e)$。

### 7.5.2 关键路径

与 AOV 网相对应的是 AOE 网。若在带权的有向图中，以顶点表示事件，以有向边表示活动，边上的权值表示活动的开销(如该活动持续的时间)，则此带权的有向图称为边表示活动的网，简称 AOE 网。

关键路径(Critical Path)：从开始结点到完成结点的路径长度最长的路径。

关键活动：关键路径上的所有活动。

求关键路径的步骤如下。

(1) 从开始顶点出发，计算各事件的最早开始时间，令 ve(1)=0，按拓扑有序求其余各顶点的最早开始时间。

$$ve[k] = \max\{ve[j] + dut()\} \quad j \in T$$

其中 T 是以顶点 $v_k$ 为头的所有弧的尾顶点的集合($2 \leqslant k \leqslant n$)。如果得到的拓扑有序序列中的顶点个数小于网中的顶点数 $n$，则说明该网中存在回路，不能求关键路径，算法终止，否则继续执行步骤(2)。

(2) 从结束顶点 $v_n$ 出发，计算各事件的最晚开始时间。令 $vl[n]=ve[n]$，按拓扑逆序求其余各顶点的最晚开始时间。

$$vl[j] = \min\{vl[k] - dut()\} \quad k \in S$$

其中S是以顶点 $v_j$ 为尾的所有弧的头顶点的集合($1 \leqslant j \leqslant n-1$)。

(3) 根据各事件的ve值和vl值,求每个活动的最早开始时间 $e[i]=ve[j]$、最晚开始时间 $vl[i]=vl(k)-dut(<j,k>)$,满足 $e(i)=l(i)$ 条件的所有活动即为关键活动。

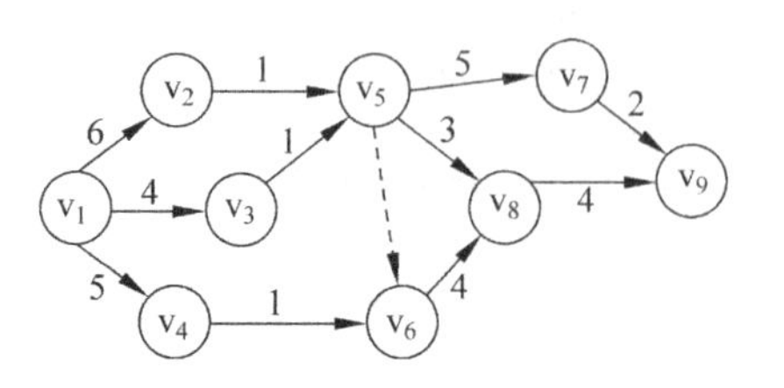


图 7.23 某工程的AOE网

例如,某工程的AOE网如图7.23所示,求①整个工程完工需要多长时间,②关键路径。说明:图中的虚线仅表示事件的先后关系,不代表具体活动。

分析:按照拓扑有序排列顶点,然后"从前往后"计算事件的最早发生时间得到总时间,再"从后往前"计算事件的最晚发生时间,最后计算活动的最早和最晚开始时间得到关键活动和关键路径。

**表7.2 关键路径**

| 事　件 | 最早发生时间ve | 最晚发生时间vl | 活动 | 最早开始时间e | 最晚开始时间l |
|---|---|---|---|---|---|
| $v_1$ | 0 | 0 | a(1,2) | 0 | 0 |
| $v_2$ | 6 | 6 | a(1,3) | 0 | 2 |
| $v_3$ | 4 | 6 | a(1,4) | 0 | 1 |
| $v_4$ | 5 | 6 | a(2,5) | 6 | 6 |
| $v_5$ | 7 | 7 | a(3,5) | 4 | 6 |
| $v_6$ | 7 | 7 | a(4,6) | 5 | 6 |
| $v_7$ | 12 | 13 | a(5,6) | 7 | 7 |
| $v_8$ | 11 | 11 | a(5,7) | 7 | 8 |
| $v_9$ | 15 | 15 | a(5,8) | 7 | 8 |
| | | | a(6,8) | 7 | 7 |
| | | | a(7,9) | 12 | 13 |
| | | | a(8,9) | 11 | 11 |

所以,工程完工需要的时间为15,关键路径是1→2→5→6→8→9。

## 7.6 最短路径

关于图中两个顶点间的最短路径问题,是图结构的又一项重要的实际应用。例如,若我们用顶点表示城市,边表示城市间的公路,则由这些顶点和边组成的图便可用来表示沟通各城市的公路网,并且还可以对边加上权值,用以表示两城市间的距离、走过这段公路所需要的时间,或者这段路程的车票票价等。对于驾驶员或乘客来说,若他要从A城前往B城,自然需要知道下列问题:

(1) 从A城到B城有公路吗?

(2) 从A城到B城若有多条公路,那么哪一条公路最短、行车时间最少,或车费最省?

这就是我们将要讨论的最短路径问题。请注意,这里所说的路径长度是指路径上各边的权值之和,而不是边的数目。考虑到单向公路的方向性,我们讨论有向图,并且把路径的起始顶点称为源点,把路径的最后一个顶点称为终点。

### 7.6.1 求某一源点到其余各顶点的最短路径

设有一个有向图 G=(V,E),图 G 中各条边上的权由一个权函数 WG(e)给定,源点已知。问题是求从源点到图中其余各顶点间的最短路径。

现以图 7.24(a)中的有向图为例,图中各条边上所标的数字为边具有的权值。若 $v_0$ 为源点,则从 $v_0$ 到 $v_1$ 的最短路径是$<v_0,v_2,v_3,v_1>$,其长度为 2+3+4=9。虽然这条路径由三条边组成,但它仍然比路径$<v_0,v_1>$要短,$<v_0,v_1>$的长度为 10。从 $v_0$ 到 $v_2$ 的最短路径是$<v_0,v_2>$,长度为 2。从 $v_0$ 到 $v_3$ 的最短路径是$<v_0,v_2,v_3>$,长度为 5。从 $v_0$ 到 $v_4$ 的最短路径是$<v_0,v_4>$,长度为 9。

如图 7.24(b)所示为从 $v_0$ 到 $v_1$、$v_2$、$v_3$、$v_4$ 的最短路径。

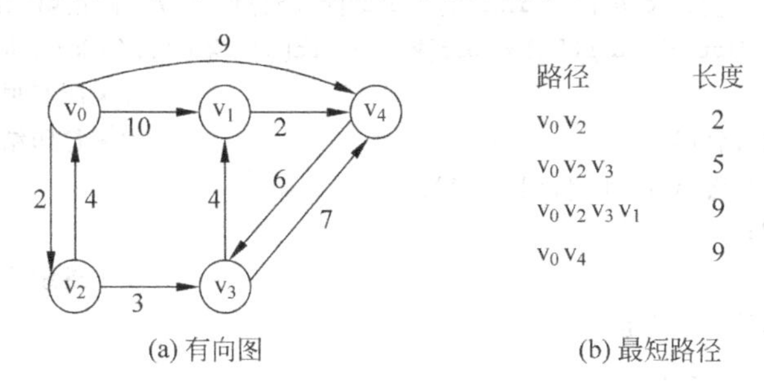


| 路径 | 长度 |
|---|---|
| $v_0 v_2$ | 2 |
| $v_0 v_2 v_3$ | 5 |
| $v_0 v_2 v_3 v_1$ | 9 |
| $v_0 v_4$ | 9 |

(a) 有向图 (b) 最短路径

图 7.24 有向图 G 及 G 中从 $v_0$ 到其他各顶点的最短路径

对于如何确定有向图的最短路径,迪杰斯特拉(Dijkstra)于 1959 年提出了一个新算法,这个算法的基本思想是:把图中所有顶点分成两组,第一组为已确定了最短路径的顶点,第二组为尚未确定最短路径的顶点,按最短路径长度非递减次序逐个把第二组中的顶点加到第一组中去,直至把从源点出发可以到达的所有顶点都加到第一组中为止。在此过程中,始终保持从源点到第一组中各顶点的最短路径长度都不大于从源点到第二组的任何顶点的最短路径长度。一般认为这是求最短路径的一个较有效的算法。下面就来具体介绍这个算法。

假设有向图 G 的 $n$ 个顶点为 $1\sim n$,并用邻接矩阵 cost 表示,若$<v_i,v_j>$是图 G 中的边,则 cost[$i$][$j$]的值等于边所带的权;若$<v_i,v_j>$不是图 G 中的边,则 cost[$i$][$j$]等于一个很大的数,用∞表示;若 $i=j$,则 cost[$i$][$j$]=0。另外,设置三个数组 S[$n$]、dist[$n$]、pre[$n$]。S 用以标记那些已经找到最短路径的顶点,若 S[$i-1$]=1,则表示已经找到源点到顶点 $i$ 的最短路径;若 S[$i-1$]=0,则表示从源点到顶点 $i$ 的最短路径尚未求得。dist[$i-1$]用来记录源点到顶点 $i$ 的最短路径。pre[$i-1$]表示从源点到顶点 $i$ 的最短路径上该点的前驱顶点,若从源点到该顶点无路径,则用 0 作为其前一个顶点序号。算法描述如下:

```
void Dijkstra(float cost[][n],int v)
{ /*求源点 v 到其余顶点的最短路径及其长度,cost 为有向网的带权邻接矩阵*/
  /*设 max 值为 32 767,代表一个很大的数*/
    v1 = v - 1
    for(i = 0;i<n;i++)
    {   dist[i] = cost[v1][i];                                  /*初始化 dist*/
        if(dist[i]< max)pre[i] = v;else pre[i] = 0;
```

```
    }
    pre[v1] = 0;
    for(i = 0;i<n;i++)
          S[i] = 0                                   /* 第一组开始为空集 */
    S[v1] = 1;                                       /* 源点 v 并入第一组 */
    for(j = 0;j<n;j++)                               /* 扩充第一组 */
    {  min = max;
       for(j = 0;j<n;j++)
           if(!S[j]&&(dist[j]<min)){min = dist[j];k = j;}
       S[k] = 1;                                     /* 将 k+1 加入第一组 */
       for(j = 0;j<n;j++)
           if(!S[j]&&(dist[j]>dist[k] + cost[k][j]))    /* 修正第二组各顶点的距离值 */
           {   dist[j] = dist[k] + cost[k][j];pre[j] = k + 1;}/* k+1 是 j+1 的前驱 */
    }                                                  /* 所有顶点均已扩充到 S 中 */
    for(j = 0;j<n;j++)                                 /* 打印结果 */
    {  printf(" %f\n%d",dist[i],i+1);
       p = pre[i];
       while(p!= 0)                                    /* 继续找前驱顶点 */
       {  printf(" <%d",p);
          p = pre[p-1];
       }
    }
}/* Dijkstra */
```

例如,求图7.24(a)所示的有向网的单源最短路径,若源点为 $v_0$,邻接矩阵 cost 如图7.25所示,则运算执行过程中 S、dist 及 pre 的变化状况如表7.3所示。

$$
\begin{array}{c} \\ (1) \\ (2) \\ (3) \\ (4) \\ (5) \end{array}
\begin{array}{c}
\begin{array}{ccccc} 1 & 2 & 3 & 4 & 5 \end{array} \\
\left(\begin{array}{ccccc}
0 & 10 & 2 & \infty & 9 \\
\infty & 0 & 3 & \infty & 2 \\
4 & \infty & 0 & 3 & \infty \\
\infty & 4 & \infty & 0 & 7 \\
\infty & \infty & \infty & 6 & 0
\end{array}\right)
\end{array}
$$

图7.25 图7.24(a)中有向图的邻接矩阵

**表7.3 Dijkstra 算法的动态执行情况**

| 循环 | S | K+1 | dist[0]…dist[4] | | | | | pre[0]…pre[4] | | | | |
|---|---|---|---|---|---|---|---|---|---|---|---|---|
| 初始化 | {1} | —— | 0 | 10 | 2 | max | 9 | 0 | 1 | 1 | 0 | 1 |
| 1 | {1,3} | 3 | 0 | 10 | 2 | 5 | 9 | 0 | 1 | 1 | 3 | 1 |
| 2 | {1,3,4} | 4 | 0 | 9 | 2 | 5 | 9 | 0 | 4 | 1 | 3 | 1 |
| 3 | {1,3,4,2} | 2 | 0 | 9 | 2 | 5 | 9 | 0 | 4 | 1 | 3 | 1 |
| 4 | {1,3,4,2,5} | 5 | 0 | 9 | 2 | 5 | 9 | 0 | 4 | 1 | 3 | 1 |

由表7.3容易看出,Dijkstra 算法的时间复杂度为 $O(n^2)$。

### 7.6.2 每一对顶点之间的最短路径

假设有一张铁路运输网络,边$(v_i,v_j)$上的权表示从站点 $v_i$ 到站点 $v_j$ 的票价。现在要造一份火车票价表,标明任意一个站到另一个站所需的最少票价。这就是求每对顶点间最短路径问题的一个实例,解决问题有以下两种方法。

方法一:每次以图中的一个顶点作为源点,反复调用迪杰斯特拉(Dijkstra)算法,便可求得图中每一对顶点间的最短路径。对有 $n$ 个顶点的有向图,执行 Dijkstra 算法一次需时间 $O(n^2)$,现要调用 $n$ 次,故总所需时间为 $O(n^3)$。

方法二:1962 年,弗洛伊德(Floyd)提出了另一种算法。

基本思想是:在从任一顶点 $v_i$ 到 $v_j$ 的路径上,每次增加一个顶点 $v_k(k=0,1,2,\cdots,n-1)$,然后,比较增加 $v_k$ 后的路径是否比原来的路径短,取其中短者作为从 $v_i$ 到 $v_j$ 的当前最短路径。当 $k$ 从取值 0 到取值 $n-1$,经过 $n$ 次这样的比较后,最终求得的就是任意两顶点 $v_i$ 到 $v_j$ 间的最短路径。

这种算法仍用邻接矩阵 cost 表示带权有向图。如果从 $v_i$ 到 $v_j$ 有弧,则从 $v_i$ 到 $v_j$ 存在一条长度为 cost[$i$][$j$]的路径,该路径不一定是最短路径,需要进行 $n$ 次试探。首先考虑路径$(v_i,v_0,v_j)$是否存在,即判别弧$<v_i,v_0>$和$<v_0,v_j>$是否存在,如果存在,则比较$<v_i,v_1,v_j>$和$<v_i,v_j>$的路径长度,取较短者为从 $v_i$ 到 $v_j$ 的中间顶点序号不大于 0 的最短路径。在路径上再增加一个顶点 $v_1$,若$(v_i,\cdots,v_1)$和$(v_1,\cdots,v_j)$分别是当前找到的中间顶点序号不大于 0 的最短路径,则$(v_i,\cdots,v_1,\cdots,v_j)$就有可能是从 $v_i$ 到 $v_j$ 的中间顶点的序号不大于 1 的最短路径。将它和已经得到的从 $v_i$ 到 $v_j$ 的中间顶点序号不大于 0 的最短路径相比较,从中选出长度较短者作为从 $v_i$ 到 $v_j$ 的中间顶点序号不大于 1 的最短路径之后,再增加一个顶点 $v_2$,继续进行试探,以此类推。在一般情况下,若$(v_i,\cdots,v_k)$和$(v_k,\cdots,v_j)$分别是从 $v_i$ 到 $v_k$ 和从 $v_k$ 到 $v_j$ 的中间顶点序号不大于 $k-1$ 的最短路径,则将$(v_i,\cdots,v_k,\cdots,v_j)$和已经得到的 $v_i$ 到 $v_j$ 且中间顶点序号不大于 $k-1$ 的最短路径相比较,取其长度较短者作为从 $v_i$ 到 $v_j$ 的中间顶点序号不大于 $k$ 的最短路径。如此重复,经过 $n$ 次比较后,最后求得的必是从 $v_i$ 到 $v_j$ 的最短路径。用此方法,可同时求得每对顶点间的最短路径。

综上所述,弗洛伊德算法的基本思想是递推地产生一个矩阵序列:A(−1),A(0),A(1),…A($k$),…A($n$−1),其中:

$$A^{(-1)}[i][j] = \text{cost}[i][j]$$

$$A^{(k)}[i][j] = \text{Min}\{A^{(k-1)}[i][j], A^{(k-1)}[i][k] + A^{(k-1)}[k][j]\} (1 \leqslant k \leqslant n-1)$$

由上述公式可以看出,$A^{(1)}[i][j]$是从 $v_i$ 到 $v_j$ 中间顶点序号不大于 1 的最短路径长度;$A^{(k)}[i][j]$是从 $v_i$ 到 $v_j$ 中间顶点序号不大于 $k$ 的最短路径长度;$A^{(n-1)}[i][j]$是从 $v_i$ 到 $v_j$ 的最短路径长度。还设置一个矩阵 path,path[$i$][$j$]是从 $v_i$ 到 $v_j$ 中间顶点序号不大于 $k$ 的最短路径上 $v_i$ 的一个邻接顶点的序号,约定若 $v_i$ 到 $v_j$ 无路径时 path[$i$][$j$]=0。由 path[$i$][$j$]的值,可以得到从 $v_i$ 到 $v_j$ 的最短路径。算法描述如下:

```
int path[n][n]          /* 路径矩阵 */
void Floyd(float A[][n],cost[][n]);
{ /* A 是路径长度矩阵,cost 是有向网 G,max = 32 767 代表一个很大的数 */
```

```
for(i = 0;i < n;i++)      /* 设置 A 和 path 的初值 */
     for(j = 0;j < n;j++)
     {   if(cost[i][j]< max)path[i][j] = j;   /* j 是 i 的后继 */
         else {path[i][j] = 0;A[i][j] = cost[i][j];
     }
for(k = 0;k < n;k++)
     /* 做 n 次迭代,每次均试图将顶点 k 扩充到当前求得的从 i 到 j 的最短路径上 */
   for(i = 0;i < n;i++)
      for(j = 0;j < n;j++)
            if(A[i][j]>(A[i][k] + A[k][j]))/* 修改长度和路径 */
            {    A[i][j] = A[i][k] + A[k][j];path[i][j] = path[i][k];}
for(i = 0;i < n;i++)                  /* 输出所有顶点对 i,j 之间的最短路径的长度及路径 */
  for(j = 0;j < n;j++)
  {   printf(" %f",A[i][j]);          /* 输出最短路径的长度 */
        next = path[i][j];            /* next 为起点 i 的后继顶点 */
        if(next == 0)                 /* i 无后继表示最短路径不存在 */
            printf(" %d to %d no path.\n",i + 1,j + 1);
        else                          /* 最短路径存在 */
        {   printf(" %d",i + 1);
            while(next!= j + 1)       /* 打印后继顶点,然后寻找下一个后继顶点 */
            {   printf(" -> %d",.next);next = path[next - 1][j];}
            printf(" ->%d\n",j + 1);
        }/* else */                   /* 打印终点 */
    }/* for */
}/* Floyd */
```

以图 7.24(a)中的有向网络为例实施下述算法,迭代过程中 A 和 path 的变化及其最终输出的结果见图 7.26。其中 A(−1)=cost,∞在机内表示为 max。对此例而言,迭代时有 A(4)=A(3)、path5=path4,因此表中省略了 A(4)和 path5。算法输出的结果是由最终的路径长度矩阵 A(4)和路径矩阵 path5 求得的。

$$A^{(-1)}=\begin{pmatrix} 0 & 10 & 2 & \infty & 9 \\ \infty & 0 & 3 & \infty & 2 \\ 4 & \infty & 0 & 3 & \infty \\ \infty & 4 & \infty & 0 & 7 \\ \infty & \infty & \infty & 6 & 0 \end{pmatrix} \qquad path_0=\begin{pmatrix} 0 & 1 & 2 & 0 & 4 \\ 0 & 1 & 2 & 0 & 4 \\ 0 & 0 & 2 & 3 & 0 \\ 0 & 1 & 0 & 3 & 4 \\ 0 & 0 & 0 & 3 & 4 \end{pmatrix}$$

$$A^{(0)}=\begin{pmatrix} 0 & 10 & 2 & \infty & 9 \\ \infty & 0 & 3 & \infty & 2 \\ 4 & 14 & 0 & 3 & 13 \\ \infty & 4 & \infty & 0 & 7 \\ \infty & \infty & \infty & 6 & 0 \end{pmatrix} \qquad path_1=\begin{pmatrix} 0 & 1 & 2 & 0 & 4 \\ 0 & 1 & 2 & 0 & 4 \\ 0 & 0 & 2 & 3 & 0 \\ 0 & 1 & 0 & 3 & 4 \\ 0 & 0 & 0 & 3 & 4 \end{pmatrix}$$

图 7.26　Floyd 算法的迭代过程和输出结果

$$A^{(1)}=\begin{pmatrix} 0 & 10 & 2 & \infty & 9 \\ \infty & 0 & 3 & \infty & 2 \\ 4 & 14 & 0 & 3 & 13 \\ \infty & 4 & 7 & 0 & 6 \\ \infty & \infty & \infty & 6 & 0 \end{pmatrix} \qquad path_2=\begin{pmatrix} 0 & 1 & 2 & 0 & 4 \\ 0 & 1 & 2 & 0 & 4 \\ 0 & 0 & 2 & 3 & 0 \\ 0 & 1 & 1 & 3 & 1 \\ 0 & 0 & 0 & 3 & 4 \end{pmatrix}$$

$$A^{(2)}=\begin{pmatrix} 0 & 10 & 2 & 5 & 9 \\ 7 & 0 & 3 & 6 & 2 \\ 4 & 14 & 0 & 3 & 13 \\ 11 & 4 & 7 & 0 & 6 \\ \infty & \infty & \infty & 6 & 0 \end{pmatrix} \qquad path_3=\begin{pmatrix} 0 & 1 & 2 & 2 & 4 \\ 2 & 1 & 2 & 2 & 4 \\ 0 & 0 & 2 & 3 & 0 \\ 1 & 1 & 1 & 3 & 1 \\ 0 & 0 & 0 & 3 & 4 \end{pmatrix}$$

$$A^{(3)}=\begin{pmatrix} 0 & 9 & 2 & 5 & 9 \\ 7 & 0 & 3 & 6 & 2 \\ 4 & 7 & 0 & 3 & 9 \\ 11 & 4 & 7 & 0 & 6 \\ 17 & 10 & 13 & 6 & 0 \end{pmatrix} \qquad path_4=\begin{pmatrix} 0 & 2 & 2 & 2 & 4 \\ 2 & 1 & 2 & 2 & 4 \\ 0 & 3 & 2 & 3 & 3 \\ 1 & 1 & 1 & 3 & 1 \\ 3 & 3 & 3 & 3 & 4 \end{pmatrix}$$

0 $v_0 \to v_0$
9 $v_0 \to v_2 \to v_3 \to v_1$
2 $v_0 \to v_2$
5 $v_0 \to v_2 \to v_3$
9 $v_0 \to v_4$
… …
17 $v_4 \to v_3 \to v_1 \to v_2 \to v_0$
10 $v_4 \to v_3 \to v_1$
13 $v_4 \to v_3 \to v_1 \to v_2$
6 $v_4 \to v_3$
0 $v_4 \to v_4$

(a) 路径长度矩阵序列　　(b) 路径矩阵序列　　(c) 输出结果

图 7.26 （续）

# 7.7 图的应用

**【例 7.1】** 城市之间运送货物的方案选择。

已知某省 8 个城市(A、B、C、D、E、F、G、H)公路交通路线分布图如图 7.27 所示。现有一辆货车从 A 市出发，给其他 7 个城市运送货物，请给出到达各个城市的一组顺序。

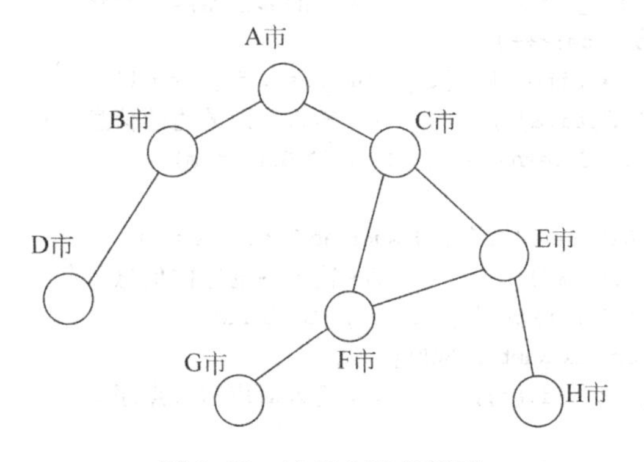


图 7.27 城市公路交通网

算法分析：该问题主要是求一条从A市出发到达各城市的一组序列，可用数据结构的图的存储和遍历来解决该问题。创建各城市连接图，利用图的遍历算法就可求出一条到其他各城市的序列。图可用邻接矩阵和邻接表来存储，利用图创建算法实现城市公路交通网的存储，再利用图的深度优先遍历或图的广度优先遍历算法就可解决该问题。算法的具体实现如下。

(1) 类型定义

```
#define VexNum 20                      /* 最多顶点个数 */
#define LEN 9                          /* 顶点名称的最大长度加1 */
typedef char VexType[LEN];             /* 顶点数据类型 */
typedef int EdgeType;                  /* 边数据类型 */
typedef struct
{  VexType vext[VexNum];
   EdgeType arcs[VexNum][VexNum];
   int vexnum,arcnum;                  /* 顶点个数和边数 */
}Mgraph;                               /* 图的邻接矩阵表示结构 */
```

(2) 算法

本案例的图为无向图，我们采用邻接矩阵表示它，用深度优先搜索遍历算法得到各个城市的一个序列。

```
Mgraph Create_Mgraph()
{  /* 邻接矩阵表示的无向图的创建 */
    int i,j,k;
    Mgraph G;
    printf("\nInput vex number: ");
    scanf("%d",&G.vexnum);             /* 输入顶点数 */
    printf("Input Edge number: ");
    scanf("%d",&G.arcnum);             /* 输入边数 */
    printf("Input %d vexs information such as Muqi kule kashi\n",G.vexnum);
    for(i=0;i<G.vexnum;i++)
          scanf("%s",G.vexs[i]);       /* 输入顶点 i 的信息 */
    for(i=0;j<VexNum;i++)
          for(j=0;j<VexNum;j++)
            G.arcs[i][j]=0;            /* 图的邻接矩阵初始化 */
    for(k=0;k<G.arcnum;k++)
    { printf("Input %d the edge (i,j) such as 3,5: ",k+1);
      scanf("%d,%d",&i,&j);            /* 输入图形的边的信息 */
      while(i<1 || i>G.vexnum || j<1 || j>G.vexnum)
    }
    printf("Input %d the edge (i,j) such as 3,5: ",k+1);
    scanf("%d,%d",&i,&j);              /* 输入图的边的信息 */
    while (i<1 ||i>G.vexnum || j<1 || j>G.vexnum)
    {  printf("Error Vex Number,Retry,i,j: ");
       scanf("%d,%d",&i,&j);           /* 输入对应边顶点序对 */
    }
    G.arcs[i-1] [j-1]=1;
    G.arcs[j-1] [i-1]=1;
    }
```

```
    return G;
}
void DFS_M(Mgraph G,int i)
{   /*邻接矩阵表示图进行深度优先遍历,从顶点 i 开始遍历*/
    int j;
    printf(" %s, ",G.vexs[i]);
    visited[i] = 1;
    for(j = 0;j < G.vexnum;j++)
        if((G.arcs[i] [j] == 1)&&(!visited[j]))
            DFS_M(G,j);
}
```

**【例 7.2】** *乡村公路网建设最经济方案的选择。*

有 6 个村(A、B、C、D、E、F)如图 7.28 所示,已知每两个村之间交通线的建造费用,要求建造一个连接 6 个村的交通网,使得任意两个村之间都可以直接或间接互达,要求使总的建造费用最小。问:如何建造 6 个村间的公路交通网?

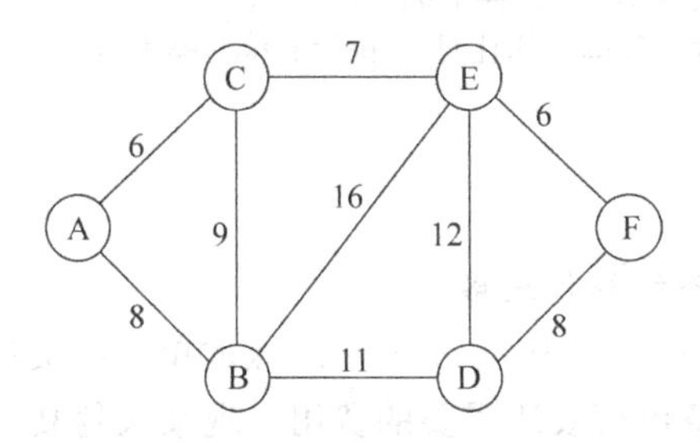


图 7.28 连接 6 个村的公路交通网

算法分析:该问题要求建立连接 6 个村的公路交通网,给出如图 7.28 所示的连接 6 个村的公路建设方案。要使建造费用最低,可将图中连接各村的公路建设费用视为距离长度,就可用带权无向图的最小生成树来求解。得出的最小生成树即为建设连接各村公路网的最经济的方案。可以采用普里姆算法求解。算法的具体实现如下。

(1) 类型定义

```
typedef char VexType[LEN];              /*顶点数据类型*/
typedef int EdgeType;                   /*边数据类型*/
typedef struct
{  VexType vext[VexNum];
   EdgeType arcs[VexNum][VexNum];
   int vexnum,arcnum;                   /*顶点个数和边数*/
}Mgraph;                                /*1 图的邻接矩阵表示结构定义*/
typedef struct
{   int adjvex;;                        /*集合 U 中的顶点(始点)*/
    int value;                          /*集合 U 中顶点到非 U 中的某个顶点的最小距离值*/
}InterEdge;
```

(2) 主要算法

```
int Min_SpanTree(Mgraph G,int u)
{/*最小生成树的普里姆算法,以 u 为起始点,求用邻接矩阵表示的图 G 的最小生成树,然后输出*/
    InterEdge ee[VexNum];
```

```
    int cc = 0,pp[VexNum * 2];
    int k = 0,i,j,sl,in;
    for(i = 0;i < G.vexnum;i++)
  {  ee[i].adjvex = u;
     ee[i].value = G.arcs[u] [i];
  }
     ee[u].value = 0;
   for(i = 1;i < G.vexnum;i++)        /* 求最小生成树的(n-1)条边,n 顶点数 G.vexnum */
   {  k = MinValue(ee,G.vexnum);
      sl = ee[k].adjvex;              /* 在一个顶点在 U 中,另一个顶点不在 U 中的边中,
                                         边(sl,k)是一条权值最小的边 */
      ee[k].value = 0;                /* 将顶点 k 加入到 U 中 */
      pp[cc] = sl;
    cc++;pp[cc] = k;cc++;             /* 将最小生成树的一条边(sl;k)记录到数组 pp 中 */
    for(j = 0;j < G.vexnum;j++)
        if(G.arcs[k][j]< ee[j].value)
        {  /* 调整最短路径,并保存下标 */
           ee[j].value = G.arcs[k][j];   ee[j].adjvex = k;
        }
   }
}
```

**【例 7.3】** 确定最经济的旅行线路。

已知如图 7.29 所示的 $v_1,v_2,\cdots,v_9$ 等 9 个地点的单行线交通网络图如图 7.29 所示,弧旁的数字表示驾车经过这条单行线所需要的费用。现某人驾驶汽车从 $v_1$ 出发,通过这个交通网到 $v_9$ 去,求驾车出行费用最经济的旅行路线。

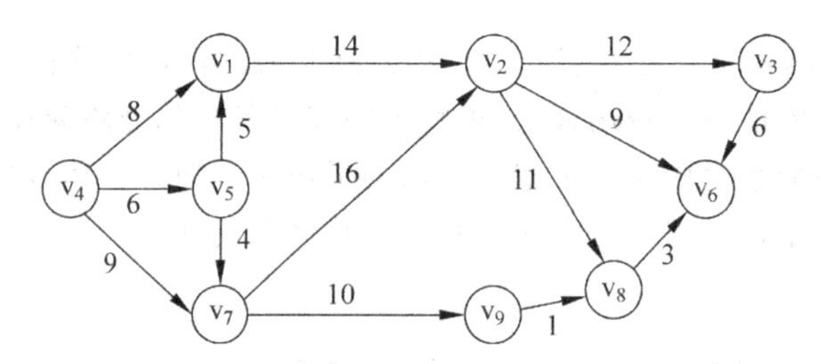


图 7.29　9 个地点交通网络图

算法分析:该问题是寻求一条从地点 $v_1$ 到地点 $v_8$ 之间的路径,由于从 $v_1$ 到 $v_8$ 之间存在多条路径,因此该问题其实是寻求一条从 $v_1$ 到 $v_8$ 之间最短的路径,因为单行线(弧)上的出行费用可理解为两地点之间的距离。因此该问题可转换为单源最短路径问题来解决。即求源点 $v_1$ 到其他地点的最短路径(即到 $v_8$ 最短路径)。算法的具体实现如下:

```
int ShortPath_MN(Mgraph G,int u)
{/* 以 u 为源点求到其他顶点的最短路径 */
 int path[VexNum];              /* path[i]是源点 u 到顶点 i 的最短路径上的顶点 i 的前驱顶点,
                                   据此可倒推找到最短路径上的各个顶点 */
 int k = 0,i,j;
 InterEdge dist[VexNum];        /* 最短距离值数组 */
 for(i = 0;i < G.vexnum;i++)
    {   if(G.arcs[u][i] == MAXINT
```

```
            path[i] = -1;
          else
              path[i] = u;
        dist[i].length = G.arcs[u][i];
        dist[i].flag = 0;
      }
  dist[i].length = 0;
  dist[i].flag = 1;
  for(i = 1;i < G.vexnum;i++)    /* 求 n - 1 个顶点的最短距离,n = G.vexnum */
     { k = MinValue(dist,G.vexnum);
       dist[k].flag = 1;
       for(j = 0;j < G.vexnum;j++)    /* 调整源点到其他各点的最短路径 */
         if(dist[j].flag == 0&&dist[k].length + G.arcs[k][j]< dist[j].length)
          { dist[j].length = dist[k].length + G.arcs[k][j];
            path[j] = k;
          }
     }
   /* 输出最短路径的升序,最短路径上的各个顶点,逆序输出 */
  printf(" \n The shortest path solution is (Path Length Path):\n");
  for(i = 0;i < G.vexnum;i = i + 1)
     { k = path[i];
       if(k == -1)
         printf("     %3c to    %3c No path\n",G.vexs[u],G.vexs[i]);
        else
          {  /* 最短路径的长度 dist[i].length,最短路径上的终点 G.vexs[i] */
             printf("     %3c to   %3c -> ",dist[i].length,G.vexs[i]);
             while(k!= u)
              { printf(" %3c  -> " , G.vexs[k]);
                k = path[k];                   /* 输出路径上的前驱顶点 */
              }
             printf(" %3c \n", G.vexs[u]);    /* 最短路径上的终点 */
          }
     }
}
```

【例 7.4】 统筹安排工程建设时间。

现有某单位的计算机机房建设工程,包含的子工程以及各子工程之间的关系如表 7.4 所示。由于资金和场地等条件限制,这些子工程必须一项一项地进行,不能有并行情况。请给出一种可行的安排这些子工程建设时间的一个线性序列,按照它的顺序依次进行各个工程的建设,以顺利完成整个工程。

**表 7.4 某单位计算机机房建设工程总表**

| 子工程代号 | 子工程名称 | 前序子工程 |
|---|---|---|
| $v_1$ | 总体设计 | 无 |
| $v_2$ | 工程招标 | 无 |
| $v_3$ | 机房建设 | $v_1$ $v_2$ |
| $v_4$ | 购买设备 | $v_1$ |
| $v_5$ | 购买软件 | $v_2$ |

续表

| 子工程代号 | 子工程名称 | 前序子工程 |
| --- | --- | --- |
| $v_6$ | 组网装机 | $v_3$ $v_4$ $v_5$ |
| $v_7$ | 软件调试 | $v_6$ |
| $v_8$ | 网络调试 | $v_6$ $v_7$ |
| $v_9$ | 工程验收 | $v_6$ $v_7$ $v_8$ |

算法分析：根据计算机机房建设工程表画出整个工程的各子工程间的 AOV 图。本例对应的 AOV 网如图 7.30 所示。那么整个工程顺利完成的一种可行方案的求解，就转化为求 AOV 拓扑序列。利用求 AOV 网拓扑序列算法求出的任意拓扑序列都是该问题的解。若已输出全部顶点，则得到问题的一个解；若输出的顶点数小于总的顶点数，而又无入度为 0 的顶点，说明该图中存在回路，该问题无解。

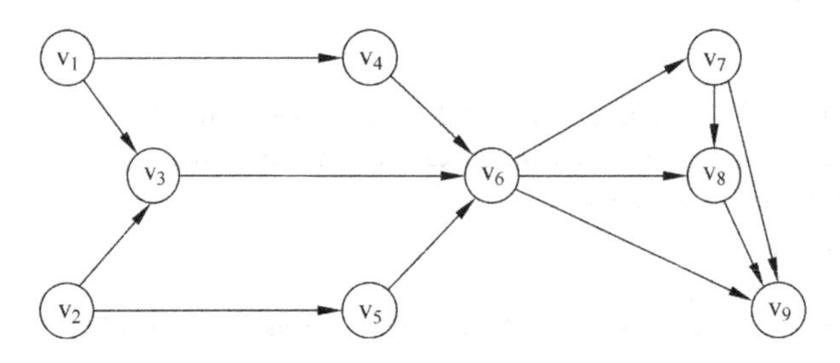


图 7.30　表示子工程之间先后关系的有向图

算法的具体实现如下：

```
int TopoSort_AL(Algraph G)                         /* 邻接表表示图的拓扑排序算法 */
{
  SeqStack * stack;
  int list[VexNum];
  ArcNode * p;
  int ind[VexNum];
  int k = 0,i,j,flag,in;
  stack = (SeqStack * )malloc(sizeof(SeqStack));
  setNullStack(stack);
  for(i = 0;i < G.vexnum;i++)
     ind[i] = 0;                                   /* 初始化各顶点的入度 */
  for(i = 0;i < G.vexnum;i++)
     { for(p = G.adjlist[i].firstarc;p;p = p -> nextarc)
         {   j = p -> adjvex;
             ind[j]++;
          }
         }
   for(i = 0;i < G.vexnum;i++)
      if(ind[i] == 0)
        PushStack(stack,i);                        /* 入度为 0 的顶点压栈 */
   i = 0;
   while(!EmpthStack(stack))
      {i = PopStack(stack);
```

```
        list[k] = i;                          /* 记录入度为 0 的顶点 */
        k++;                                  /* 调整以顶点为始点的各顶点的入度 */
        for(p = G.adjlist[i].firstarc;p;p = p = ->nextarc)
           {j = p->adjvex;
            if(!( --(ind[j])))
              PushStack(stack,j);             /* 入度为 0 的顶点压栈 */
            }
        }
    /* 输出拓扑排序结果 */
    if(k < G.vexnum)
     {   printf(" The AOV network has a cycle. ");
         return 0;
       }
      free(stack);
      printf(" \nThe toposort'solution is:\n");
      for(i = 0;i < G.vexnum;i++)
         {
           j = list[i];
           printf(" %c ",G.adjlist[j].vex);
          }
}
```

# 本章小结

(1) 图是一种较复杂的非线性结构,具有广泛的应用性,本章主要介绍了图的定义、相关概念以及图的应用。

(2) 图的存储结构表示法有数组表示法、邻接表、十字链表等,在学习时应充分理解邻接表是一种顺序分配和链式分配相结合的存储方式。

(3) 图的遍历算法应用范围很广,学习时应注意重点体会二叉树的遍历与图的遍历的联系(即二叉树的前根遍历相当于深度遍历,二叉树的中根遍历相当于广度遍历)。

(4) 注意体会构造最小生成树的 Prim 算法和 Kruskal 算法的思想,能够灵活运用。

(5) 注重理解求某一源点到其余各顶点的最短路径的 Dijkstra 算法和每一对顶点之间的最短路径的 Floyd 算法。

(6) 在求 AOV 网的拓扑排序中,注意其拓扑序列的不唯一性。

(7) 了解如何在 AOE 网中确定关键路径。

# 第8章 查　找

**【本章学习目标】**

查找是指在数据元素集合中查找满足某种条件的数据元素。查找是数据结构中经常用到的基本操作。例如，在学生成绩表中查找某位同学的成绩、在电话号码簿中查找某个用户的电话号码、在图书馆的书目文件中查找某编号的图书等。

本章首先介绍了有关查找的概念，然后通过实例引出查找操作，并讨论了各类查找表及其相关的查找算法，同时进行查找算法的时间效率分析。通过本章的学习，要求掌握如下主要内容：

- 静态查找表及查找算法：顺序查找、有序表查找、静态树表查找和索引顺序表查找；
- 动态查找表及查找算法：二叉排序树、平衡二叉树、B树、B-树和B+树；
- 哈希表及其查找；
- 各种查找算法的时间效率分析。

## 8.1 基本概念

(1) 查找表：用于查找的数据元素集合称为查找表。查找表由同一类型的数据元素(或记录)构成。

(2) 静态查找表：若只对查找表进行如下两种操作：①查看某个特定的数据元素是否在查找表中。②检索某个特定元素的各种属性，则称这类查找表为静态查找表。静态查找表在查找过程中其本身不发生变化。对静态查找表进行的查找操作称为静态查找。

(3) 动态查找表：若在查找过程中可以将查找表中不存在的数据元素插入，或者从查找表中删除某个数据元素，则称这类查找表为动态查找表。动态查找表在查找过程中可能会发生变化。对动态查找表进行的查找操作称为动态查找。

(4) 查找：在数据元素集合中查找满足某种条件的数据元素的过程称为查找。最简单且最常用的查找条件是“关键字值等于某个给定值”，在查找表中搜索关键字值等于给定值的记录，若表中存在这样的记录，则称查找成功；否则，查找失败。

(5) 查找表的存储结构：查找表是一种非常灵活的数据结构，对于不同的存储结构，其查找方法不同。为了提高查找速度，有时会采用一些特殊的存储结构。本章将介绍以线性结构、树型结构及哈希表结构为存储结构的各种查找算法。

(6) 查找算法的时间效率：查找过程的主要操作是关键字的比较，所以通常以“平均比较次数”来衡量查找算法的时间效率。

# 8.2 静态查找表

本节将讨论以线性结构表示的静态查找表及相应的查找算法。例如，表 8.1 为某次考试学生成绩表，表中每个学生的记录包括考号，姓名，总分。我们该如何在此表中查找某位学生的总分呢？

**表 8.1 学生成绩表**

| 考　　号 | 姓　　名 | 总　　分 |
|---|---|---|
| 001 | 王小菊 | 260 |
| 002 | 侯小苕 | 300 |
| 003 | 郭小军 | 250 |
| 005 | 齐小嘉 | 270 |

## 8.2.1 顺序表的查找

**1. 顺序查找的基本思想**

顺序查找(Sequential Search)又称为线性查找，是一种最简单的查找方法。其基本思想是从线性表的一端开始顺序扫描线性表，依次将扫描到的结点关键字和给定值 $m$ 相比较，若当前扫描到的结点关键字与 $m$ 相等，则查找成功，返回该数据元素的存储位置；反之，若扫描结束后，仍未找到关键字等于 $m$ 的结点，则查找失败，返回查找失败标志。

**2. 顺序表的顺序查找**

顺序表的数据类型定义如下：

```
#define MAXSIZE 100
#define KEYTYPE int
typedef struct
{KEYTYPE key;
ELEMTYPE other;
}SEQLIST;
```

这里的 KEYTYPE 和 ELEMTYPE 分别为关键字数据类型和其他数据的数据类型，可以是任何相应的数据类型，这里 KEYTYPE 为 int 型。

假设在查找表中，数据元素个数为 $n$($n$<MAXSIZE)，并分别存放在数组的 r[1]～r[$n$]中。查找算法如下：

```
int seqsearch(KEYTYPE k,SEQLIST *r,int n)
/* 查找关键字值等于 k 的记录,若查找成功,返回该记录的位置,否则返回 0 */
{int i;
  i=n;
  r[0].key=k;                                /*监视哨*/
while(r[i].key!=k)                           /*从表后向前找*/
  i--;
return i;                    /*若 i 为 0,表示查找失败,否则,i 就是要找的结点 k 的位置*/
}
```

算法中的监视哨 r[0]，是为了在 for 循环中省去判定防止下标越界的条件 $i \geqslant 1$，从而节省比较的时间。

定义：为确定记录在查找表中的位置，需和给定值进行比较的关键字个数的期望值称为查找算法在查找成功时的平均查找长度(Average Search Length)，ASL 成功。

对于含有 $n$ 个结点的线性表，结点的查找在等概率的前提下，即 $p_i=1/n$，由于找第 $i$ 个记录需要比较 $n-i+1$ 次，即 $C_i=n-i+1$，于是有平均查找长度为

$$\text{ASL}=\sum_{i=1}^{n}P_iC_i=\frac{1}{n}\sum_{i=1}^{n}(n-i+1)=\frac{1}{n}\times\frac{n(n+1)}{2}=\frac{n+1}{2}$$

这就是说查找成功的平均查找次数近似于表长的一半。若 $k$ 值不在表中，则必须进行 $n+1$ 次比较之后，才能确定查找失败。

若给定的线性表采取链式存储方式时，扫描必须从第一个结点开始，这在第 2 章中已经讨论过，在此不再赘述。

顺序查找算法简单、适应面广，对表的结构无任何要求，但是执行效率较低，尤其当 $n$ 较大时，不宜采用这种查找方法。

**【例 8.1】** 在关键字序列为{8,6,5,12,3,9}的线性表中查找关键字为 12 的元素。顺序查找过程如图 8.1 所示。

| | r[0] | r[1] | r[2] | r[3] | r[4] | r[5] | r[6] |
|---|---|---|---|---|---|---|---|
| 开始 | 12 | 8 | 6 | 5 | 12 | 3 | 9 |
| 第一次比较 | 12 | 8 | 6 | 5 | 12 | 3 | 9 ↑ i=6 |
| 第二次比较 | 12 | 8 | 6 | 5 | 12 | 3 ↑ i=5 | 9 |
| 第三次比较 | 12 | 8 | 6 | 5 | 12 ↑ i=4 | 3 | 9 |

图 8.1　顺序查找过程(由后向前扫描)

由图 8.1 看出，查找成功，返回序号 4。

## 8.2.2　有序表的查找

### 1. 折半查找的基本思想

折半查找又称二分查找，它是一种效率较高的查找方法。要求查找表用顺序存储结构存放且数据元素按关键字有序(升序或降序)排列，即折半查找只适用于对有序顺序表进行查找。

在此假设查找表为升序，对其进行折半查找的基本思想是：首先以整个查找表作为查找范围，用查找条件中给定值 $k$ 与中间位置结点的关键字比较，若相等，则查找成功，否则，根据比较结果缩小查找范围。如果 $k$ 的值小于关键字的值，根据查找表的有序性可知，查找的数据元素只可能在表的前半部分，即在左半部分子表中，所以继续对左半部分子表进行折半查找；若 $k$ 的值大于中间结点的关键字值，则可以判定查找的数据元素只有可能在表的后半部分，即在右半部分子表中，所以应该继续对右子表进行折半查找。每进行一次折半查

找，要么查找成功，结束查找，要么将查找范围缩小一半，如此重复，直到查找成功或查找范围缩小为空，即查找失败为止。

从上面的描述中可以看出，折半查找过程是先确定查找范围，然后每经过一次比较，使查找范围缩小一半，直到查找成功或者查找失败，所以折半查找也称为二分查找。

**2. 折半查找过程示例**

**【例 8.2】** 在关键字有序序列{3,6,8,12,13,27}中采用折半查找法查找关键字为 6 的元素。

指针 low 和 high 分别指示待查元素所在范围的下界和上界，指针 mid 指示区间的中间位置，即 mid=⌊(low+high)/2⌋，折半查找过程如图 8.2 所示。

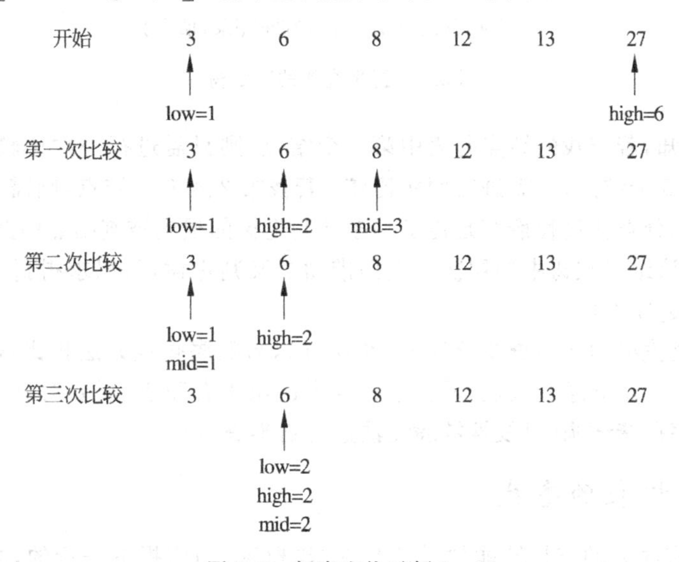


图 8.2 折半查找示例 $k=6$

由图 8.2 可以看出，查找成功，返回序号 2。

折半查找的算法描述如下：

```
int binsearch(SEQLIST * r,KEYTYPE k,int n)
{  /* 在有序表 r 中进行二分查找,成功时返回结点的位置,失败时返回 0 */
int low,high,mid;
low = 1;high = n;              /* 置查找区间的下、上界初值 */
while(low <= high)
{mid = (low + high)/2;
if(k == r[mid].key)
return mid;                    /* 查找成功,返回 k 在表中的位置 */
else if(k < r[mid].key)
high = mid - 1;                /* 缩小查找区间为左子表 */
else
low = mid + 1;                 /* 缩小查找区间为右子表 */
}
return 0;                      /* 查找失败 */
}
```

二分查找过程可用二叉树来描述，我们把当前查找区间的中间位置上的结点序号作为根，左子表和右子表中的结点序号分别作为根的左子树和右子树，由此得到的二叉树，称为描述二分查找的判定树。图8.3给出了例8.2的折半查找的二叉判定树及查找关键字为6(序号为2)的记录的路径。

第1次mid的位置

第2次mid的位置

第3次mid的位置

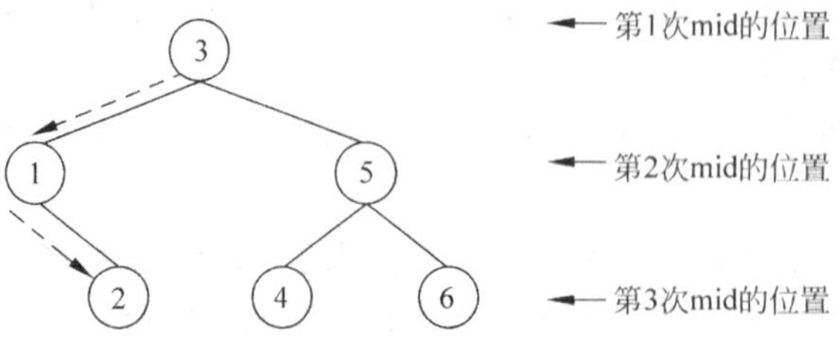

(带箭头虚线表示查找序号为2的记录的路径)

图8.3　折半查找的判定树

由图8.3可知，若查找的结点是表中第3个结点，则只需进行一次比较，若查找的结点是表中第1或第5个结点，则需进行两次比较；若找第2、4、6个结点，则需要比较三次。由此可知，成功的二分查找过程恰好是走了一条从判定树的根到被查结点的路径，经历比较的关键字次数恰为该结点在树中的层次。我们借助二叉判定树，可以求得折半查找的平均查找长度 $ASL=\log_2(n+1)-1$。

因此，折半查找法的平均查找长度为 $O(\log_2 n)$，与顺序查找方法相比，折半查找的效率比顺序查找高，速度比顺序查找快，但折半查找只适用于有序表，需要对 $n$ 个元素预先进行排序，仅限于顺序存储结构(对线性链表无法进行折半查找)。

### 8.2.3　静态树表的查找

8.2.2节对有序表的查找性能的讨论是在“等概率”的前提下进行的，即当有序表中各记录的查找概率相等时，按如图8.3所示的判定树描述的查找过程来进行折半查找，其性能最优。如果有序表中各记录的查找概率不等，情况又如何呢？

先看一个具体例子。假设有序表中含5个记录，并且已知各记录的查找概率不等，分别为 p1=0.1、p2=0.2、p3=0.1、p4=0.4 和 p5=0.2。对此有序表进行折半查找，查找成功时的平均查找长度为：

$$\sum_{i=1}^{5} PiCi = 0.1\times 2+0.2\times 3+0.1\times 1+0.4\times 2+0.2\times 3=2.3$$

但是，如果在查找时令给定值先和第4个记录的关键字进行比较，比较不相等时再继续在左子序列或右子序列中进行折半查找，则查找成功时的平均查找长度为：

$$\sum_{i=1}^{5} PiCi = 0.1\times 3+0.2\times 2+0.1\times 3+0.4\times 1+0.2\times 2=1.8$$

这就说明，当有序表中各记录的查找概率不等时，按如图8.3所示的判定树进行折半查找，其性能未必是最优的。那么此时应如何进行查找呢？换句话说，描述查找过程的判定树为何类二叉树时，其查找性能最佳？如果只考虑查找成功的情况，则使查找性能达最佳的判定树是其带权内路径长度之和 pH 值

$$\mathrm{pH} = \sum_{i=1}^{n} wihi$$

取最小值的二叉树。其中：$n$ 为二叉树上结点的个数(即有序表的长度)；$hi$ 为第 $i$ 个结点在二叉树上的层次数；结点的权 $wi=cpi(i=1,2,\cdots,n)$，其中 $pi$ 为结点的查找概率，c 为某个常量。称 pH 值取最小的二叉树为静态最优查找树(Static Optimal Search Tree)。由于构造静态最优查找树花费的时间代价较高，因此在此介绍一种构造近似最优查找树的有效算法。

已知一个按关键字有序的记录序列：

$$(\mathrm{r}l,\mathrm{r}l+1,\cdots,\mathrm{r}h) \tag{8-1}$$

其中

$$\mathrm{r}l.\mathrm{key}<\mathrm{r}l+1.\mathrm{key}<\cdots<\mathrm{r}h.\mathrm{key}$$

与每个记录相应的权值为

$$\mathrm{w}l,\mathrm{w}l+1,\cdots,\mathrm{w}h \tag{8-2}$$

现构造一棵二叉树，使这棵二叉树的带权内路径长度 pH 值在所有具有同样权值的二叉树中近似为最小，称这类二叉树为次优查找树(Nearly Optimal Search Tree)。

构造次优查找树的方法是：首先在式(8-1)所示的记录序列中取第 $i(1\leqslant i\leqslant h)$ 个记录构造根结点 r$i$，使得

$$\Delta \mathrm{P}i=\left|\sum_{j=i+1}^{h}wj-\sum_{j=1}^{i-1}wj\right| \tag{8-3}$$

取最小值($\Delta \mathrm{P}i=\mathrm{Min}\{\Delta \mathrm{P}j\}$)，然后分别对子序列{r$l$, r$l$+1,…,r$i$−1}和{r$i$+1,…,r$h$}两棵次优查找树，并分别设为根结点 r$i$ 的左子树和右子树。

由于在构造次优查找树的过程中，没有考察单个关键字的相应权值，则有可能出现被选为根的关键字的权值比与它相邻的关键字的权值小。此时应作适当调整：选取邻近的权值较大的关键字作次优查找树的根结点。

大量的实验研究表明，次优查找树和最优查找树的查找性能之差仅为 1%～2%，很少超过 3%，而且构造次优查找树的算法的时间复杂度为 $O(n\log n)$，因此它是构造近似最优二叉查找树的有效算法。

### 8.2.4 索引顺序表的查找

索引顺序表查找又称分块查找。这是顺序表查找的一种改进方法，它是以索引顺序表表示的静态查找表。用此方法查找，在查找表上需建立一个索引表，图 8.4 是一个索引顺序表的示例。

**【例 8.3】** 对于关键字序列为{10,9,13,8,20,5,30,38,32,45,37,26,49,56,83,70,76}的线性表，采用分块查找法查找关键字为 38 的元素。

顺序表中的 18 个记录可分成三个子表(r1,r2,…,r6)、(r7,r8,…,r12)、(r13,r14,…,r18)，每个子表为一块。索引表中由若干个表项组成，每个表项包括两部分内容：关键字项和指针项。关键字项中存放对应块中的最大关键字，指针项中存放对应块中第一个记录在查找表中的位置序号。查找表可以是有序表，也可以是分块有序，分块有序是指第二个子表块中所有记录的关键字均大于第一个子表块中的最大关键字，第三个子表块中的所有记录的关键字均大于第二个子表块中的最大关键字，以此类推，所以索引表一定是按关键字项有序排列的。

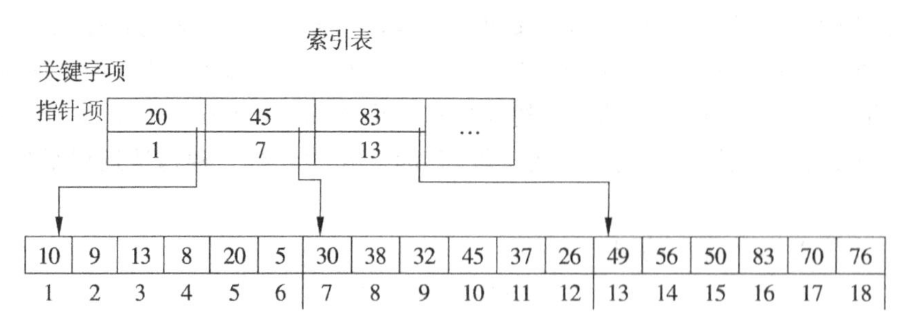


图 8.4　索引顺序表结构示意图

分块查找的基本思想是：首先用给定值 $k$ 在索引表中查找，因为索引表是按关键字项有序排列的，可采用二分查找或顺序查找以确定待查记录在哪一块中，然后在已确定的块中进行顺序查找，当查找表是有序表时，在块中也可以用二分查找。对应图 8.4，$k=38$，先将 $k$ 和索引表各关键字进行比较，因为 $20<38<45$，则关键字为 38 的记录如果存在，必定在第二个子表中，再从第二个子表的第一个记录的位置序号 7 开始，按记录顺序查找，直到确定第 8 个记录是要找的记录。

算法分析：如果在索引表中确定块和在块中查找记录都采用顺序查找，则分块查找成功的平均查找长度由两部分组成：

$$\mathrm{ASL} = \mathrm{L_b} + \mathrm{L_w}$$

其中，$\mathrm{L_b}$ 是在索引表中确定块的平均查找长度；$\mathrm{L_w}$ 是在对应块中找到记录的平均查找长度。一般情况下，假设有 $n$ 个记录的查找表可均匀地分成 $b$ 块，则每块含有 $s$ 个记录($s=n/b$)，$b$ 就是索引表中表项的数目。又假定表中每个记录的查找概率相等，则等概率下分块查找成功的平均查找长度是：

$$\mathrm{ASL} = \frac{b+1}{2} + \frac{s+1}{2} = \frac{1}{2}\left(\frac{n}{s}+s\right)+1$$

可见，平均查找长度和表中记录的个数 $n$ 有关，而且和每一块中的记录个数 $s$ 也有关。它是一种效率介于顺序查找和二分查找之间的查找方法。

# 8.3　动态查找表

正如前文所述，动态查找在查找过程中可以向查找表中插入表中不存在的数据元素，或者从查找表中删除某个数据元素。本节将介绍用二叉排序树表示的一种动态树表的动态查找操作。

## 8.3.1　二叉排序树和平衡二叉树

### 1. 二叉排序树

二叉排序树又称为二叉查找树，它是一种特殊结构的二叉树，其定义为：二叉排序树(Binary Sort Tree)或者是一棵空树，或者是具有如下性质的二叉树。

(1) 若它的左子树非空，则左子树上所有结点的值均小于根结点的值；

(2) 若它的右子树非空，则右子树上所有结点的值均大于根结点的值；

(3) 左、右子树本身又各是一棵二叉排序树。

从二叉排序树的定义可得出二叉排序树的一个重要性质：按中序遍历该树所得到的中序序列是一个递增有序序列。例如，如图 8.5 所示的二叉树即是二叉排序树，若中序遍历此二叉排序树，则可得有序序列为 9,13,21,35,46,86。

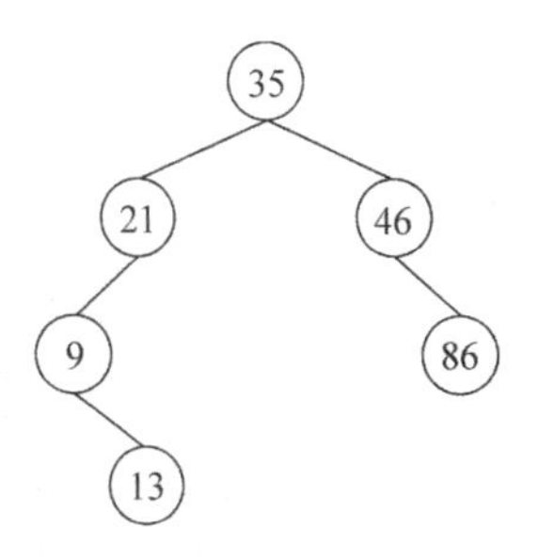

图 8.5　二叉排序树示例

如果取二叉链表作为二叉排序树的存储结构，则可描述如下：

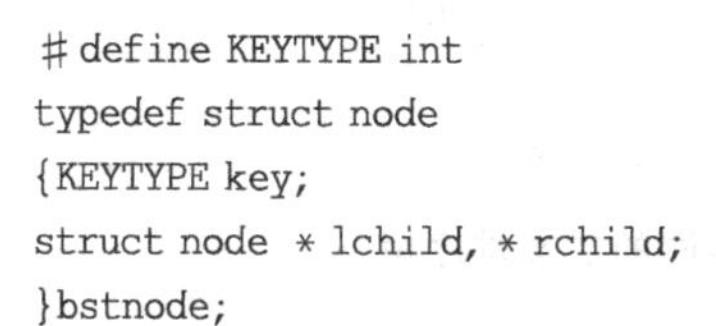

```
#define KEYTYPE int
typedef struct node
{KEYTYPE key;
struct node *lchild, *rchild;
}bstnode;
```

**2. 二叉排序树的查找**

在二叉排序树中查找一个关键字值为 $k$ 的结点的基本思想是：用给定值 $k$ 与根结点关键字值比较，如果 $k$ 小于根结点的值，则要找的结点只可能在左子树中，所以继续在左子树中查找，否则将继续在右子树中查找，依此方法，查找下去，直至查找成功或查找失败为止。二叉排序树查找的过程描述如下：

(1) 若二叉树为空树，则查找失败。

(2) 将给定值 $k$ 与根结点的关键字值比较，若相等，则查找成功。

(3) 若给定值 $k$ 大于根结点的关键字，则继续在根结点的右子树中查找。

(4) 否则，继续在根结点的左子树中查找。

算法描述如下：

```
bstnode *bstsearch(bsnode *t,KEYTYPE k)
{while(t!= NULL)
  {if(t->key==k)
      rerurn t;          /*查找成功*/
  else if(k>t->key)
    t=t->rchild;        /*在右子树中查找*/
  else
    t=t->lchild;        /*在左子树中查找*/
    }
return  NULL;           /*查找失败*/
}
```

可见，在二叉排序树上查找其关键字等于给定值的结点的过程，恰是走了一条从根结点到该结点的路径的过程。因此与折半查找类似，和关键字比较次数不超过该二叉树的深度。二叉排序树的平均查找长度为：

$$\mathrm{ASL} = \sum_{i=1}^{n} PiCi$$

长度为 $n$ 的有序表其判定树唯一，故平均查找长度唯一；但二叉排序树的形态与关键字的输入顺序有关。例如，如图 8.6(a)所示的二叉排序树，是按 43、24、55、12、37、86 的插入次序构成的；而如图 8.6(b)所示的二叉排序树，则是按 12、24、37、43、55、86 的插入次序构成的。

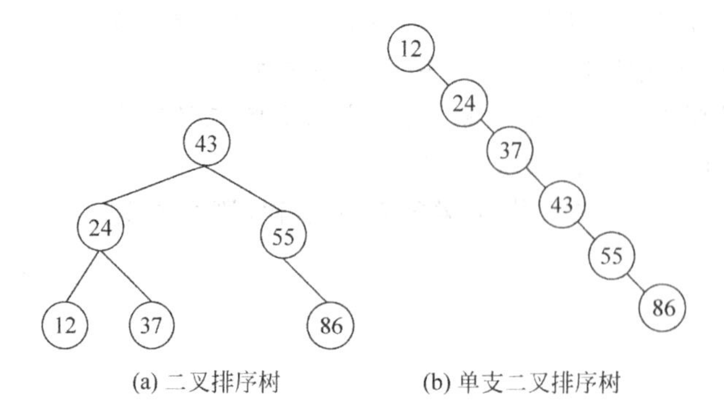


图 8.6　由同一组关键字构成的两棵形态不同的二叉排序树

图 8.6(a)所示的二叉排序树的平均查找长度为：

$$\text{ASLa} = \frac{1}{6}(1+2\times 2+3\times 3)\approx 2.33$$

同样结点数的单支二叉排序树(如图 8.6(b)所示)的平均查找长度为：

$$\text{ASLb} = \frac{1}{6}(1+2+3+4+5+6) = 3.5$$

最坏的情况下，二叉排序树变为单支树，最好的情况是二叉排序树比较均匀。

二叉排序树的性能与折半查找相差不大，但二叉排序树对于结点的插入和删除十分方便，因此对于经常进行插入、删除和查找运算的表，应采用二叉排序树结构。

**3. 二叉排序树的插入**

二叉排序树是一种动态树表，其特点是：树的结构通常不是一成不变的，在一棵二叉排序树中插入一个结点可以用一个递归的过程实现。即若二叉排序树为空，则新结点作为二叉排序树的根结点；否则，若给定结点的关键字值小于根结点关键字值，则插入到左子树上；若给定结点的关键字值大于根结点的值，则插入到右子树上。设二叉排序树的根是 root，要插入的值是 $k$，则算法描述如下：

```
void insertbst(bstnode * root ,KEYTYPE k)
{bstnode * s;
if (root == NULL)
{s = (bstnode * )malloc(sizeof(bstnode));
s -> key = k;
s -> lchild = NULL;
s -> rchild = NULL;
root = s;
}
else if(k < root -> key)
insertbst(root -> lchild,k);
else
insertbst(root -> rchild,k);
}
```

**4. 二叉排序树的建立**

利用二叉排序树的插入算法，可以很容易地实现创建二叉排序树的操作，其基本思想是：由一棵空二叉树开始，经过一系列的查找插入操作生成一棵二叉排序树。

**【例 8.4】** 叙述由结点关键字序列(43,24,55,12,37,86)构造二叉排序树的过程。

从空二叉树开始，依次将每个结点插入到二叉排序树中，在插入每个结点时都是从根结点开始搜索插入位置，找到插入位置后，将新结点作为叶子结点插入，经过 6 次查找和插入操作，建成由图 8.6(a)所示的二叉排序树。二叉排序树的建立算法如下：

```
bscreat()
{KEYTYPE k;
bstnode * root, * p;
root = NULL;
scanf(" % d",&k);
while(k!= 0)
{insertbst(root,k);
scanf(" % d",&k);
}
}
```

**5. 二叉排序树的删除**

从二叉排序树中删除一个关键字值等于指定值的结点，首先需要找到关键字值与指定值相等的结点，然后将其删除，并且要保持二叉排序树的基本性质不变。

下面分 4 种情况讨论一下，如何确保从二叉排序树中删除一个结点后，不会影响二叉排序树的性质。

(1) 若要删除的结点为叶子结点，可以直接进行删除，如图 8.7(a)所示。

(2) 若要删除的结点有左子树，但无右子树，可用其左子树的根结点取代要删除结点的位置，如图 8.7(b)所示。

(3) 若要删除的结点有右子树，但无左子树，可用其右子树的根结点取代要删除结点的位置，与情况(2)类似。

(4) 若要删除的结点的左、右子树均非空，则首先要找到删除结点的右子树中关键字值最小的结点(即右子树中最左端结点)，利用上面的方法将该结点从右子树中删除，并用它取代要删除结点的位置，这样处理的结果一定能够保证删除结点后二叉排序树的性质不变，如图 8.7(c)所示。

**6. 平衡二叉树**

平衡二叉树(Balanced Binary Tree 或 Height-Balanced Tree)又称 AVL 树。它或者是一棵空树，或者是具有下列性质的二叉树：它的左子树和右子树都是平衡二叉树，且左子树和右子树的深度之差的绝对值不超过 1。若将二叉树上结点的平衡因子 BF(Balance Factor)定义为该结点的左子树的深度减去它的右子树的深度，则平衡二叉树上所有结点的平衡因子只可能是−1、0 和 1。只要二叉树上有一个结点的平衡因子的绝对值大于 1，则该二叉树就是不平衡的。如图 8.8(a)和图 8.8(b)所示为两棵平衡二叉树，而如图 8.8(c)和图 8.8(d)所示为两棵不平衡的二叉树，结点中的值为该结点的平衡因子。

我们希望由任何初始序列构成的二叉排序树都是 AVL 树。因为 AVL 树上任何结点的左右子树的深度之差都不超过 1，则可以证明它的深度和 $\log N$ 是同数量级的(其中 $N$ 为结点个数)。由此，它的平均查找长度也和 $\log N$ 同数量级。

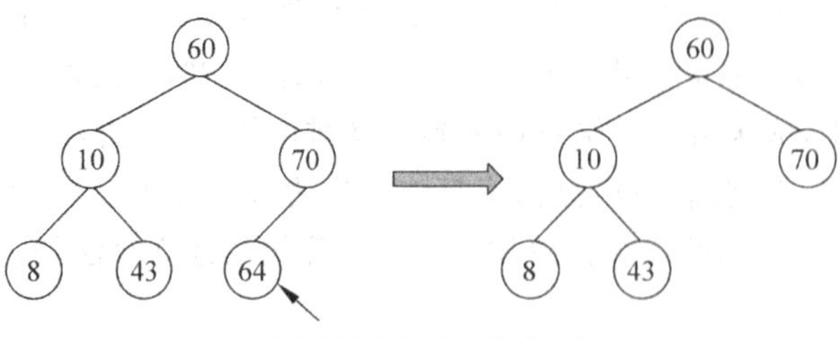


(a) 删除关键字值为64的叶子结点

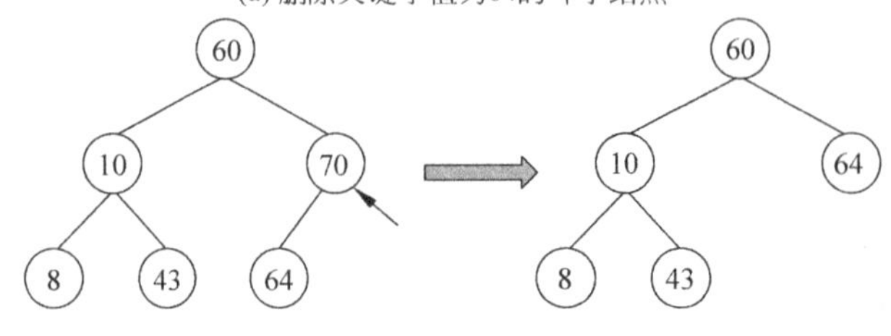


(b) 删除关键字值为70的结点

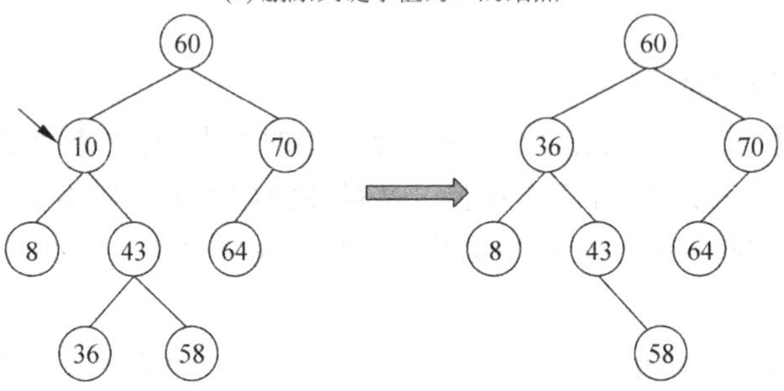


(c) 删除左、右子树均不空的关键字值为10的结点

图 8.7 在二叉排序树中删除结点

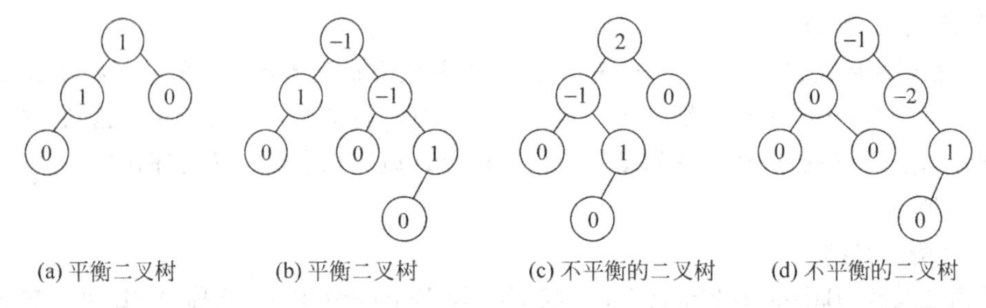


(a) 平衡二叉树　(b) 平衡二叉树　(c) 不平衡的二叉树　(d) 不平衡的二叉树

图 8.8 平衡与不平衡的二叉树及结点的平衡因子

**7. 构造平衡二叉树**

思路：按照建立二叉排序树的方法逐个插入结点，失去平衡时作调整。

失去平衡时的调整方法如下：

(1) 确定三个代表性结点(A是失去平衡的最小子树的根；B是A的孩子；C是B的孩子，也是新插入结点的子树)。关键是找到失去平衡的最小子树。

(2) 根据三个代表性结点的相对位置(C和A的相对位置)判断是哪种类型(LL、LR、RL、RR)。

(3) 平衡化。先摆好三个代表性结点(居中者为根)，再接好其余子树(根据大小)。

**【例 8.5】** 给定关键字的序列{13,24,37,90,53,40},建立平衡二叉排序树。

**注意:** 失去平衡时先确定失去平衡的最小子树,这是关键,然后判断类型(LL、LR、RL、RR),再平衡化处理。

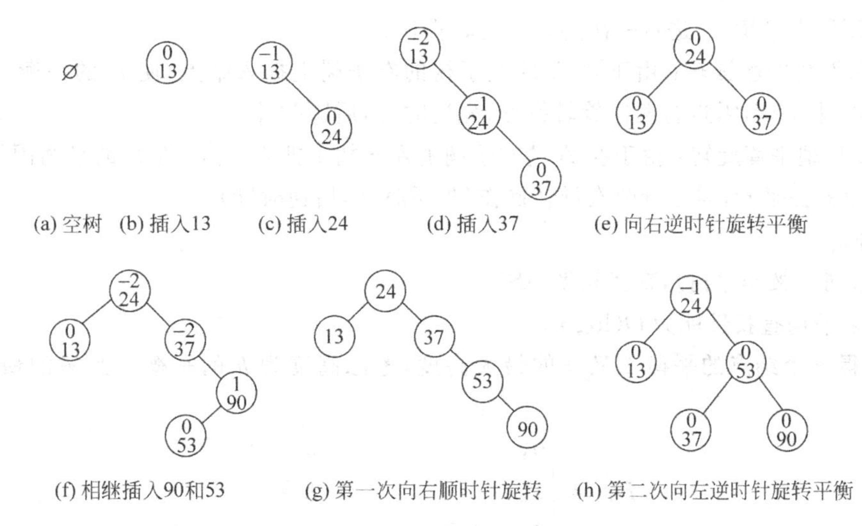


图 8.9 平衡树的生成过程

假设由于在二叉树上插入结点而失去平衡的最小子树的根结点指针为 A(即 A 是离插入结点最近,且平衡因子绝对值超过 1 的祖先结点),则失去平衡后进行调整的规律可归纳为如图 8.10 所示的 4 种情况。

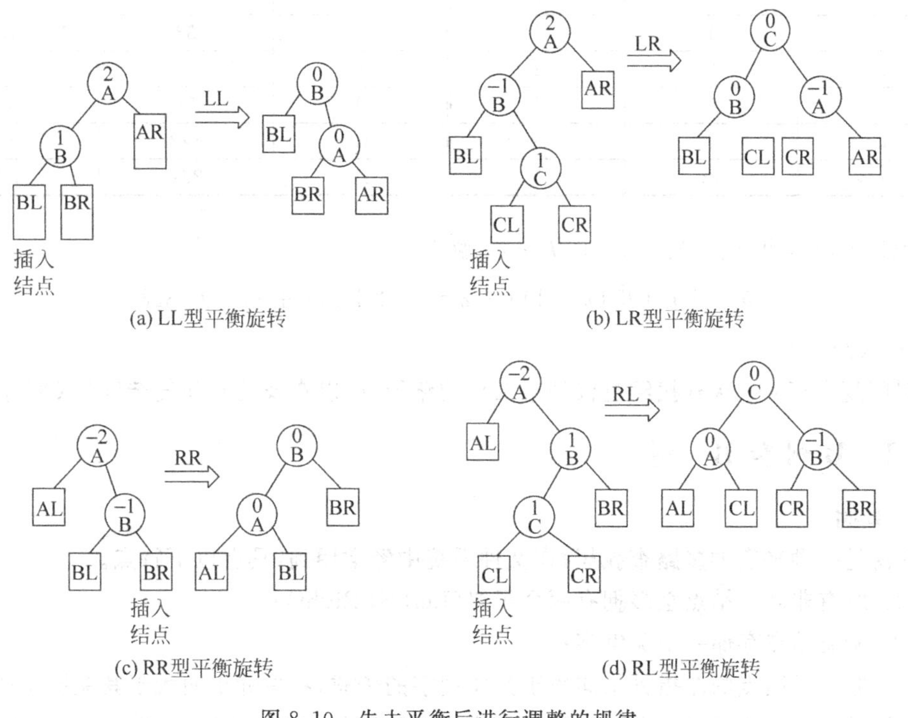


图 8.10 失去平衡后进行调整的规律

(1) LL型平衡旋转：由于在A的左子树的左子树上插入结点，使A的平衡因子由1增至2而失去平衡，需进行一次顺时针旋转操作；

(2) RR型平衡旋转：由于在A的右子树的右子树上插入结点，使A的平衡因子由−1减至−2而失去平衡，需进行一次逆时针旋转操作；

(3) LR型平衡旋转：由于在A的左子树的右子树上插入结点，使A的平衡因子由1增至2而失去平衡，需进行两次旋转操作(先逆时针，后顺时针)；

(4) RL型平衡旋转：由于在A的右子树的左子树上插入结点，使A的平衡因子由−1减至−2而失去平衡，需进行两次旋转操作(先顺时针，后逆时针)。

**8. 分析**

查找(同二叉排序树)，查找长度ASL。

结论：平均查找性能为$O(\log n)$。

为求得$n$个结点的平衡二叉树的最大高度，考虑高度为$h$的平衡二叉树的最少结点数为：

$$N_h=\begin{cases}0, & h=0\\1, & h=1\\N_{k-1}+N_{k-2}+1, & h\geqslant 2\end{cases}$$

部分结果如表8.2所示，$F_h$表示斐波纳契数列的第$h$项。

**表8.2 平衡二叉树的高度和结点个数**

| $h$ | $N_h$ | $F_h$ | $h$ | $N_h$ | $F_h$ |
|---|---|---|---|---|---|
| 0 | 0 | 0 | 6 | 20 | 8 |
| 1 | 1 | 1 | 7 | 33 | 13 |
| 2 | 2 | 1 | 8 | 54 | 21 |
| 3 | 4 | 2 | 9 | 88 | 34 |
| 4 | 7 | 3 | 10 | 143 | 55 |
| 5 | 12 | 5 | 11 | 232 | 89 |

观察可以得出$N_h=F_h+2-1$，$h\geqslant 0$。解得

$$h=\log_\varphi(\sqrt{5}(n+1))-2\approx 1.44\log(n+1)-0.328$$

其中$\varphi=(\sqrt{5}+1)/2$。

时间复杂度：一次查找经过根到某结点的路径，所以查找的时间复杂度是$O(\log n)$。

## 8.3.2 B树和B+树

**1. B树**

B树是一种平衡的多路查找树，在文件系统中经常用到，具有以下特点。

(1) 所有非叶子结点至多拥有两个子树(Left和Right)；

(2) 所有结点存储一个关键字；

(3) 非叶子结点的左指针指向小于其关键字的子树，右指针指向大于其关键字的子树。

B树的搜索从根结点开始，如果查询的关键字与结点的关键字相等，那么就命中；否则，如果查询关键字比结点关键字小，就进入左子树；如果比结点关键字大，就进入右子树；

如果左子树或右子树的指针为空，则报告找不到相应的关键字。

如果B树的所有非叶子结点的左右子树的结点数目均保持平衡(差不多)，那么B树的搜索性能逼近二分查找；但它相比连续内存空间的二分查找的优点是，改变B树结构时(插入或删除结点，如图8.11所示)不需要移动大段的内存数据，甚至通常是常数开销。

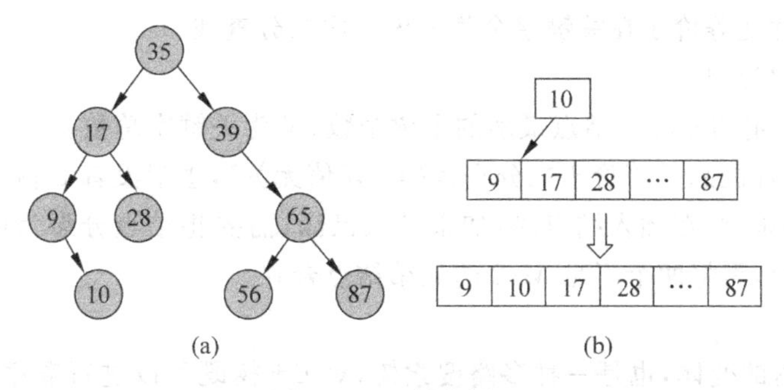


图8.11　B树的插入

但B树在经过多次插入与删除后，有可能导致不同的结构如图8.12所示。

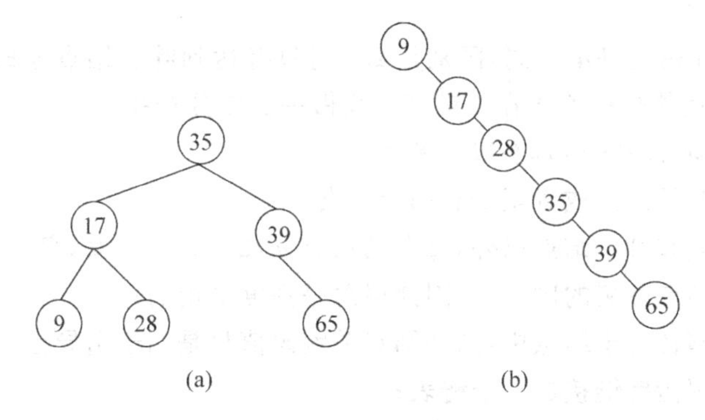


图8.12　B树的不同结构示例

图8.12(b)也是一个B树，但它的搜索性能已经是线性的了。同样的关键字集合有可能导致不同的树结构索引，所以，使用B树还要考虑尽可能让B树保持如图8.12(a)所示的结构，和避免类似图8.12(b)的结构，也就是所谓的"平衡"问题。

实际使用的B树都是在原B树的基础上加上平衡算法，即"平衡二叉树"。如何保持B树结点分布均匀是平衡二叉树的关键。平衡算法是一种在B树中插入和删除结点的策略。

**2. B-树**

B-树中所有结点的子结点的最大值称为B-树的阶，通常用$M(M>2)$表示。B-树是一种多路搜索树(并不是二叉的)。若根结点不是叶子结点，则至少含有两棵子树；其余所有非叶结点均至少含有$\lceil M/2 \rceil$棵子树，至多含有$M$棵子树；非叶子结点的关键字个数=指向孩子的指针个数−1；非叶子结点的关键字K[1]，K[2]，…，K[$M-1$]，且K[$i$]<K[$i+1$]；非叶子结点的指针P[1]，P[2]，…，P[$M$]，其中P[1]指向关键字小于K[1]的子树，P[$M$]指向关键字大于K[$M-1$]的子树，其他P[$i$]指向关键字属于(K[$i-1$]，K[$i$])的子树；树中所有叶子结点均不带信息，且在树中的同一层次上。

B-树的特性如下：

(1) 关键字集合分布在整棵树中；

(2) 任何一个关键字出现且只出现在一个结点中；

(3) 搜索有可能在非叶子结点结束；

(4) 其搜索性能等价于在关键字全集内做一次二分查找；

(5) 自动层次控制。

其中，$M$ 为设定的非叶子结点最多的子树个数，$N$ 为关键字总数。

所以 B-树的性能总是等价于二分查找(与 $M$ 值无关)，也就没有 B 树平衡的问题。

由于 $M/2$ 的限制，在插入结点时，如果结点已满，需要将结点分裂为两个各占 $M/2$ 的结点；删除结点时，需将两个不足 $M/2$ 的兄弟结点合并。

**3. B+树**

B+树是 B-树的变体，也是一种多路搜索树，对 B+树既可以进行顺序查找又可以进行随机查找。B+树的叶结点与内部结点不同的是：叶结点存储实际记录，当作为索引树应用时，就是记录的关键码值与指向记录位置的指针，叶结点存储的信息可能多于或少于 $m$ 个记录。

B+的搜索与 B-树也基本相同，区别是 B+树只有达到叶子结点才命中(B-树可以在非叶子结点命中)，其性能也等价于在关键字全集做一次二分查找。

定义：一个 $m$ 阶的 B+树具有以下特性。

(1) 根是一个叶子结点或者至少有两个子女；

(2) 除了根结点和叶子结点以外，每个结点有 $m/2 \sim m$ 个子女，存储 $m-1$ 个关键码；

(3) 所有叶子结点在树的同一层，因此树总是高度平衡的；

(4) 记录只存储在叶子结点中，内部结点关键码值只是用于引导检索路径的占位符；

(5) 叶子结点用指针链接成一个链表；

(6) 类比于二叉排序树的检索特性。

B+树的叶子结点与内部节点不同的是，叶子结点存储实际记录，当作为索引树应用时，就是记录的关键码值与指向记录位置的指针，叶子结点存储的信息可能多于或少于 $m$ 个记录，如图 8.13 所示。

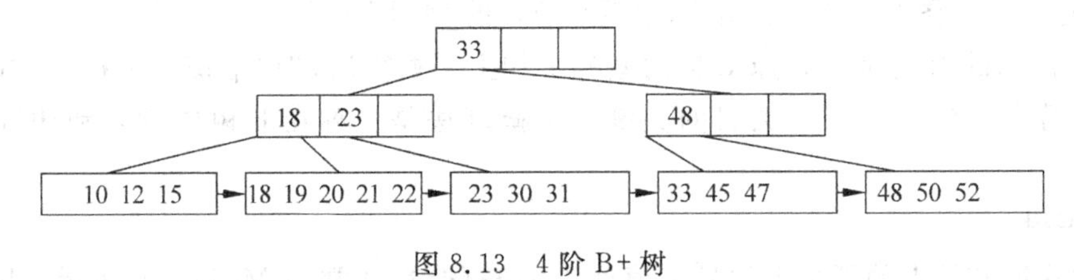


图 8.13　4 阶 B+树

B+树结点结构定义为：

```
Struct Bpnode{
Struct PAIR recarray[MAXSIZE];      //关键码或指针对数组
int numrec;
Bpnode * left, * right;
}
```

其中,PAIR 结构定义为:

```
Struct PAIR{
int key;
Struct BPnode * point;
}
```

因为 point 同时也是指向文件记录的指针,我们需要注意同构问题,这里假设文件记录与结点结构相同,当然,实际是不可能的。此外,这里定义的叶子结点只是存储了指向记录位置的指针与关键码 key,实际上应该是记录的关键码与数据信息(文件名等)。

一个 B+ 树的检索函数,子函数 binaryle()调用后返回数组 recarray[]内等于或小于检索关键码值 key 的那个最大关键码的位置偏移,如图 8.14 所示。

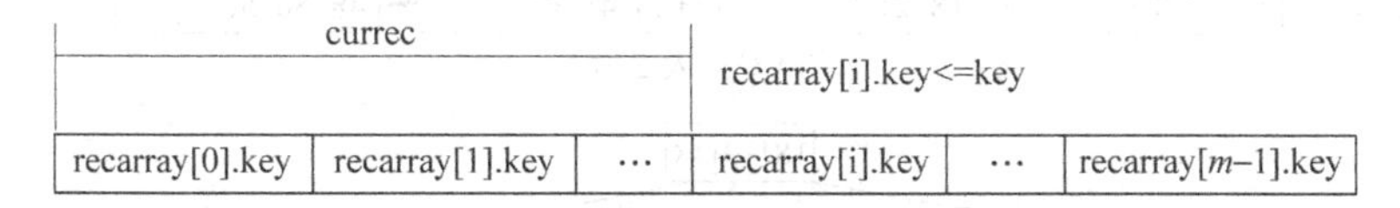


图 8.14　具有 $m$ 个子女的 B+ 树结点 $k$ 的关键码——指针对数组

B+ 树检索函数如下:

```
struct BPnode * find(struct BPnode * root,int key)
{
int currec;
currec = binaryle(root -> recarray,root -> numrec,key);
if(root -> left == Null){        //叶子结点
if(root -> recarray[currec].key == key)
return root -> recarray[currec].point;
else return Null;
}
else find(root -> recarray[currec].point,key);
}
```

我们注意到,一个结点的左指针为空时表明到达了叶子结点,从结点结构定义可知,内部结点的左指针应该指向其左子树的根结点,而叶子结点链上的每个结点左指针为空,只有右指针指向其兄弟结点,且链尾右指针亦为空。

B+ 树插入与删除过程如下。

(1) 插入操作过程

一棵 B+ 树的生长过程如图 8.15 所示,首先找到包含记录的叶子结点,如果叶子未满,则只需简单将关键码(与指向其物理位置的指针)放置到数组中,记录数加一;如果叶子已经满了,则分裂叶子结点为两个,记录在两个结点之间平均分配,然后提升右边结点关键码值最小(数组第一个位置上的记录关键码)的一份拷贝,提升处理过程与 2−3 树一样,可能会形成父结点直至根结点的分裂过程,最终可能让 B+ 树增加一层。

(2) 删除操作过程

在 B+ 树中删除一个记录要首先找到包含记录的叶子结点,如果该叶子结点内的记录数超过 $m/2$,我们只需简单地清除该记录,因为剩下的记录数至少仍是 $m/2$。

如果一个叶子结点内的记录删除后其余数小于 $m/2$,则称为下溢,于是我们需要采取如

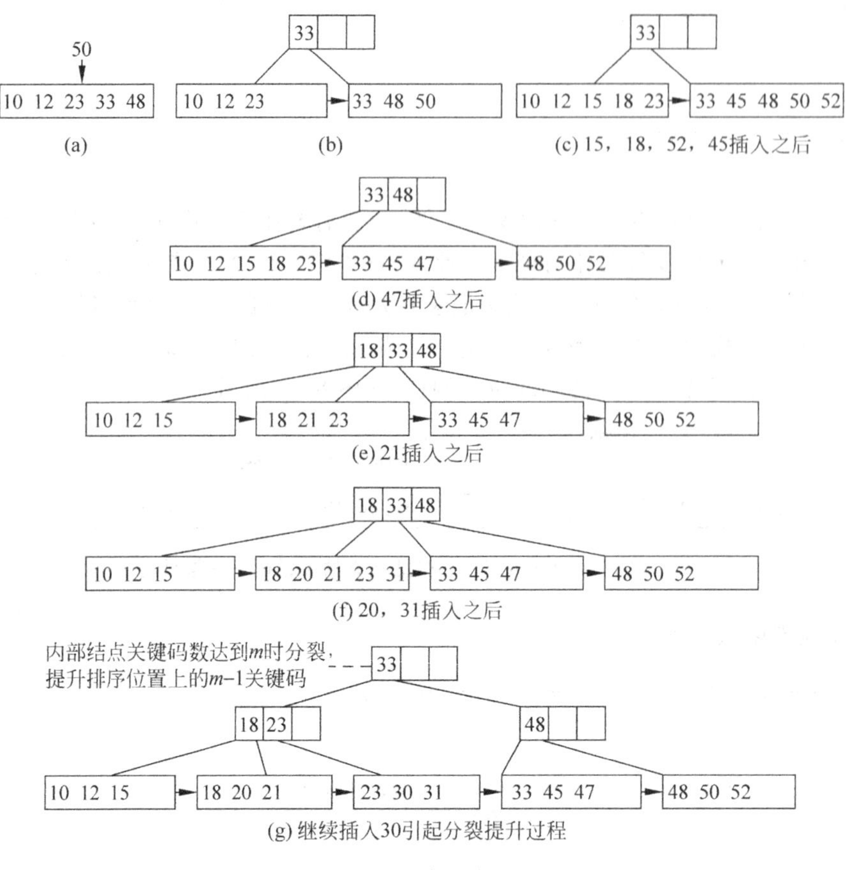

图 8.15　B+ 树生长过程

下处理。

① 如果它的兄弟结点记录数超过 $m/2$，可以从兄弟结点中移入，移入数量应让兄弟结点能平分记录数，以避免短时间内再次发生下溢。同时，因为移动后兄弟结点的第一个记录关键码值产生变化，所以需要相应地修改其父结点中的占位符关键码值，以保证占位符指向的结点其第一个关键码值一定大于或等于该占位符。

② 如果没有左右兄弟结点能移入记录(均小于或等于 $m/2$)，则将当前叶子结点的记录移出到兄弟结点，且其和一定小于等于 $m$，然后将本结点删除。把一个父结点下的两棵子树合并之后，因为删除父结点中的一个占位符就可能会造成父结点下溢，产生结点合并，并继续引发直至根结点的合并过程，从而树减少一层。

③ 一对叶子结点合并的时候应清除右边结点。

对一棵 B+ 树的删除操作过程如图 8.16 所示。

**4. 小结**

(1) B 树：二叉树，每个结点只存储一个关键字，等于则命中，小于走左结点，大于走右结点。

(2) B-树：B-树是一种平衡的多路查找树。每个结点存储 $M/2 \sim M$ 个关键字，非叶子结点存储指向关键字范围的子结点；所有关键字在整棵树中出现，且只出现一次，非叶子结点可以命中。

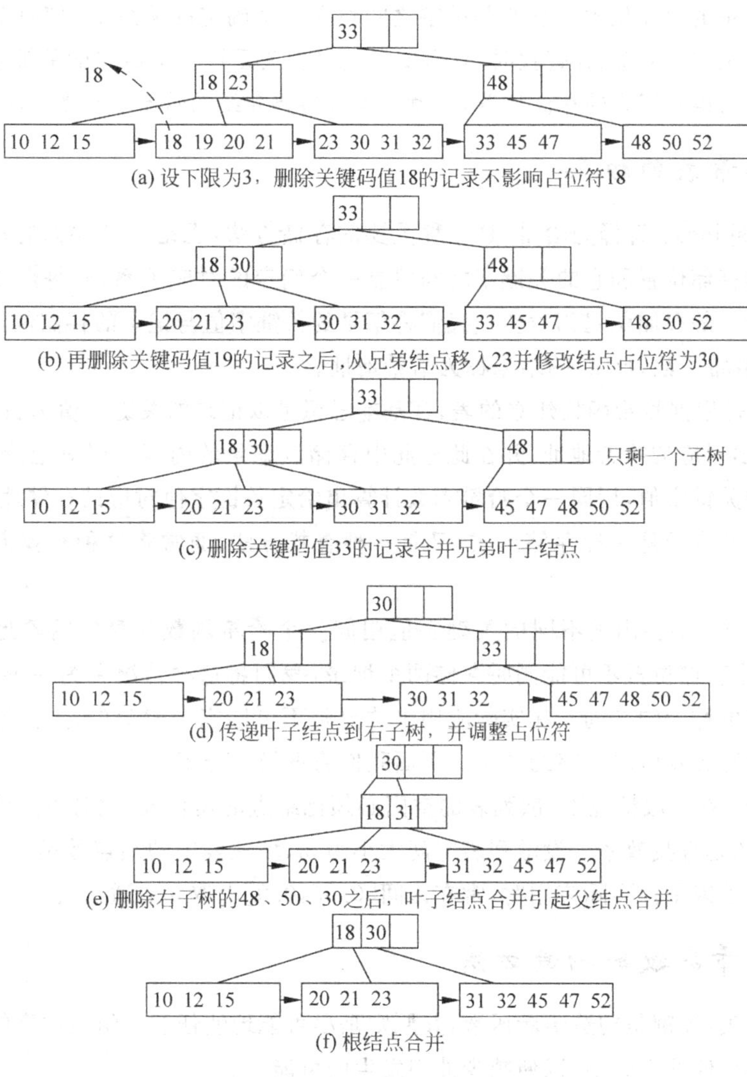


图 8.16　B+树的删除操作过程

（3）B+树：是应文件系统所需而出的一种B-树的变形树。在B-树的基础上，为叶子结点增加链表指针，所有关键字都在叶子结点中出现，非叶子结点作为叶子结点的索引；B+树总是到叶子结点才命中。

B树包括B+和B-两种，B+是B-的一种变形，主要应用于文件系统，B-是一种平衡的多路查找树。因此，B树是两者的统称。

## 8.4　哈　希　表

前面介绍的静态查找表和动态查找表的特点是：为了从查找表中找到关键字值等于某个值的记录，都要经过一系列的关键字比较，以确定待查记录的存储位置或查找失败，查找所需时间总是与比较次数有关。

如果将记录的存储位置与它的关键字之间建立一个确定的关系H,使每个关键字和一个唯一的存储位置相对应,在查找时,只需要根据对应关系计算出给定的关键字值$k$对应的值$H(k)$,就可以得到记录的存储位置,这就是本节将要介绍的哈希表查找方法的基本思想。



### 8.4.1 哈希表的概念

散列(Hashing):音译为哈希,是一种重要的存储方法,也是一种常见的查找方法。它是指在记录的存储位置和它的关键字之间建立一个确定的对应关系,使每个关键字和存储结构中一个唯一的存储位置相对应。我们将记录的关键字值与记录的存储位置对应起来的关系$H$称为哈希函数,$H(k)$的结果称为哈希地址。

哈希表:是根据哈希函数建立的表,其基本思想是以记录的关键字值为自变量,根据哈希函数,计算出对应的哈希地址,并在此地此中存储该记录的内容。当对记录进行查找时,再根据给定的关键字值,用同一个哈希函数计算出给定关键字值对应的存储地址,随后进行访问。所以哈希表既是一种存储形式,又是一种查找方法,通常将这种查找方法称为哈希查找。

冲突:有时可能会出现不同的关键字值用同一个哈希函数计算的哈希地址相同的情况,然而同一个存储位置不可能同时存储两个记录,我们将这种情况称为冲突,具有相同函数值的关键字值称为同义词。在实际应用中冲突是不可能完全避免的,人们通过实践总结出了多种减少冲突及解决冲突的方法。下面我们将做简要介绍。

装填因子:在一般情况下,散列表的空间必须比结点的集合大,此时虽然浪费了一定的空间,但换取的是查找效率。设散列表空间大小为$m$,填入表中的结点数是$n$,则称$\alpha=n/m$为散列表的装填因子。实际应用时,常在区间[0.65,0.9]上取$\alpha$的适当值。

### 8.4.2 哈希函数的构造方法

建立哈希表,关键是构造哈希函数,其原则是尽可能地使任意一组关键字的哈希地址均匀地分布在整个地址空间中,以便减少冲突发生的可能性。

常用的哈希函数的构造方法有以下4种。

**1. 直接定址法**

取关键字或关键字的某个线性函数为哈希地址。即$H(\text{key})=\text{key}$或$H(\text{key})=a\times \text{key}+b$,其中$a$、$b$为常数,调整$a$与$b$的值可以使哈希地址的取值范围与存储空间范围一致。

例如,有一个从1~50岁的人口数字统计表如表8.3所示,其中,以年龄作为关键字,哈希函数取关键字自身。特点:直接定址法所得地址集合与关键字集合大小相等,不会发生冲突。实际中能用这种哈希函数的情况很少。

**表8.3 人口数字统计表**

| 地 址 | 01 | 02 | …… | 30 | …… | 50 |
|---|---|---|---|---|---|---|
| 年 龄 | 1 | 2 | …… | 30 | …… | 50 |
| 人 数 | 2000 | 3000 | …… | 4000 . | …… | …… |

**2. 平方取中法**

取关键字平方后的中间几位为哈希地址。由于平方后的中间几位数与原关键字的每一位数字都相关,只要原关键字的分布是随机的,以平方后的中间几位数作为哈希地址也一定是随机分布的。

**3. 数字分析法**

数字分析法是假设有一组关键字,每个关键字由几位数字组成,数字分析法是从中提取数字分布比较均匀的若干位作为哈希地址。

**4. 除留余数法**

这是一种最简单也最常用的构造散列函数的方法。取关键字被某个不大于散列表表长 $m$ 的数 $p$ 除后所得的余数作为散列地址,即 $H(\text{key})=\text{key}\%p, p\leqslant m$。

这一方法的关键在于 $p$ 的选择。例如,若选 $p$ 为偶数,则得到的散列地址总是将奇数键值映射成奇数地址、偶数键值映射成偶数地址,就会增加冲突发生的机会。通常选 $p$ 为不大于散列表容量的最大素数。

散列函数的构造方法还有随机数法和折叠法等,有兴趣的读者可参考有关资料。

### 8.4.3 处理冲突的方法

在构造哈希表时,不仅要设定一个尽量均匀的哈希函数,而且还要设定一种处理冲突的方法,即解决不同关键字值对应同一哈希地址的情况。

常用的处理冲突的方法有下列两种。

**1. 开放定址法**

用开放定址法解决冲突的做法是:当冲突发生时,使用某种方法在散列表中形成一个探查序列,沿着此探查序列逐个单元地去寻找可以存放记录的空闲单元。

形成探查序列的方法不同,所得到的解决冲突的方法也不相同。下面介绍两种常用的探查方法,并假设散列表 HT 的长度为 $m$,结点个数为 $n$。

(1) 线性探查法。

线性探查法的基本思想是:将散列表看成是一个环形表。若地址为 $d$(即 $h(\text{key})=d$)的单元发生冲突,则依次探查下述地址单元:

$$d+1, d+2, \cdots, m-1, 0, 1, \cdots, d-1$$

直到找到一个空单元为止。用线性探查法解决冲突,求下一个开放地址的公式为:

$$d_i = (d+i)\%m \quad i = 1, 2, \cdots, s(1 \leqslant s \leqslant m-1)$$

其中:$d=H(\text{key})$。

**【例 8.6】** 设散列表长 $m=9$,哈希函数为 $H(\text{key})=\text{key}\%7$,给定的一组关键字为(23,34,41,36,44,59),用线性探查法解决冲突,构造这组关键字的散列表。

根据线性探查法解决冲突的基本思想,构造的散列表如图 8.17 所示。

在上例中,$H(44)=2$,$H(59)=3$,即 44 和 59 不是同义词,但由于处理 44 和同义词 23 的冲突时,44 抢先占用了 HT[3],这就使得插入 59 时,这两个本来不应该发生冲突的非同义词之间也会发生冲突。我们把这种散列地址不同的结点,争夺同一个后继散列地址的现象称为“堆积”。

为了减少堆积的机会,就不能像线性探查法那样探查一个顺序的地址序列,而应该使探

| 散列地址 | 0 | 1 | 2 | 3 | 4 | 5 | 6 | 7 | 8 |
|---|---|---|---|---|---|---|---|---|---|
| 关键字 | | 36 | 23 | 44 | 59 | | 34 | 41 | |
| 比较次数 | | 1 | 1 | 2 | 2 | | 1 | 2 | |

图 8.17　用线性探查法构造散列表示例

查序列跳跃式地散列在整个散列表中。为此我们下面介绍另外一种解决冲突的方法。

(2) 二次探查法

二次探查法的探查序列依次是 $1^2,-1^2,2^2,-2^2\cdots\cdots$,也就是说,发生冲突时,将同义词来回散列在第一个地址 $d=H(\text{key})$的两端。由此可知,发生冲突时,求下一个开放地址的公式为:

$$d_{2i-1}=(d+i^2)\%m$$
$$d_{2i}=(d-i^2)\%m \quad (1\leqslant i\leqslant (m-1)/2)$$

虽然二次探查法减少了堆积的可能性,但是二次探查法不容易探查到整个散列表空间。

**2. 拉链法**

拉链法解决冲突的做法,是将所有关键字为同义词的结点链接在同一个单链表中。若选定的散列函数的值域为 $0\sim m-1$,则可将散列表定义为一个由 $m$ 个头指针组成的指针数组 HTP[$m$],凡是散列地址为 $i$ 的结点,均插入到以 HTP[$i$]为头指针的单链表中。

**【例 8.7】** 设散列表长 $m=13$,哈希函数为 $H(\text{key})=\text{key}\%13$,给定的一组关键字为(39,49,54,51,57,28,81,25,19,64,38),用拉链法解决冲突,构造这组关键字的散列表。

当把 $H(\text{key})=i$ 的关键字插入第$i$ 个单链表时,既可插入在链表的头上,也可以插在链表的尾上。若采用将新关键字插入链尾的方式,依次把给定的这组关键字插入表中,则得到的散列表如图 8.18 所示。

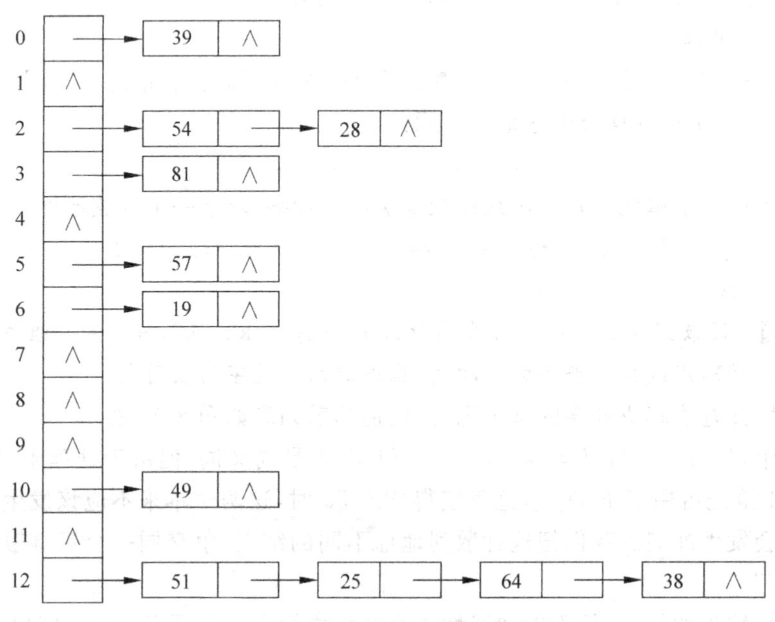


图 8.18　拉链法构造散列表示例

### 3. 散列表的查找及分析

散列表的查找过程和建表过程相似。假设给定的值为 $k$，根据建表时设定的散列函数 $H$，计算出散列地址 $H(k)$，若表中该地址对应的空间未被占用，则查找失败，否则将该地址中的结点与给定值 $k$ 比较，若相等则查找成功，否则按建表时设定的处理冲突方法找下一个地址，如此反复下去，直到某个地址空间未被占用（查找失败）或者关键字比较相等（查找成功）为止。

下面我们以线性探查法和拉链法为例，给出散列表上的查找和插入算法。

利用线性探查法解决冲突的查找和插入算法及有关说明如下：

```
#define NULL 0                               /* NULL 为空结点标记 */
#define m 15                                 /* 假设表长 m 为 15 */
typedef struct
{KEYTYPE key;
ELEMTYPE other;
}HASHTABLE;
int hashsearch(HASHTABLE *ht,KEYTYPE k)
{int d,i=0;                                  /* i 为冲突时的地址增量 */
d=H(k);                                      /* d 为散列地址 */
while(i<m&&ht[d].key!=k&&ht[d].key!=NULL)
{i++; d=(d+1)%m;}
return d;                                    /* 若 ht[d].key=k 查找成功，否则失败 */
}

hinsert(HASHTABLE *ht,HASHTABLE s)
{int d;
d=hashsearch(ht,s.key);                      /* 查找 s 的插入位置 */
if (ht[d].key==NULL)                         /* d 为开放地址，插入 s */
ht[d]=s;
else
printf("error");                             /* 结点存在或表满 */
}
```

利用拉链法解决冲突的查找和插入算法及有关说明如下：

```
typedef struct node
{KEYTYPE key;
ELEMTYPE other;
struct node *next;
}CHAINHASH;
CHAINHASH *chainsearch(CHAINHASH *HTC[],KEYTYPE k)
{CHAINHASH *p;
int d;
d=H(k);                                      /* d 为散列地址 */
p=HTC[d];                                    /* 取 k 所在链表的头指针 */
while(p&&p->key!=k)
p=p->next;                                   /* 顺序查找 */
return p;                                    /* 查找成功，返回结点指针，否则返回空指针 */
}
cinsert(CHAINHASH *HTC[],CHAINHASH *s)   /* 将结点 *s 插入散列表 HTC[m]中 */
```

```
{int d;
CHAINHASH *p;
p = chainsearch(HTC,s->key);              /*查看表中有无待插结点*/
if (p)
printf("error");                          /*表中已有该结点*/
else                                      /*采用头插法插入*s*/
{d = H(s->key);
s->next = HTC[d];
HTC[d] = s;}}
```

从上述查找过程可知，虽然散列表是在关键字和存储位置之间直接建立了对应关系，但是，由于冲突的产生，散列表的查找过程仍然是一个和关键字比较的过程，不过散列表的平均查找长度比顺序查找要小得多，比二分查找也小。例如，在例8.6和例8.7的散列表中，在等概率情况下，查找成功的平均查找长度分别如下。

线性探查法：

$$ASL=(1\times 3+2\times 3)/6=1.5$$

而当$n=6$时，顺序查找和二分查找的平均查找长度为：

$$ASL=(6+1)/2=3.5$$

$$ASL=(1\times 1+2\times 2+3\times 3)/6=14/6\approx 2.33$$

拉链法：

$$ASL=(1\times 7+2\times 2+3\times 1+4\times 1)/11=18/11\approx 1.64$$

而当$n=11$时，顺序查找和二分查找的平均查找长度为：

$$ASL=(11+1)/2=6$$

$$ASL=(1\times 1+2\times 2+3\times 4+4\times 4)/11=33/11=3$$

在例8.5的线性探查法中，计算查找不成功的平均查找长度，可将散列地址分别等于0,1,2,…,6时，确定查找不到而需要比较关键字的次数加起来，除以散列地址的总个数7，即得$ASL=(1+5+4+3+2+1+3)/7\approx 2.71$。

请注意，散列函数$H(key)\%7$的值域为[0,6]，它与表空间的地址集[0,8]不同。

同样，在例8.7的拉链法中，计算查找不成功的平均查找长度，可将散列地址分别等于0,1,2,…,12时，确定查找不到而需要比较关键字的次数加起来，除以散列地址的总个数13，即得$ASL=(1+0+2+1+0+1+1+0+0+0+1+0+4)/13=11/13\approx 0.85$。

### 8.4.4 哈希表的查找及其分析

**1. 装填因子**

$$\alpha=\frac{n}{m}$$

其中，$n$是记录个数，$m$是地址空间个数。

哈希表的平均查找长度与记录个数$n$不直接相关，而是取决于装填因子和处理冲突的方法。

**【例8.8】** 已知一组关键字{19, 14, 23, 1, 68, 20, 85, 9}，采用哈希函数$H(key)=key\ MOD\ 11$，请分别采用以下处理冲突的方法构造哈希表，并求各自的平均查找长度。

(1) 采用线性探测再散列；

(2) 采用伪随机探测再散列，伪随机函数为$f(n)=-n$；

(3) 采用链地址法。

思路：开始时表为空，依次插入关键字建立哈希表。

(1) 线性探测再散列

| 0 | 1 | 2 | 3 | 4 | 5 | 6 | 7 | 8 | 9 | 10 |
|---|---|---|---|---|---|---|---|---|---|---|
| 9 | 23 | 1 | 14 | 68 | | | | 19 | 20 | 85 |
| *3* | *1* | *2* | *1* | *3* | | | | *1* | *1* | *3* |

| | | | | | | | | | |
|---|---|---|---|---|---|---|---|---|---|
| key | 19 | 14 | 23 | 1 | 68 | 20 | 85 | 9 | ←关键字 |
| H(key) | *8* | *3* | *1* | *1* | *2* | *9* | *8* | *9* | ←H(key) |
| | | | | *2* | *3* | | *9* | *10* | ←冲突时计算下一地址 |
| | | | | | *4* | | *10* | *0* | ← |
| 查找长度 | 1 | 1 | 1 | 2 | 3 | 1 | 3 | 3 | ←每个关键字的查找长度 |

ASL=(1+1+1+2+3+1+3+3)/8=15/8

(2) 伪随机探测再散列

| 0 | 1 | 2 | 3 | 4 | 5 | 6 | 7 | 8 | 9 | 10 |
|---|---|---|---|---|---|---|---|---|---|---|
| 1 | 23 | 68 | 14 | | | 9 | 85 | 19 | 20 | |
| *2* | *1* | *1* | *1* | | | *4* | *2* | *1* | *1* | |

| | | | | | | | | |
|---|---|---|---|---|---|---|---|---|
| key | 19 | 14 | 23 | 1 | 68 | 20 | 85 | 9 |
| H(key) | *8* | *3* | *1* | *1* | *2* | *9* | *8* | *9* |
| | | | | *0* | | | *7* | *8* |
| | | | | | | | | *7* |
| | | | | | | | | *6* |
| 查找长度 | 1 | 1 | 1 | 2 | 1 | 1 | 2 | 4 |

ASL=(1+1+1+2+1+1+2+4)/8=13/8

(3) 链地址法

如图 8.19 所示。

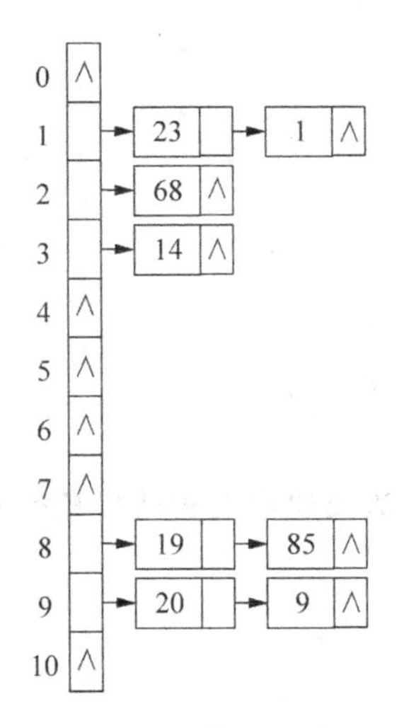


图 8.19 链地址法

ASL=(1×5+2×3)/8 = 11/8

注：关键字在链表中的插入位置可以在表头或表尾，也可以在中间以便保持关键字

有序。

最后，此哈希表的装填因子是 $\alpha=8/11$。

## 8.5 查找的应用

**【例 8.9】** 编写递归的二分查找算法及完整程序。

```
#define KEYTYPE int                          /* 查找表的结点类型定义 */
#define MAXSIZE 100
typedef struct
{KEYTYPE key;
}SEQLIST;
int dbinsearch(SEQLIST *r,KEYTYPE k,int low,int high)
{int mid;
if (low>high)
  return 0;
else
{mid=(low+high)/2;
  if (r[mid].key==k)
  return mid;
if (r[mid].key>k)
  return(dbinsearch(r,k,low,mid-1));
else
  return(dbinsearch(r,k,mid+1,high));
}
}
main()
{SEQLIST a[MAXSIZE];
int i,k,n;
scanf("%d",&n);
for(i=1;i<=n;i++)
scanf("%d",&a[i].key);
printf("输入待查元素关键字: ");
scanf("%d",&i);
k=dbinsearch(a,i,1,n);
if (k==0)
  printf("表中待查元素不存在");
else
  printf("表中待查元素的位置%d",k);
}
```

**【例 8.10】** 编写在线性探查法处理冲突构造的散列表中查找指定关键字的程序。

```
#define m 15
#define KEYTYPE int
#define NULL 0
typedef struct
{KEYTYPE key;
}HASHTABLE;
int hashsearch(HASHTABLE ht[],KEYTYPE k)  /* 查找算法 */
{int  i,d;
 i=0;
```

```
 d = k % 13;
 while(i < m && ht[d].key!= k && ht[d].key!= NULL)
 {i++;
 d = (d + 1) % m;}
 if (ht[d].key!= k)
  d = - 1;
 return d;  }
void  print_hashtable(HASHTABLE  ht[])   /* 打印散列表算法 */
{int i;
for(i = 0;i < m;i++)  printf(" % 4d",i);
printf("\n\n");
for(i = 0;i < m;i++)  printf(" % 4d",ht[i].key);
printf("\n\n");
}
void creat(HASHTABLE ht[])                /* 建立散列表算法 */
{int  i,d;
 for(i = 0;i < m;i++)
 ht[i].key = NULL;
 scanf(" % d",&i);
 while(i!= 0)
{d = i % 13;
 while (1)
 if(ht[d].key == NULL)
{ht[d].key = i;
 break;}
 else
 d = (d + 1) % m;
scanf(" % d",&i);
}
}
 main()
{int i,k;
HASHTABLE ht[m];
creat(ht);
print_hashtable(ht);
printf("\ninput: ");
scanf(" % d",&i);
k = hashsearch(ht,i);
if (k == - 1) printf("nofound\n");
else printf(" % d",k + 1);
}
```

## 本 章 小 结

(1) 查找是数据处理中经常使用的一种重要运算。在许多软件系统中最耗时间的部分是查找。因此,研究高效的查找方法是本章的重点。

(2) 关于线性表的查找,本章介绍了顺序查找、有序表查找和静态树表查找和索引顺序表查找 4 种方法。

(3) 关于动态查找,我们介绍了二叉排序树、平衡二叉树的方法,讨论了二叉排序树的基本概念、插入和删除操作以及查找过程,还介绍了B树、B-树和B+树的相关知识。

(4) 上述方法都是基于关键字比较进行的查找,而散列表方法则是通过散列函数直接计算出结点的地址,但由于冲突是不可避免的,所以处理冲突是散列法的一个主要问题。这里介绍了散列表的概念、散列函数和处理冲突的方法。

(5) 最后,我们叙述了各种查找方法的平均查找长度。

# 第9章　排　序

**【本章学习目标】**

在信息处理过程中，最基本的操作是查找。从查找来说，效率最高的是折半查找，折半查找的前提是所有的数据元素（记录）是按关键字有序的。需要将一个无序的数据文件转变为一个有序的数据文件。因此，排序是计算机程序设计中经常要使用的一种重要的操作。排序是将任一文件中的记录通过某种方法整理成按关键字有序排列的处理过程。它广泛地应用在事务处理及各种数据加工的过程中。例如，在英文字典中按英文字母顺序排列单词，使我们可以快速地从一本厚厚的字典中找到所要查找的单词；在图书馆中，图书目录要按作者、书名、书号等关键字顺序排列，使读者可以快捷、方便地查出图书馆是否有自己需要的书；在各种大型的考试中，要将考生按照考号排序，依照考号顺序分配考场、查询成绩等。

如何进行排序，特别是高效率的排序是计算机软件设计中的一个重要课题。本章主要介绍排序的基本概念、排序的种类、排序的过程及方法。通过本章的学习，要求掌握如下主要内容：

- 排序的概念。
- 4类基本排序：插入排序、交换排序、选择排序和归并排序的基本思想、排序过程、算法实现和性能分析。
- 各种排序方法的比较和如何选择排序方法。

## 9.1　排序的基本概念

排序（Sorting）是把一个无序的数据元素序列按某个关键字进行有序（递增或递减）排列的过程。排序中经常把数据元素称为记录（Record）。把记录中作为排序依据的某个数据项称为排序关键字，简称关键字（Key）。

排序时选取哪一个数据项作为关键字，应根据具体情况而定。例如，表9.1为某次学生考试成绩表，表中每个学生的记录包括考号、姓名、总分。

**表9.1　学生成绩表**

| 考　号 | 姓　名 | 总　分 |
|---|---|---|
| 001 | 赵　玲 | 360 |
| 002 | 王　红 | 235 |
| 003 | 张　丽 | 287 |
| 004 | 李　明 | 342 |

以“考号”作为关键字排序,可以快速查找到某个学生的总分,因为考号可以唯一识别一个学生的记录。若想以“总分”排列名次,就应把“总分”作为关键字对成绩表进行排序。

待排序的记录可以是任意的数据类型,其关键字可以是整型、实型、字符型等基本数据类型,通过排序可以构造一种新的按关键字有序的排列。如果待排序的记录序列中存在关键字相同的记录,例如,有一序列(32,46,12,28,46′,73),其中46区别于46′。排序前46的位置在46′之前,排序后的新序列若为(12,28,32,46,46′,73),46的位置仍先于46′,则称这种排序方法是稳定的;反之,如果数据序列变为(12,28,32,46′,46,73),此排序方法是不稳定的。

排序的方式根据待排记录数量不同可以分为以下两类。

(1) 在排序过程中,只使用计算机的内存储器存放待排序的记录,称为内部排序。内部排序用于排序的记录个数较少时,全部排序可在内存中完成,不涉及外存储器,因此,排序速度快。

(2) 当排序的记录数很大时,全部记录不能同时存放在内存中,需要借助外存储器,也就是说排序过程中不仅要使用内存,还要使用外存,记录要在内、外存之间移动,这种排序称为外部排序。外部排序运行速度较慢。

本章只讨论内部排序,不涉及外部排序。

内部排序的方法很多,但不论哪种排序过程,通常都要进行两种基本操作:

(1) 比较两个记录关键字的大小。

(2) 根据比较结果,将记录从一个位置移到另一个位置。

所以,在分析排序算法的时间复杂度时,主要分析关键字的比较次数和记录的移动次数。

特别需要说明的是:本章介绍的排序算法都是采用顺序存储结构,即用数组存储,且按关键字递增排序。函数中记录类型及数组结构定义如下:

```
#define MAXSIZE 100
typedef struct
{KEYTYPE key;
KEYTYPE data;
}RECORDNODE;
```

这里的KEYTYPE可以是任何相应的数据类型,如int、float及char等,在算法中规定KEYTYPE默认为int型。

## 9.2 插入排序

插入排序的基本思想是:每步将一个待排序的记录,按其关键字大小,插入到前面已经排好序的一组记录的适当的位置上,直到记录全部插入完成为止。本节介绍直接插入排序和希尔排序两种插入排序算法。

### 9.2.1 直接插入排序

排序思想:将待排序的记录R$i$,插入到已排好序的记录表R1,R2,…,R$i$−1中,得到一个新的、记录数增加 1 的有序表。直到所有的记录都插入完为止。设待排序的记录顺序存放在数组 R[1…$n$]中，在排序的某一时刻，将记录序列分成两部分：

(1) R[1…$i-1$]：已排好序的有序部分；

(2) R[$i$…$n$]：未排好序的无序部分。

显然，在刚开始排序时，R[1]是已经排好序的。

**【例 9.1】** 设有 6 个待排序的记录，它们排序的关键字序列为(30,43,12,29,43′,73)。直接插入排序的过程如图 9.1 所示。

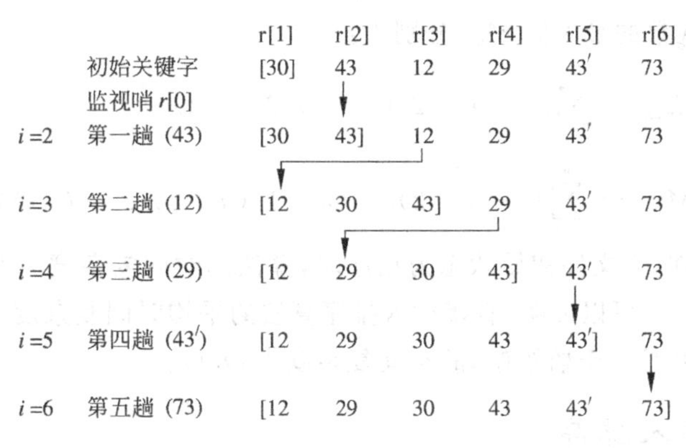


图 9.1 直接插入排序示例

直接插入排序算法描述如下：

```
void insertsort(RECORDNODE r[],int n)
{int i,j;
for(i=2;i<=n;i++)
{r[0]=r[i];
j=i-1;
while(r[0].key<r[j].key)
{r[j+1]=r[j];
j--;}
r[j+1]=r[0];
}
}
```

从上例看出：(1)在有序区前段增设了一个监视哨 r[0]，暂存当前待插入的记录，目的是在顺序查找插入位置时，可以防止循环变量越界。(2)46 和 46′的相对位置没有变化，因此，直接插入排序是稳定的排序方法。

监视哨 r[0]的作用如下：(1)开始时并不存放任何待排序的记录，保存当前待插入的记录 R[$i$]，R[$i$]会因为记录的后移而被占用；(2)保证查找插入位置的内循环总可以在超出循环边界之前找到一个等于当前关键字的记录，起“哨兵监视”作用，避免在内循环中每次都要判断 $j$ 是否越界。

算法分析：直接插入排序的比较次数取决于原记录序列的有序程度。如果原始记录的关键字正好为递增有序(正序)时，这是最好情况，每一趟排序中仅需进行一次关键字的比较，此时 $n-1$ 趟排序总的关键字比较次数取最小值 $C_{min}=n-1$ 次，并且在每一趟排序中，无须后移记录。但是，在进入 while 循环之前，将待插入的记录 r[$i$]保存到监视哨 r[0]中需移动一次记录,在该循环结束之后将监视哨中 r[$i$]的副本插入到 r[$j+1$]也需移动一次记录,此时排序过程总的记录移动次数也取最小值 $M_{min}=2(n-1)$。

若初始时原始记录的关键字递减有序(反序),这是最坏情况。这时关键字的比较次数和记录移动次数均取最大值。在反序情况下,对于 for 循环的每一个 $i$ 值,因为当前有序区 r[1]到 r[$i-1$]的关键字均大于待插入记录 r[$i$]的关键字,所以 while 循环要进行 $i$ 次比较才终止,并且有序区中所有的 $i-1$ 个记录均后移了一个位置,再加上 while 循环前后的两次移动,则移动记录的次数为 $i-1+2$。由此可得排序过程中关键字比较总次数的最大值 $C_{max}$和记录移动总次数的最大值 $M_{max}$分别为:

$$C_{max}=\sum_{i=2}^{n} i=(n+2)(n-1)/2=O(n^2)$$

$$M_{max}=\sum_{i=2}^{n}(i-1+2)=(n-1)(n+4)/2=O(n^2)$$

由上述分析可知,当文件初始状态为正序时,算法的时间复杂度为 $O(n)$,反之,算法的时间复杂度为 $O(n^2)$。可以证明,直接插入排序算法的平均时间复杂度也是 $O(n^2)$。显然,算法所需的辅助空间是一个监视哨,故空间复杂度为 $O(1)$。

## 9.2.2 折半插入排序

当将待排序的记录 R[$i$]插入到已排好序的记录子表 R[$1\cdots i-1$]中时,由于 R1,R2,…,R$i-1$ 已排好序,则查找插入位置可以用“折半查找”实现,则直接插入排序就变成折半插入排序。

**【例 9.2】** 设有 6 个待排序的记录,它们排序的关键字序列为(30,43,12,29,43′,73)。折半直接插入排序的过程如图 9.2 所示。

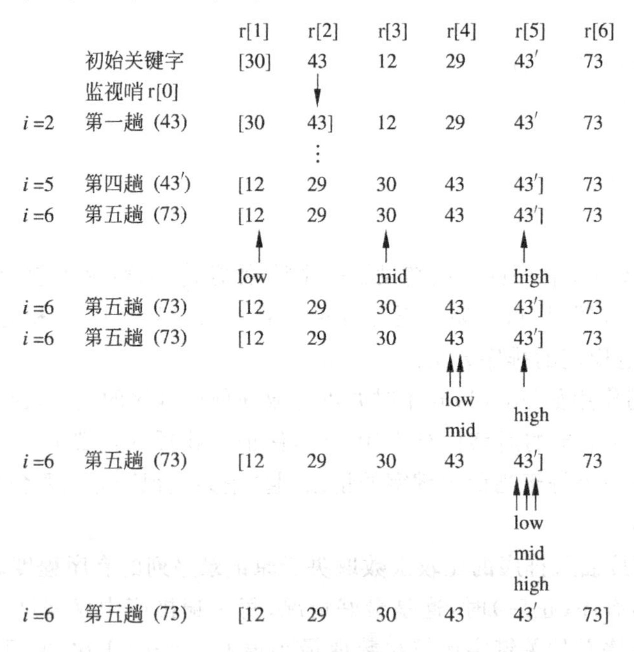


图 9.2 折半插入排序示例

折半插入排序算法描述如下：

```
void BinInsertSort(RECORDNODE r[ ],int n)
{
  for (i = 2; i < n; i++)
  // 在 r[0..i-1]中折半查找插入位置使 r[high]≤r[i]<r[high+1..i-1]
  {
    r[0] = r[i];
    low = 1;high = i - 1;
    while (low <= high)
    { mid = (low + high)/2;
      if (r[i]< r[mid])
        high = mid - 1;
      else
        low = mid + 1;
    }
    // 向后移动元素 r[high+1..i-1],在 r[high+1]处插入 r[i]
    for (j = i - 1; j > high; j-- )
      r[j+1] = r[j];
    r[high+1] = r[0];            // 完成插入
  }
}
```

从时间上比较，折半插入排序仅仅减少了关键字的比较次数，却没有减少记录的移动次数，故时间复杂度仍然为 $O(n^2)$。43 和 43′的相对位置没有发生变化，因此，折半插入排序是一种稳定的排序方法。

## 9.2.3 希尔排序

希尔排序(Shell Sort)也称为“缩小增量排序”。它的基本思想是：不断地把待排序的一组记录按增量分成若干小组，分别进行组内直接插入排序，待整个序列中的记录“基本有序”时，再对全体记录进行依次直接插入排序。这样大大减少了记录移动次数，提高了排序效率。

对增量序列(用 $d$ 表示)的取法有多种，一般认为：无除 1 以外的公因子、最后一个增量值必须为 1。希尔提出的方法是：$d_1=\lfloor n/2 \rfloor$，$d_{i+1}=\lfloor d_i/2 \rfloor$，最后一次排序的增量必须为 1，其中 $n$ 为记录数。

**【例 9.3】** 设待排序的记录数 $n$ 为 6，它们排序的关键字序列为(30,89,43,29,43′,73)，间隔值序列取 $d_1=3$，$d_2=1$。希尔排序的过程如图 9.3 所示。

希尔排序算法描述如下：

```
void shellsort(RECORDNODE r[ ],int n)
{int d,i;
d = n/2;                          /* 取初始增量 */
while(d > 0)
{for(i = d + 1;i <= n;i++)        /* 将 r[i]插入到所属组的有序段中 */
  {r[0] = r[i];
  j = i - d;
  while(j > 0&&r[0].key < r[j].key)
```

```
        {r[j+d] = r[j];j = j - d;}
        r[j+d] = r[0];
        }
        d = d/2;                        /* 缩小增量值 */
    }
}
```

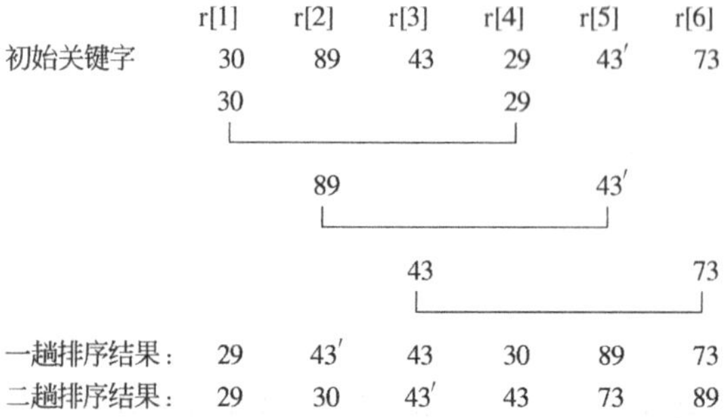

| | r[1] | r[2] | r[3] | r[4] | r[5] | r[6] |
|---|---|---|---|---|---|---|
| 初始关键字 | 30 | 89 | 43 | 29 | 43′ | 73 |
| | 30 | | | 29 | | |
| | | 89 | | | 43′ | |
| | | | 43 | | | 73 |
| 一趟排序结果: | 29 | 43′ | 43 | 30 | 89 | 73 |
| 二趟排序结果: | 29 | 30 | 43′ | 43 | 73 | 89 |

图 9.3　希尔排序示例

希尔排序可提高排序速度,原因是:分组后 $n$ 值减小,$n^2$ 更小,而 $T(n)=O(n^2)$,所以 $T(n)$ 从总体上看是减小了;关键字较小的记录跳跃式前移,在进行最后一趟增量为 1 的插入排序时,序列已基本有序。

从上例可以看出:(1)希尔排序实际上是对直接插入排序的一种改进,它的排序速度一般要比直接插入排序快。希尔排序的时间复杂度取决于所取的增量值,一般认为在 $O(\log_2 n)$ 和 $O(n^2)$ 之间。(2)43 和 43′的相对位置发生了变化,因此,希尔排序是一种不稳定的排序方法。

## 9.3 交换排序

交换排序的基本思想是:两两比较待排记录序列的关键字,交换不满足顺序要求的一对记录,直到全部满足要求为止。常用的交换排序有冒泡排序和快速排序。

### 9.3.1 冒泡排序

冒泡排序(Bubble Sort)是一种简单常用的排序方法。其排序思想是:从待排序的 $n$ 个记录的一端开始,依次比较相邻的两个记录的关键字,如果次序和要求的相反就交换,这样从一端比较到另一端,一个记录就交换到它的最终位置上,称为一趟排序,对余下的 $n-1$ 个无序记录重复上面的过程。一共进行 $n-1$ 趟排序,所有的记录就成为有序序列。

**【例 9.4】** 设有 6 个待排序的记录,它们排序的关键字序列为(30,89,43,29,43′,73)。冒泡排序的过程如图 9.4 所示。

从排序的过程看,记录数为 6,需要做 5 趟冒泡排序,但实际上进行到第三趟冒泡排序时,整个记录已经有序了,因此,不需要再进行第四、五趟冒泡排序了。也就是说,在某趟排序比较过程中,如果没有交换记录,则排序可提前结束,我们也称这种方法为改进了的冒泡排序方法,用此方法可以节省排序时间。

| | r[1] | r[2] | r[3] | r[4] | r[5] | r[6] |
| --- | --- | --- | --- | --- | --- | --- |
| 初始关键字 | 30 | 89 | 43 | 29 | 43′ | 73 |
| 第一趟 | 30 | 43 | 29 | 43′ | 73 | [89] |
| 第二趟 | 30 | 29 | 43 | 44′ | [73 | 89] |
| 第三趟 | 29 | 30 | 43 | [43′ | 73 | 89] |
| 第四趟 | 29 | 30 | [43 | 43′ | 73 | 89] |
| 第五趟 | 29 | [30 | 43 | 43′ | 73 | 89] |
| 结果 | [29 | 30 | 43 | 43′ | 73 | 89] |

图 9.4　冒泡排序示例

冒泡排序算法描述如下：

```
void bubblesort(RECORDNODE r[],int n)
{                                  /* 对表 r[1..n]中的 n 个记录进行冒泡排序 */
int i,j;
for(i=1;i<n;i++)
for(j=1;j<=n-i;j++)
if(r[j].key>r[j+1].key)
{r[0]=r[j];r[j]=r[j+1];r[j+1]=r[0];}
}
```

改进后的冒泡排序算法描述如下：

```
void bubblesortg(RECORDNODE r[],int n)
{int i,j,noswap;
for(i=1;i<n;i++)
{noswap=1;                         /* 设交换标志,noswap=1 为未交换 */
for(j=1;j<=n-i;j++)
if(r[j].key>r[j+1].key)
{noswap=0;                         /* 准备交换 */
r[0]=r[j];r[j]=r[j+1];r[j+1]=r[0];
}
if(noswap)                         /* 未交换,排序结束 */
break;
}
}
```

算法分析：从上例看出，冒泡排序是一种稳定的排序方法。算法的执行时间与原始记录的有序程度有很大关系，如果原始记录已经是递增有序(正序)时，只需进行一趟排序，在此趟排序中比较次数为 $n-1$ 次，且没有记录移动。也就是说，冒泡排序在最好的情况下，时间复杂度是 $O(n)$。如果原始记录是递减有序(反序)时，则需要进行 $n-1$ 趟排序，每趟排序要进行 $n-i$ 次关键字的比较，且每次比较都必须移动记录三次来达到交换记录的位置。此时，比较和移动次数均达到最大值：

$$C_{\max}=\sum_{i=1}^{n-1}(n-i)=n(n-1)/2=O(n^2)$$

$$M_{\max}=\sum_{i=1}^{n-1}3(n-i)=3n(n-1)/2=O(n^2)$$

因此,冒泡排序的最坏时间复杂度为 $O(n^2)$,它的平均时间复杂度也是 $O(n^2)$。

## 9.3.2 快速排序

快速排序(Quick Sort)又称为划分交换排序,是一种所需比较次数较少、目前在内部排序中速度最快的方法。它的基本思想是:第一趟处理整个待排序列,选取其中的一个记录(通常可选第一个记录),以该记录的关键字值为基准,通过一趟快速排序将待排序列分割成独立的两个部分,前一部分记录的关键字比基准记录的关键字小,后一部分记录的关键字比基准记录的关键字大,基准记录得到了它在整个序列中的最终位置并被存放好,这个过程称为一趟快速排序。第二趟即分别对分割成两部分的子序列再进行快速排序,这样两部分子序列中的基准记录也得到了最终在序列中的位置并被存放好,又分别分割出独立的两个子序列。很显然,这是一个递归的过程,不断进行下去,直至每个待排子序列中都只有一个记录时为止,此时整个待排序列已排好序,排序算法结束。

下面介绍一次快速排序的过程。

(1) 初始化:取第一个记录作为基准,设置两个整型指针 $i$、$j$,分别指向将要与基准记录进行比较的左侧记录位置和右侧记录位置。最开始从右侧比较,当发生交换操作后,再从左侧比较。

(2) 用基准记录与右侧记录进行比较:即与指针 $j$ 指向的记录进行比较,如果右侧记录的关键字值大,则继续与右侧前一个记录进行比较,即 $j$ 减 1 后,再用基准元素与 $j$ 所指向的记录比较,若右侧的记录小(逆序),则将基准记录与 $j$ 指向的记录进行交换。

(3) 用基准记录与左侧记录进行比较:即与指针 $i$ 指向的记录进行比较,如果左侧记录的关键字值小,则继续与左侧后一个记录进行比较,即 $i$ 加 1 后,再用基准记录与 $i$ 指向的记录比较,若左侧的记录大(逆序),则将基准记录与 $i$ 指向的记录交换。

(4) 右侧比较与左侧比较交替重复进行,直到指针 $i$ 与 $j$ 指向同一位置,即指向基准记录最终的位置。

**【例 9.5】** 设有 6 个待排序的记录,它们排序的关键字序列为(17,8,45,23,40,23′),第一趟快速排序过程如图 9.5 所示。

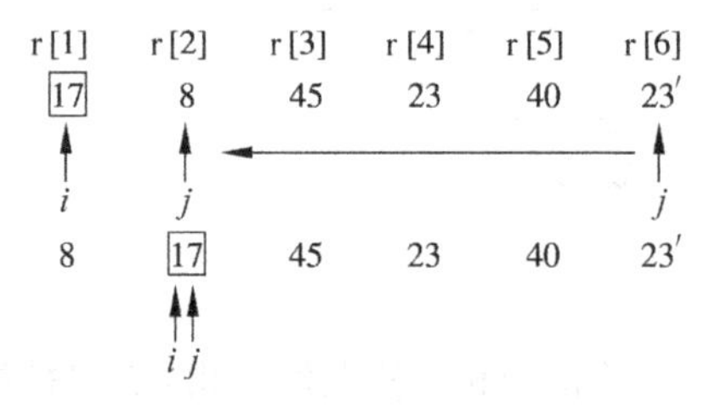


图 9.5 一趟快速排序示例

第一趟快速排序后,用同样的方法对产生的两个子序列继续进行快速排序,下面给出整个排序过程,如图 9.6 所示。

快速排序算法描述如下:

```
int part(RECORDNODE r[],int low,int high)
{                                          /* 返回一趟快速排序后被定位的基准记录的位置 */
int i,j;
RECORDNODE temp;
i = low;j = high;                          /* low 和 high 为记录序列的下界和上界 */
temp = r[i];
while(i<j)
{while(i<j&&r[j].key>= temp.key)           /* 在序列的右端扫描 */
j--;
if (i<j)
```

```
{r[i] = r[j];r[j] = temp;i++;}
while(i < j&&r[i].key <= temp.key)          /* 在序列的左端扫描 */
i++;
if (i < j)
{r[j] = r[i];r[i] = temp;j--;}
}
r[i] = temp;
return i;
}
quicksort(RECORDNODE r[],int start,int end)
{                                           /* 对 r[start]到 r[end]进行快速排序 */
int i;
if (start < end)                            /* 只有一个记录或无记录时无须排序 */
{i = part(r,start,end);                     /* 对 r[start]到 r[end]进行一趟快速排序 */
quicksort(r,start,i - 1);                   /* 递归处理左区间 */
quicksort(r,i + 1,end);                     /* 递归处理右区间 */
}
}
```

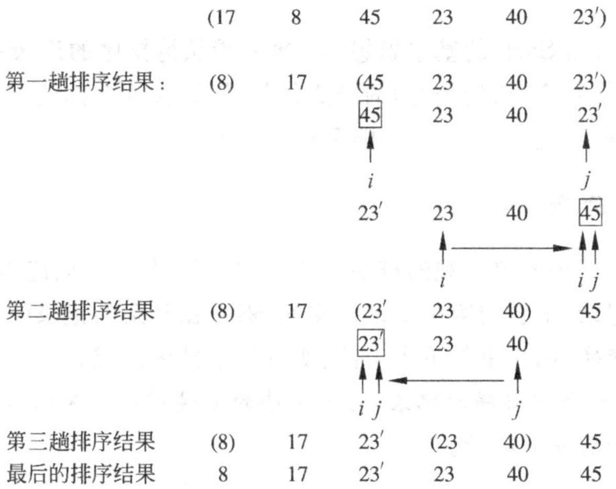

```
                (17    8    45    23    40    23')
第一趟排序结果:   (8)   17   (45    23    40    23')
                           [45]   23    40    23'
                            ↑                 ↑
                            i                 j
                            23'   23    40   [45]
                                  ↑ ──────→ ↑↑
                                  i         i j
第二趟排序结果    (8)   17   (23'   23    40)   45
                           [23']  23    40
                            ↑↑ ←──────  ↑
                            i j         j
第三趟排序结果    (8)   17    23'  (23    40)   45
最后的排序结果     8    17    23'   23    40    45
```

图 9.6　快速排序过程

算法分析：从上例可以看出，快速排序是不稳定的排序方法。对快速排序我们还是从关键字的比较次数和对象的移动次数上进行分析，最坏的情况是每趟快速排序选取的基准都是当前无序区中关键字最小(或最大)的记录，排序的结果是基准左边的无序子区(或右边的无序子区)为空，排序前后无序区的元素个数减少一个，因此，排序必须做 $n-1$ 趟，每一趟中需进行 $n-i$ 次比较，故总的比较次数达到最大值：

$$C_{\max} = \sum_{i=1}^{n-1}(n-i) = n(n-1)/2 = O(n^2)$$

最好的情况是每次所取的基准都是当前无序区的“中值”记录，一次快速排序的结果是基准的左、右两个无序子区的长度大致相等。

设 $C(n)$ 表示对长度为 $n$ 的序列进行快速排序所需的比较次数，虽然，它应该等于对长度为 $n$ 的无序区进行一次快速排序所需的比较次数 $n-1$，加上递归地对一次快速排序所得的左、右两个无序子区(长度$\leqslant n/2$)进行快速排序所需的比较次数。假设文件长度 $n=2^k$，

则 $k=\log_2 n$，那么总的比较次数为：

$$\begin{aligned} C(n) &\leqslant n + 2C(n/2) \\ &\leqslant n + 2[n/2 + 2C(n/2^2)] = 2n + 4C(n/2^2) \\ &\leqslant 2n + 4[n/4 + 2C(n/2^3)] = 3n + 8C(n/2^3) \\ &\leqslant \cdots\cdots \\ &\leqslant kn + 2kC(n/2^k) = n\log_2 n + nC(1) \\ &= O(n\log_2 n) \end{aligned}$$

因为快速排序的记录移动次数不会大于比较次数，所以，快速排序的最坏时间复杂度为 $O(n^2)$，最好时间复杂度为 $O(n\log_2 n)$。可以证明快速排序的平均时间复杂度也是 $O(n\log_2 n)$。在同数量级的排序方法中，快速排序的平均性能最好，但当原文件关键字有序时，快速排序的时间复杂度为 $O(n^2)$，而这时冒泡排序的时间复杂度为 $O(n)$。可见算法的优劣不是绝对的，在序列基本排好序的情况下，要避免使用快速排序方法。

## 9.4 选择排序

选择排序(Selection Sort)的基本思想是：每一趟从待排序的记录中挑选出关键字最小的记录，顺序放在已排好序(初始为空)的子文件的最后，直到全部记录排序完毕为止。本节我们介绍两种选择排序方法：直接选择排序和堆排序。

### 9.4.1 直接选择排序

直接选择排序是一种简单直观的排序方法，其排序思想是：从待排序的所有记录中，挑选出关键字最小的记录，把它与第一个记录交换，然后在其余的记录中再选出关键字最小的记录与第二个记录交换，如此重复下去，直到所有记录排序完成。

**【例9.6】** 设有6个待排序的记录，它们排序的关键字序列为(15,8,19,23,23′,6)。直接选择排序的过程如图9.7所示。

| $n$=6 | r[1] | r[2] | r[3] | r[4] | r[5] | r[6] |
|---|---|---|---|---|---|---|
| 初始关键字 | 15 | 8 | 19 | 23 | 23′ | 6 |
| 第一趟 | [6] | 8 | 19 | 23 | 23′ | 15 |
| 第二趟 | [6 | 8] | 19 | 23 | 23′ | 15 |
| 第三趟 | [6 | 8 | 15] | 23 | 23′ | 19 |
| 第四趟 | [6 | 8 | 15 | 19] | 23′ | 23 |
| 第五趟 | [6 | 8 | 15 | 19 | 23′] | 23 |
| 最后结果 | [6 | 8 | 15 | 19 | 23′ | 23] |

图9.7 直接选择排序示例

直接选择排序算法描述如下：

```
void selectsort(RECORDNODE r[],int n)
{int i,j,k;
for(i=1;i<=n-1;i++)
{k=i;
```

```
for(j = i + 1;j < = n;j++)
if(r[j].key < r[k].key)
k = j;                                          /* 记录最小数的位置 */
if(k!= i)
{r[0] = r[i];r[i] = r[k];r[k] = r[0];}
}
}
```

算法分析：从上例可以看出，直接选择排序是不稳定的排序方法。显然，无论文件初始状态如何，在第 $i$ 趟排序中挑选出最小关键字的记录，需做 $n-1$ 次比较，因此，总的比较次数为：

$$C=\sum_{i=1}^{n-1}(n-i)=n(n-1)/2=O(n^2)$$

至于记录移动次数，当初始文件为正序时，移动次数为 0；文件初态为反序时，每趟排序均要执行交换操作，所以，总的移动次数取最大值 $3(n-1)$。直接选择排序的平均时间复杂度为 $O(n^2)$。

### 9.4.2 树型选择排序

树型选择排序又称锦标赛排序，是一种按照锦标赛的思想进行选择排序的方法。首先对 $n$ 个记录的关键字两两进行比较，选取 $\lceil n/2 \rceil$ 个较小者；然后这 $\lceil n/2 \rceil$ 个较小者两两进行比较，选取 $\lceil n/4 \rceil$ 个较小者… 如此重复，直到只剩 1 个关键字为止。该过程可用一棵有 $n$ 个叶子结点的完全二叉树表示，如图 9.8 所示。

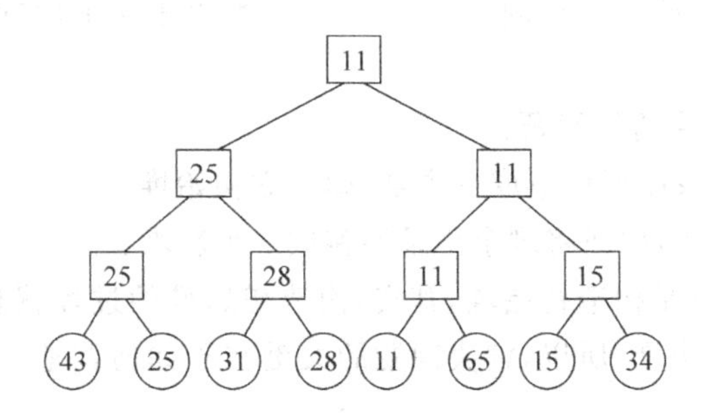


图 9.8 “锦标赛”过程示意图

每个枝结点的关键字都等于其左、右孩子结点中较小的关键字，根结点的关键字就是最小的关键字。输出最小关键字后，根据关系的可传递性，欲选取次小关键字，只需将叶子结点中的最小关键字改为“最大值”，然后重复上述步骤即可。

含有 $n$ 个叶子结点的完全二叉树的深度为 $\lceil \log2n \rceil+1$，则总的时间复杂度为 $O(n\log2n)$。

### 9.4.3 堆排序

堆排序(Heap Sort)是在直接选择排序法的基础上借助完全二叉树的结构进行排序的方法。在直接选择排序中，找出最小的关键字需要比较 $n-1$ 次，找第二小的关键字需要比较 $n-2$ 次，以此类推。实际很多的比较是重复的，这些比较除了找到最小的关键字外，还可以产生一些信息，这些信息对后续的比较和排序是有用的，如果保存下来，可以缩减比较的次数，堆排序就是利用这种思想的一种改进算法。

下面引入堆的概念，假定具有 $n$ 个元素的序列的关键字序列为 $\{k_1, k_2, \cdots, k_n-1, k_n\}$，若它们满足下面的特性之一，则称此元素序列为堆。

(1) $k_i \leqslant k_{2i}$ 且 $k_i \leqslant k_{2i+1}$　$(1 \leqslant i \leqslant \lfloor n/2 \rfloor)$

(2) $k_i \geqslant k_{2i}$ 且 $k_i \geqslant k_{2i+1}$　$(1 \leqslant i \leqslant \lfloor n/2 \rfloor)$

满足特性(1)的堆，称为小根堆，满足特性(2)的堆，称为大根堆。在本书中没有特别指明的都指的是大根堆。例如，(85,52,38,26,13,04)就是一个大根堆。

从堆的定义看出，如果将一个为堆的序列看成是一棵完全二叉树的顺序存储序列，则对应的完全二叉树具有下列性质：

(1) 堆是一棵采用顺序存储结构的完全二叉树，k1 是根结点；

(2) 树中所有非叶子结点的关键字均大于它的孩子结点。如此对应的完全二叉树的根(堆顶)结点的关键字是最大的，也就是整个堆序列中关键字最大的。

(3) 从根结点到每一叶子结点路径上的元素组成的序列都是按元素值(或关键字值)非递减(或非递增)的；

(4) 二叉树中任一子树也是堆。

图 9.9 就是堆序列(85,52,38,26,13,04)所对应的完全二叉树。

将待排序的记录序列建成一个堆，并借助于堆的性质进行排序的方法就是堆排序。它的基本思想是：将原始的 $n$ 个记录序列建成一个大根堆，称为初始堆，然后将它的根结点值和最后一个结点值交换，除此之外的 $n-1$ 个记录序列再重复上面的操作，直到记录序列成为一个递增的序列。

完成堆排序必须解决两个问题：

(1) 如何将原始记录序列构造成一个堆，即建立初始堆。

(2) 输出堆顶元素后，如何将剩余记录调整成一个新堆。

因此，堆排序的关键是构造初始堆，其实，构造初始堆的过程就是将待排元素序列对应的完全二叉树调整成一个堆，所以，解决问题的关键在于如何调整元素间的关系，使之形成初始堆。下面举例说明。

**【例 9.7】** 设有 6 个待排序的记录，它们排序的关键字序列为(34,22,43,10,63,85)，所对应的完全二叉树如图 9.10 所示。

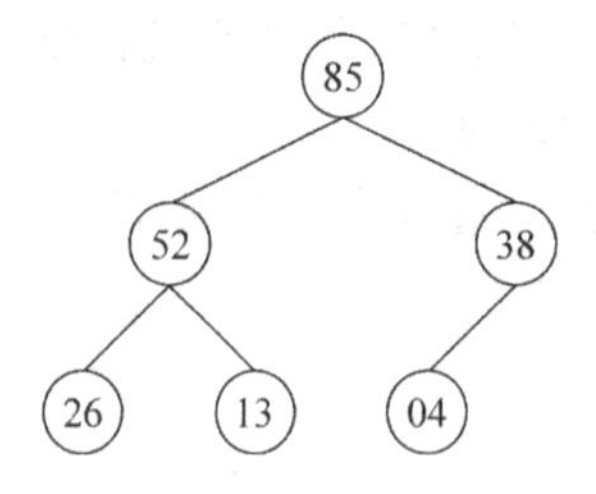


图 9.9　大根堆序列对应的完全二叉树示意图

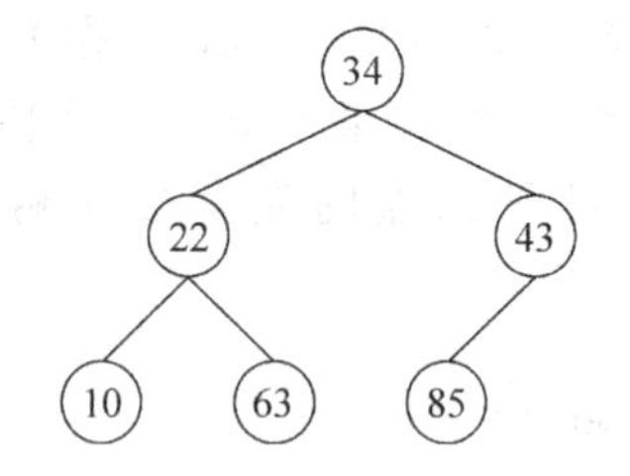


图 9.10　初始序列对应的完全二叉树示意图

由二叉树的性质可知，二叉树中序号最大的一个非终端结点是 $\lfloor n/2 \rfloor$，即图中的 3 号结点 43，序号最小的结点是根结点 34，对这些结点需一一进行调整，使其满足堆的条件。调整过程为：首先把 3 号结点元素 43 与其两个孩子中值较大的进行比较，由于它只有 1 个左孩子 85，故只和 85 比较，因为 43＜85，所以交换两结点值，这时以 85 为根的子树即为堆，接着用相同的步骤对第 2 个结点 22 进行调整，直至第 1 个结点 34。如果在中间调整过程中，由于交换破坏了以其孩子为根的堆，则要对破坏了的堆进行调整，以此类推，直到父结点大于等于左、右孩子的元素结点或者孩子结点为空的元素结点。当这一系列调整过程完成时，图 9.11 所示的二叉树即成为一个堆树，这个调整过程也叫做“筛选”。

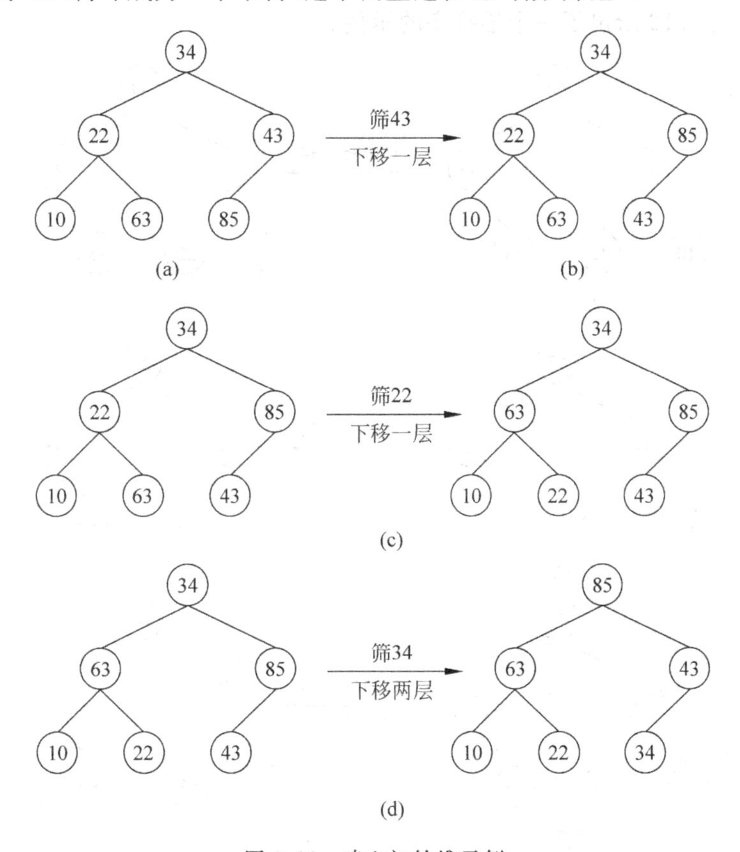


图 9.11　建立初始堆示例

建立初始堆的筛选算法描述如下：

```
void sift(RECORDNODE r[],int i,int m)
{                                   /* i 为当前筛选的结点编号,m 为堆中最后一个结点的编号 */
int j;
RECORDNODE temp;
temp = r[i];
j = 2 * i;
while(j <= m)                       /* 若 i 有左孩子 */
{if (j < m&&r[j].key < r[j + 1].key) j++;      /* j 指向 r[i]的右孩子 */
if (temp.key < r[j].key)            /* 孩子结点的关键字较大 */
{r[i] = r[j];                       /* 将 r[j]换到双亲位置上 */
i = j;j = 2 * i;                    /* 修改当前被调整结点 */
}
else  break;                        /* 调整完毕,退出循环 */
```

```
    }
    r[i] = remp;                          /* 最初被调整结点放入正确位置 */
    }
```



利用以上算法,最大堆建成后,根结点的位置就是序列的最大关键字所在位置,将 r[1]与 r[$n$]调换,最大关键字的记录就排在了最后,再对余下的 $n-1$ 个记录,利用 sift 算法重新建立最大堆,再将堆的根结点和最后的结点调换,如此重复,最后初始序列成为按照关键字有序的序列。图 9.12 给出了一个堆排序的示例。

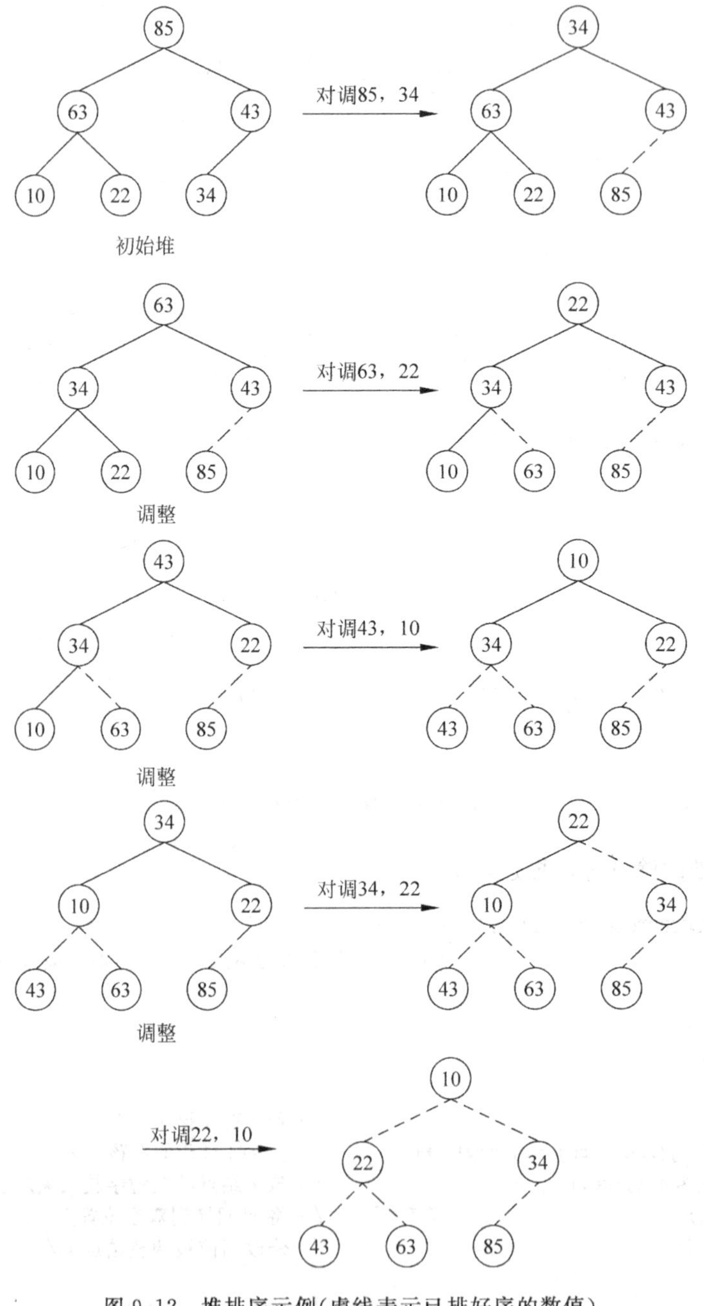


图 9.12　堆排序示例(虚线表示已排好序的数值)

下面给出堆排序算法：

```
heapsort(RECORDNODE r[])                    /* 对 r[1]到 r[n]进行堆排序 */
{int i;
RECORDNODE temp;
for(i = n/2;i >= 1;i -- )                   /* 建初始堆 */
sift(r,i,n);
for(i = n;i > 1;i -- )                      /* 进行 n-1 趟堆排序 */
{temp = r[1];                               /* 当前堆顶记录和最后一个记录交换 */
r[1] = r[i];
r[i] = temp;
sift(r,1,i - 1);                            /* r[1]到 r[i-1]重建成堆 */
}
}
```

从堆排序的算法可以知道，堆排序所需的比较次数是建立初始堆与重新建堆所需的比较次数之和，其平均时间复杂度和最坏时间复杂度均为 $O(n\log_2 n)$。它是一种不稳定的排序方法，请读者自行检验反例(32,13,27,32′,19,18)。

## 9.5 归并排序

归并(Merging)：是指将两个或两个以上的有序序列合并成一个有序序列。若采用线性表(无论是哪种存储结构)易于实现，其时间复杂度为 $O(m+n)$。

归并思想实例：两堆扑克牌，都已从小到大排好序，要将两堆合并为一堆且要求从小到大排序。较直观的解决办法如下。

(1) 将两堆最上面的抽出(设为 P1、P2)比较大小，将小者置于一边作为新的一堆(不妨设 P1<P2)；再从第一堆中抽出一张继续与 P2 进行比较，将较小的放置在新堆的最下面。

(2) 重复上述过程，直到某一堆已抽完，然后将剩下一堆中的所有牌转移到新堆中。

类似地，将若干个已排序的子文件合并成一个有序的文件，这种排序技术称为归并。归并排序(Merge Sort)就是指利用“归并”技术来进行排序。这里仅对二路归并方法进行讨论。二路归并排序的基本思想是将一个具有 $n$ 个待排序记录的序列看成是 $n$ 个长度为 1 的有序序列，然后进行两两归并，得到 $\lceil n/2 \rceil$ 个长度不超过 2 的有序序列，再进行两两归并，如此重复，直至得到一个长度为 $n$ 的有序序列为止。

**【例 9.8】** 设有 6 个待排序的记录，它们排序的关键字序列为(32,13,27,32′,19,18)。二路归并排序的过程如图 9.13 所示。

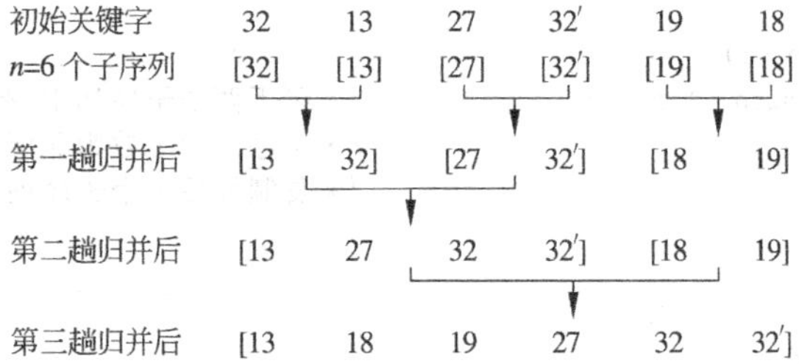

```
初始关键字      32     13     27     32′    19     18
n=6 个子序列   [32]   [13]   [27]   [32′]  [19]   [18]
第一趟归并后   [13     32]   [27     32′]  [18     19]
第二趟归并后   [13     27     32     32′]  [18     19]
第三趟归并后   [13     18     19     27     32     32′]
```

图 9.13 二路归并示例

(1) 两个有序序列的归并

在归并排序中，最基本的操作就是两个位置相邻的区域的合并。

假设 r[low]到 r[$m$]和 r[$m+1$]到 r[high]是存储在同一个数组中的相邻的两个子序列区域，合并后存储到另一个临时数组 $r_1$ 的 $r_1$[low]到 $r_1$[high]的区域，要实现这样的归并就需要设置三个标志变量 $i$、$j$ 和 $k$，其初值分别是这三个区域的起始位置。在进行合并时，依次比较 r[$i$]和 r[$j$]的关键字，将关键字较小的记录存储到 $r_1$[$k$]中，然后，将 $r_1$ 的下标 $k$ 加 1，同时将指向关键字较小记录的标志加 1，重复上面的步骤，直到 r 中的所有记录全部复制到 $r_1$ 中为止。有序归并的算法描述如下：

```
merge(RECORDNODE  r[],RECORDNODE r1[],int low,int mid,int high)
{int i,j,k;                                    /* i,j 和 k 分别是三个区域的指针 */
i = low;j = mid + 1;k = low;
while(i <= mid&&j <= high)
if (r[i].key <= r[j].key)
  r1[k++] = r[i++];
else
  r1[k++] = r[j++];
while(i <= mid)     r1[k++] = r[i++];          /* 复制第一个区域的剩余部分 */
while(j <= high)    r1[k++] = r[j++];          /* 复制第二个区域的剩余部分 */
}
```

(2) 一趟归并排序

一趟归并排序的目的是将若干个长度为 length 的相邻的⌈n/length⌉个有序子序列，从前向后两两进行归并，得到若干个长度是 2×length(可能有小于此长度)的相邻有序的序列，但可能存在最后一个子序列的长度小于 length，以及子序列的个数不是偶数这两种特殊情况，处理方法如下。

① 若剩余的记录个数大于 length，但小于 2×length，则将前 length 个作为一个子序列，其他剩余的作为另一个序列，再使用前面的有序归并的方法归并排序。

② 若子序列的个数不是偶数，则最后只参照前面的归并，它们已经是有序排列的，可以直接复制到 $r_1$ 中。

一趟归并排序算法如下：

```
mergepass(RECORDNODE r[],RECORDNODE r1[],int length)
{int i,j;
i = 0;
while(i + 2 * length - 1 < n)
{merge(r,r1,i,i + length - 1,i + 2 * length - 1);
i = i + 2 * length;}
if (i + length - 1 < n - 1)
merge(r,r1,i,i + length - 1,n - 1);            /* 剩下两个子序列中,有一个长度小于 length */
else                                           /* 子序列的个数为非偶数 */
for(j = i;j < n;j++)                           /* 复制最后一个子序列 */
r1[j] = r[j];
}
```

(3) 二路归并排序

对原始序列的二路归并排序是进行若干次的一趟归并排序，只需要在子序列的长度

length 小于 $n$ 时，不断地调用 mergepass()进行排序，每调用一次，length 增大一倍。length 的初值是 1。算法描述如下：

```
mergesort(RECORDNODE r[])
{int length = 1;
while(length < n)
{mergepass(r,r1,length);
length = 2 * length;
mergepass(r1,r,length);
length = 2 * length;
}
}
```

在算法中每趟排序的数据存储在临时的数组 $r_1$ 中，所以在每趟排序结束后，需要将排序的结果再返回到 r 中。

二路归并排序算法的时间复杂度为 $O(n\log_2 n)$，归并排序是稳定的排序方法。

## 9.6 各种内部排序方法的比较

各种内部排序按所采用的基本思想(策略)可分为插入排序、交换排序、选择排序、归并排序，它们的基本策略分别如下。

(1) 插入排序：依次将无序序列中的一个记录，按关键字值的大小插入到已排好序的一个子序列的适当位置，直到所有的记录都插入为止。具体的方法有直接插入、折半插入和希尔排序。

(2) 交换排序：对于待排序记录序列中的记录，两两比较记录的关键字，并对反序的两个记录进行交换，直到整个序列中没有反序的记录偶对为止。具体的方法有冒泡排序、快速排序。

(3) 选择排序：不断地从待排序的记录序列中选取关键字最小的记录，放在已排好序的序列的最后，直到所有记录都被选取为止。具体的方法有简单选择排序、树型选择排序和堆排序。

(4) 归并排序：利用"归并"技术不断地对待排序记录序列中的有序子序列进行合并，直到合并为一个有序序列为止。

本章主要介绍了 7 种内部排序方法，其性能比较如表 9.2 所示。

**表 9.2 7 种排序方法的比较**

| 排序方法 | 最好时间 | 平均时间 | 最坏时间 | 辅助空间 | 稳定性 |
|---|---|---|---|---|---|
| 直接插入排序 | $O(n)$ | $O(n^2)$ | $O(n^2)$ | $O(1)$ | 稳定 |
| 希尔排序 | $O(n^{1.3})$ | $O(n^{1.25})$ | | $O(1)$ | 不稳定 |
| 冒泡排序 | $O(n)$ | $O(n^2)$ | $O(n^2)$ | $O(1)$ | 稳定 |
| 快速排序 | $O(n\log_2 n)$ | $O(n\log_2 n)$ | $O(n^2)$ | $O(n\log_2 n)$ | 不稳定 |
| 直接选择排序 | $O(n^2)$ | $O(n^2)$ | $O(n^2)$ | $O(1)$ | 不稳定 |
| 堆排序 | $O(n\log_2 n)$ | $O(n\log_2 n)$ | $O(n\log_2 n)$ | $O(1)$ | 不稳定 |
| 归并排序 | $O(n\log_2 n)$ | $O(n\log_2 n)$ | $O(n\log_2 n)$ | $O(n)$ | 稳定 |

一个好的排序方法所需要的比较次数和占用存储空间应该要少。从表9.2中可以看出,每种排序方法各有优、缺点,不存在十全十美的排序方法,因此,在不同的情况下可以选择不同的方法,选取排序方法时,一般需要考虑以下几点。

(1) 算法的简单性。它分为简单算法和改进后的算法,简单算法有直接插入、直接选择和冒泡法,这些方法都简单明了。改进后的算法有希尔排序、快速排序、堆排序等,这些算法比较复杂。

(2) 待排序的记录数多少。记录数越少越适合简单算法,相反,记录数越多则越适合改进后的算法,这样,算法效率可以明显提高。

除以上所述外,选取排序方法时还应考虑到对排序稳定性的要求、关键字的结构及初始状态,以及算法的时间复杂度和空间复杂度等情况。

其次选取排序方法还要考虑每个记录的大小,关键字的结构及其初始状态,是否要求排序的稳定性,语言工具的特性,存储结构的初始条件和要求,时间复杂度、空间复杂度和开发工作的复杂程度的平衡点等因素。

本章中讨论的排序方法是在顺序存储结构上实现的,在排序过程中需要移动大量记录。当记录数很多、时间耗费很大时,可以采用静态链表作为存储结构。

综上所述,读者可在综合考虑下针对具体的问题选取合适的排序方法。

## 9.7 排序的应用

**【例9.9】** 对表9.1所示的学生考试成绩表,试设计一个算法,要求:(1)按总分高低次序排序,求出每个学生在考试中获得的名次,分数相同的为同一名次;(2)按名次列出每个学生的姓名与分数。

算法实现:下面给出的是用冒泡排序算法实现的C语言程序。在此基础上,读者可以尝试用其他几种排序算法实现对该问题的求解。

```
#define MAXSIZE 100                                /* 顺序表的类型定义 */
typedef struct
{int kaohao;
char name[10];
int score;}RECORDNODE;
void maopao(RECORDNODE *r,int n)
{
int i,j;
for(i=1;i<n;i++)
for(j=1;j<=n-i;j++)
if(r[j].score<r[j+1].score)
{r[0]=r[j];r[j]=r[j+1];r[j+1]=r[0];}
}
main()
{RECORDNODE a[MAXSIZE];
int  num,i,j,n;                                    /* 变量 num 表示名次 */
num=1;
printf("请输入考生个数: ");
scanf("%d",&n);
```

```
printf("请输入学生信息: ");
for(i = 1;i< = n;i++)
{printf("考号、姓名、总分: ");
scanf(" % d",&a[i].kaohao);
scanf(" % s",a[i].name);
scanf(" % d",&a[i].score);
}
maopao(a,n);
printf("名次          姓名          总分\n");
printf(" % - 6d % s % 6d\n",num,a[1].name,a[1].score);      /* 按名次打印成绩表 */
for(i = 2;i< = n;i++)
{if (a[i].score<a[i - 1].score)
  num++;
printf(" % - 6d % s % 6d\n",num,a[i].name,a[i].score);
}
}
```

**【例 9.10】** 请编写表插入排序的算法。

问题背景：表插入排序是插入排序的一种。表插入排序不需要移动记录，只是在每个记录的结构中增设一个指针字段。排序后使每个记录的指针都指向下一个记录所在数组元素的下标，使排序后的表是一个有序的链表。数组元素下标为"0"的记录为排序后的第 1 个元素。最后一个记录的指针为"0"。在表插入排序的结果中，记录在数组中的位置顺序与序列顺序不一致，所以只能对它进行顺序查找，不能进行折半查找。为了保持一致，可以按序列顺序调整记录在数组中的位置。表插入排序的数据结构有以下几种。

(1) 表结点结构

```
#define SIZE  100                          /* 静态链表容量 */
typedef struct
{
    RcdType  rc;                           /* 记录项 */
    int  next;                             /* 指针项,指向下一个记录所在的元素的下标 */
}SLNode;                                   /* 表结点类型 */
```

(2) 静态链表结构

```
typedef struct
{
    SLNode  r[SIZE];                       /* 0 号单元为表头结点 */
    int  length;                           /* 链表当前长度 */
}SLinkListType;                            /* 静态链表类型 */
```

表插入排序的过程描述如下。

① 首先将静态链表中数组下标为"1"的元素的指针字段设为 0，使其与表头结点构成一个循环链表。

② 依次使下标为"2"至"$n$"的分量(结点)按记录关键字非递减有序，将其指针插入到由下标构成的循环链表中。

表插入排序的基本操作仍是将一个记录插入到已排好序的有序表中。和直接插入排序相比，不同之处仅是以修改 $2n$ 次指针值代替移动记录，排序过程中所需进行的关键字间的比较次数相同。因此,表插入排序的时间复杂度仍是 $O(n^2)$。

有序链表的重新排列。表插入排序的结果只是求得一个有序链表,则只能对它进行顺序查找,不能进行随机查找。为了能实现有序表的折半查找,尚需对记录进行重新排列。一



般情况,若第 $i$ 个最小关键字的结点是数组中下标为 $p$($p>i$)的分量,则互换 r[$i$]和 r[$p$],且令 r[$i$]中指针字段的值改为 $p$;由于此时数组中所有小于 $i$ 的分量中已是“到位”的记录,则当 $p<i$ 时,应顺链继续查找直到 $p\geqslant i$ 为止。

算法实现如下:

```
#include<stdio.h>
#define SIZE 100
typedef struct
{   int rc;
    int next;
}SLNode;
typedef struct
{   SLNode r[SIZE];
    int length;
}SLinkListType;
SLinkListType *L;
input()
{ int n,i;
  printf("n=");
  scanf("%d",&n);
  for(i=1;i<=n;i++)
   {
     printf("\nr[%d]=",i);
     scanf("%d",&L->r[i]);
   }
    L->length=n;
    L->r[0].rc=1000;
 }
order()
{   int i,j,p=1,q=0;
    L->r[0].next=1;
    L->r[1].next=0;
    for(i=2;i<=L->length;i++)
    {
  p=L->r[0].next;q=0;
  while(L->r[i].rc>L->r[p].rc&&p)
  {   q=p;p=L->r[p].next;}
      L->r[i].next=p;
      L->r[q].next=i;
         }
         }
      for(p=L->r[0].next,j=1;p;p=L->r[p].next,j++)
      {    printf("r[%3d]--%3d   ",p,L->r[p].rc);
           if(!(j%5))printf("\n");
      }
}
```

```
main()
{int k = 1;
while(k)
    {   printf("\n\n1 -- input ");
        printf("2 -- order ");
        printf("0 -- exit\n");
        printf("\nplease choose:");
        scanf(" % d",&k);
        switch(k)
        {   case 1: input();
              break;
              case 2:order();
              break;
              case 0:break;
        }
    }
}
```

## 本章小结

(1) 排序和查找一样，是数据处理中经常使用的一种重要运算，很多查找算法都是以排序为前提的。首先，我们介绍了排序的概念和有关知识。

(2) 之后介绍了插入排序、交换排序、选择排序和归并排序 4 类内部排序(9 种排序)方法的基本思想、排序过程和算法实现，简要地分析了各种算法的效率。

(3) 对各种排序算法的性能进行了比较，简要分析了如何选择排序算法。

# 第 10 章　文　件

**【本章学习目标】**

本章通过实例引出文件的定义，文件是事务处理中所使用的一种数据结构，文件系统是数据库系统的基础。本章介绍了关于文件的基本概念，以及各种常用文件的组织方法，如顺序文件、索引文件、索引非顺序文件、散列文件、多重表文件和倒排文件等。通过本章的学习，要求掌握如下主要内容：

- 了解文件的基本概念；
- 熟悉顺序文件的概念和操作；
- 熟悉索引文件、索引顺序文件的用法；
- 熟悉多重表文件和散列文件的用法。

## 10.1　文件的基本概念

### 10.1.1　文件引例

某学校大一学生的成绩表文件，如表 10.1 所示，表中每个学生的情况为一个数据元素或称为记录，它由学号、姓名、性别、英语成绩、高数成绩、计算机成绩 6 个数据项组成。

**表 10.1　学生成绩表**

| 学号 | 姓名 | 性别 | 英语成绩 | 高数成绩 | 计算机成绩 |
|---|---|---|---|---|---|
| 020101 | 陈红 | 女 | 79 | 67 | 93 |
| 020102 | 王伟 | 男 | 87 | 85 | 78 |
| 020103 | 黄小娟 | 女 | 65 | 90 | 74 |
| 020104 | 王鹏 | 男 | 90 | 87 | 85 |
| 020105 | 丁丹 | 女 | 60 | 72 | 83 |
| 020106 | 张丽 | 女 | 75 | 93 | 88 |

在上边这个文件里，我们将数据按表格形式存储，由于学校的学生很多，因此可以根据学生的学号唯一标识一个学生，也可以说学号能唯一地确定一个记录，它的值对应的任意两个记录都是不同的，而我们经常提到的姓名由于学生之间可以重名，不能用它来唯一标识一个学生。

### 10.1.2　文件的定义

文件(File)一般是指存储在外部介质上的数据集合，数据结构中所讨论的文件主要是数据库意义上的文件,操作系统的文件是一维的连续的字符序列;数据库文件是带有结构的记录的集合,每条记录是由一个或多个数据项组成的集合。操作系统中的文件仅是一个字符序列,无结构、无解释,仅仅是为了加工、存取的方便而划分的字符组。而数据库文件中的记录是有结构的,可以由一个或多个数据项组成,记录是存取文件中数据的基本单位。

文件是性质相同的记录的集合。和本书前几章中讲述的数据结构不同,文件的数据量通常很大,被放置在硬盘上。记录是文件中存取的基本单位,数据项是文件可使用的最小单位。数据项有时也称为字段(Field),或者称为属性(Attribute)。其值能唯一标识一个记录的数据项或数据项的组合称为主关键字项,如表10.1中的"学号"。其他不能唯一标识一个记录的数据项则称为次关键字项,如表10.1中的"姓名"。主关键字项(或次关键字项)的值称为主关键字(或次关键字)。为讨论方便起见,一般不严格区分关键字项和关键字。即在不易混淆时,将主(或次)关键字项简称为主(或次)关键字,并且假定主关键字项只含一个数据项。

### 10.1.3 文件的分类

文件可以按照不同的分类方法进行分类,如可以按照一个文件中的关键字多少分成单关键字文件和多关键字文件;按照文件内记录的长度是否相等可以把文件分为定长文件和不定长文件。

(1) 单关键字文件和多关键字文件

单关键字文件:文件中的记录只有一个唯一标识记录的主关键字。

多关键字文件:文件中的记录除了含有一个主关键字外,还含有若干个次关键字的文件。

(2) 定长文件和不定长文件

由定长记录组成的文件称为定长文件,含有的信息长度相同的记录称为定长记录。

文件中记录含有的信息长度不等,则称其为不定长文件。表10.1所示的学生成绩文件就是一个定长文件。

### 10.1.4 文件的操作

在文件上的操作主要有查询(检索)、插入、更新、删除和排序。文件的查询可以分为顺序查询(即查询当前记录的下一个逻辑记录)、直接查询(查询第i个逻辑记录)和按关键字查询(给定一个值,查询一个或一批关键字与所给关键字值相关的记录)。

按关键字查询既可以按记录的逻辑号(即记录存入文件时的顺序编号)查找,也可以按关键字查找。按查询条件的不同,可将查询分为4种方式。

(1) 简单查询:查询关键字等于给定值的记录。

如在表10.1的学生成绩文件中,查询学号为020102或姓名="王伟"的记录。

(2) 区域查询:查询关键字属于某个区域内的记录。

如在表10.1的学生成绩文件中,查询英语成绩>70的所有学生的记录。

(3) 函数查询:给定关键字的某个函数,查询该函数的值。

如在表10.1的学生成绩文件中,查询全体学生的计算机平均成绩是多少。

(4) 组合查询:以上三种查询用布尔运算(与、或、非)组合起来的查询。

在表10.1的学生成绩文件中,要找出所有英语成绩低于70并且计算机成绩低于80的男生,查询条件是:

(性别="男生")and(英语成绩<"70")and(计算机成绩<"80")



文件记录的插入、删除、排序和更新属于对文件的维护工作。文件的维护是为了提高文件的效率,进行再组织、文件被破坏后的恢复以及文件中数据的安全保护等。

文件上的检索和更新操作,都有实时和批量两种不同的处理方式。实时处理:响应时间要求严格,要求在接受询问后几秒内完成检索和更新。批量处理:响应时间要求宽松一些,不同的文件系统有不同的要求。

### 10.1.5 文件的组织

文件作为一种数据结构,也包含自身的逻辑结构、存储结构。文件的逻辑结构是指记录在用户或应用程序员面前呈现的方式,是用户对数据的表示和存取方式。文件可看成是以记录为数据元素的一种线性结构,简单地说逻辑概念文件就是我们日常所见到的一张数据的表格,该数据结构中存储了我们所使用的数据,这些数据可以按照不同的方式排列,并且这些数据能够按照关键字唯一确定。表格中的数据按照线性关系存在,表格中的每个记录只有一个前驱或者后继。

文件的存储机构或物理结构是数据在物理存储器上存储的方式,一条物理记录是指计算机用一条I/O命令进行读写的基本数据单位。文件在外存上的基本的组织方式有4种,即顺序组织,索引组织,散列组织和链组织,对应的文件名称分别为顺序文件、索引文件、散列文件和多关键字文件。文件组织的各种方式往往是这4种基本方式的结合。选择哪一种文件组织方式,取决于对文件中记录的使用方式和频繁程度、存取要求、外存的性质和容量。常用外存设备有以下几种:磁带是顺序存取设备,只适用于存储顺序文件;磁盘是直接存取设备,适用于存储顺序文件、索引文件、散列文件和多关键字文件等。

评价一个文件组织的效率,和我们评价一个算法的效率一样,需要从时间复杂度和空间复杂度两方面来考量,首先是执行文件的操作所需要花费的时间,其次是文件组织所需的存储空间。通常文件组织的主要目的,是为了能高效、方便地对文件进行操作,而检索功能的速度,是衡量文件操作质量的一个重要标志。

## 10.2 顺序文件的概念

顺序文件(Sequential File)是指按记录进入文件的先后顺序存放、其逻辑顺序和物理顺序一致的文件。顺序文件中的记录如果按其主关键字递增或递减有序,则称为顺序有序文件,否则称为顺序无序文件。为提高检索效率,常将顺序文件组织成有序文件。

对于顺序文件常采用顺序查找法进行查找。顺序查找法即顺序扫描文件,按记录的主关键字逐个查找。要检索第$i$个记录,必须检索前$i-1$个记录。值得注意的是:这种查找法对于少量的检索是不经济的,但适合于批量检索;顺序存取存储器上的文件只能用顺序查找法存取。

在磁盘上的文件可以用顺序查找法存取,也可以用分块查找或折半查找进行存取。分块查找在查找时不必逐个扫描文件。例如,一个文件按关键字为升序的方式将10个记录存储为一块，各块的最后一个记录的主关键字为 $K_{10}$，$K_{20}$，…，$K_n$，查找时，将所要查找的记录的主关键字 K 依次和各块的最后一个记录的主关键字比较，当 K 大于 $K_{10}\times(i-1)$且小于或等于 $K_{10}\times i$ 时，则在第 $i$ 块内进行扫描。

二分查找法是利用折半的方法不断地缩小查找的范围，但是根据不同类型的存储器二分查找的效率不同。一般来说，在传统的柱面磁盘上二分查找法只适合对较小的文件或一个文件的索引进行查找。因为当文件很大，在磁盘上占有多个柱面时，二分查找将引起磁头来回移动，增加查询时间。在固态硬盘上，由于读取时间相对固定，寻址时间与数据存储位置无关，采用二分查找可以提高查找的效率。

顺序文件的主要优点是连续存取的速度快，顺序文件具有适合连续存取的特点，当文件中的第 $i$ 个记录刚被存取过，而下一个要存取的是第 $i+1$ 个记录时，这种存取将会很快完成。由于文件中的记录不能像向量空间的数据那样“移动”，故只能通过复制整个文件的方法实现插入、删除和修改等更新操作，因此采用批量处理方式实现顺序文件的更新。

把所有对顺序文件(以下称主文件)的更新请求，都放入一个较小的事务文件中，当事务文件变得足够大时，将事务文件按主关键字排序，再按事务文件对主文件进行一次全面的更新，产生一个新的主文件。最后，清空事务文件，以便积累此后的更新内容。批量处理方式可减少更新操作的代价。

当需要实时查询和实时修改时，顺序文件就显示出了它的缺点，一个实时系统应具有快速查询和快速修改记录的能力，这时就应采用索引技术或散列技术。

## 10.3 索引文件

### 10.3.1 索引文件的概念

为了提高文件的检索效率，除了文件本身的记录之外，另外建立一张指示逻辑记录和物理地址之间的一一对应关系的索引表。这类既包含文件记录本身，又包含索引表两部分的文件称为索引文件。对于包含所有记录的文件我们称为主文件或数据文件。

索引表中的每一项称作索引项。一般索引项都是由关键字和该关键字所在记录的物理地址组成的，索引表中的记录按照关键字的逻辑顺序进行排列。若主文件中的记录是按照关键字顺序排列的，则称为索引顺序文件。反之，若数据区中记录不按关键字顺序排列，则称为索引非顺序文件。在索引顺序文件中，可对一组记录建立一个索引项。这种索引表称为稀疏索引。在索引非顺序文件中，必须为每个记录建立一个索引项，这样建立的索引表称为稠密索引。通常将索引非顺序文件简称为索引文件。索引非顺序文件主文件无序，顺序存取将会频繁地引起磁头移动，适合于随机存取，不适合于顺序存取。索引顺序文件的主文件是有序的，适合于随机存取、顺序存取。索引顺序文件的索引是稀疏索引。索引占用空间较少，是最常用的一种文件组织。最常用的索引顺序文件有 ISAM 文件和 VSAM 文件。

### 10.3.2 索引文件的存储

索引文件在存储器上分为两个区：索引区和数据区。索引区存放索引表，数据区存放主文件。建立索引文件的过程如下：(1)按输入记录的先后次序建立数据区和索引表，其中索引表中关键字是无序的。(2)待全部记录输入完毕后对索引表进行排序，排序后的索引表和主文件一起就形成了索引文件。

索引表由若干索引项组成。一般索引项由主关键字和该关键字所在记录的物理地址组成。例如，对于表10.2中的数据文件，我们以学号为关键字建立索引，该文件即为一索引顺序文件，我们以英语成绩为关键字建立索引(如表10.3所示)，则该文件为索引非顺序文件。

表10.2　学生英语成绩表

| 物理地址 | 学号 | 姓名 | 性别 | 英语 |
|---|---|---|---|---|
| 1001 | 020101 | 陈红 | 女 | 79 |
| 1002 | 020102 | 王伟 | 男 | 87 |
| 1003 | 020103 | 黄小娟 | 女 | 65 |
| 1004 | 020104 | 王鹏 | 男 | 90 |
| 1005 | 020105 | 丁丹 | 女 | 60 |
| 1006 | 020106 | 张丽 | 女 | 75 |

表10.3　按照英语成绩建立的索引区表

| 物理地址 | 英语 | 物理地址 |
|---|---|---|
| 2001 | 90 | 1004 |
| 2001 | 87 | 1002 |
| 2002 | 79 | 1001 |
| 2002 | 75 | 1006 |
| 2003 | 65 | 1003 |
| 2003 | 60 | 1005 |

### 10.3.3 索引文件的检索

索引文件可以大大提高数据文件中记录的检索速度。因为索引表容量小，且索引表按关键字有序。对于索引文件的检索可以分两步进行。首先，将外存上含有索引的数据块送入内存，查找所需记录的物理地址，然后再将含有该记录的数据块送入内存。

当数据量很庞大的时候，索引块也会非常大，一次性无法读入所有的索引块到内存，这个时候就要考虑多级索引，最高一级的索引常驻内存就可以了，每一级中的索引块有自己的主关键字。多级索引中，B-树是一种经典的多路搜索树(并不是二叉的)。B-树的定义如下：任意非叶子结点最多只有$M$个儿子；且$M>2$；根结点的儿子数为[2, $M$]；除根结点以外的非叶子结点的儿子数为[$M/2$, $M$]；每个结点存放至少$M/2-1$(取上整)和至多$M-1$个关键字；至少两个关键字；非叶子结点的关键字个数=指向儿子的指针个数－1；非叶子结点的关键字：K[1], K[2], …, K[$M-1$]；且K[$i$] < K[$i+1$]；非叶子结点的指针：P[1], P[2], …, P[$M$]；其中P[1]指向关键字小于K[1]的子树，P[$M$]指向关键字大于K[$M-1$]的子树，其他P[$i$]指向关键字属于(K[$i-1$], K[$i$])的子树；所有叶子结点位于同一层。如图10.1所示为一棵$M=3$的B-树。

B-树的搜索从根结点开始，对结点内的关键字(有序)序列进行二分查找，如果命中则结束，否则进入查询关键字所属范围的儿子结点；重复，直到所对应的儿子指针为空，或已经

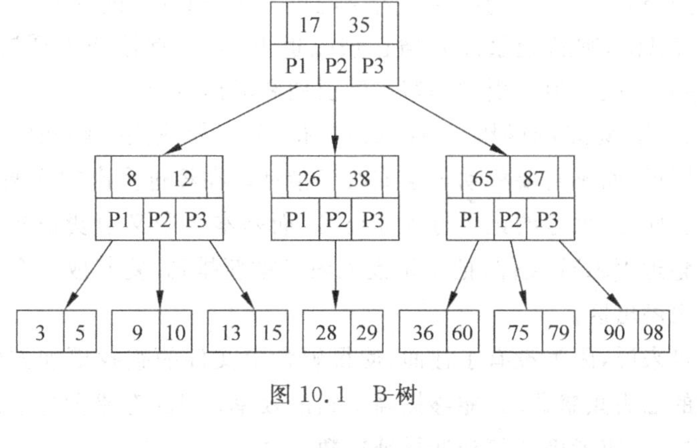

图 10.1　B-树

是叶子结点；B-树的特性包括：关键字集合分布在整棵树中，任何一个关键字出现且只出现在一个结点中，搜索有可能在非叶子结点结束，其搜索性能等价于在关键字全集内做一次二分查找，自动层次控制。

## 10.4　ISAM 文件和 VSAM 文件

### 10.4.1　ISAM 文件

索引顺序存取方法(Indexed Sequential Access Methed，ISAM)是一种专为磁盘存取文件设计的文件组织方式，采用静态索引结构。由于传统磁盘是以盘组、柱面和磁道三级地址存取的设备，则可对磁盘上的数据文件建立盘组、柱面和磁道多级索引，下面只讨论在同一个盘组上建立的 ISAM 文件。

ISAM 文件由多级主索引、柱面索引、磁道索引和主文件组成。文件的记录在同一盘组上存放时，应先集中放在一个柱面上，然后再顺序存放在相邻的柱面上。对同一柱面，则应按盘面的次序顺序存放。

通常主索引和柱面索引放在同一个柱面上，主索引放在该柱面最前的一个磁道上，其后的磁道中存放柱面索引。每个存放主文件的柱面都建立有一个磁道索引，放在该柱面的最前面的磁道上，其后的若干个磁道是存放主文件记录的基本区，该柱面最后的若干个磁道是溢出区。基本区中的记录是按主关键字大小顺序存储的，溢出区被整个柱面上的基本区中各磁道共享，当基本区中某磁道溢出时，就将该磁道的溢出记录，按主关键字大小链接成一个链表(以下简称溢出链表)放入溢出区。磁道索引中的每一个索引项，都由两个子索引项组成：基本索引和溢出索引项。

在 ISAM 文件上检索记录时，从主索引出发，找到相应的柱面索引；从柱面索引找到记录所在柱面的磁道索引；从磁道索引找到记录所在磁道的起始地址，由此出发在该磁道上进行顺序查找，直到找到为止。若找遍该磁道均不存在此记录，则表明该文件中无此记录；若被查找的记录在溢出区，则可从磁道索引项的溢出索引项中得到溢出链表的头指针，然后对该表进行顺序查找。

为了提高检索效率，通常可让主索引常驻内存，并将柱面索引放在数据文件所占空间居中位置的柱面上，这样，从柱面索引查找到磁道索引时，磁头移动距离的平均值最小。当插入新记录时,首先找到它应插入的磁道。若该磁道不满,则将新记录插入该磁道的适当位置上即可;若该磁道已满,则新记录或者插在该磁道上,或者直接插入到该磁道的溢出链表上。插入后,可能要修改磁道索引中的基本索引项和溢出索引项。

ISAM文件中删除记录的操作,比插入简单得多,只要找到待删除的记录,在其存储位置上作删除标记即可,而不需要移动记录或改变指针。在经过多次的增删后,文件的结构可能变得很不合理。此时,大量的记录进入溢出区,而基本区中又浪费很多的空间。因此,通常需要周期性地整理ISAM文件,把记录读入内存重新排列,复制成一个新的ISAM文件,填满基本区而空出溢出区。

对于固态硬盘来说,因为没有了柱面,使得硬盘上文件的查找更加方便,并且避免了以往因为查找引起的磁头频繁移动,能够提高检索的效率;但固态磁盘寻址次数有限,在设计固态磁盘文件结构时,应考虑如何降低寻址次数。

### 10.4.2 VSAM文件

VSAM(Virtual Storage Access Method,虚拟存储存取方法)也是一种索引顺序文件的组织方式,采用B+树作为动态索引结构。B+树是一种树数据结构,通常用于数据库和操作系统的文件系统中。B+树的特点是能够保持数据稳定有序,其插入与修改拥有较稳定的对数时间复杂度。B+树元素自底向上插入,这与二叉树恰好相反。B+树在结点访问时间远远超过结点内部访问时间的时候,有着实在的优势。这通常在多数结点在次级存储(例如硬盘)中的时候出现。通过最大化在每个内部结点内的子结点的数目减少树的高度,平衡操作不经常发生,而且效率增加了。这种价值得以确立通常需要每个节点在次级存储中占据完整的磁盘块或近似的大小。

B+树是一种常用于文件组织的B-树的变形树。一棵$m$阶的B+树和$m$阶的B-树的差异是:$k$个孩子的结点必有$k$个关键字;所有的叶子结点,包含了全部关键字的信息及指向相应的记录的指针,且叶子结点本身依照关键字的大小,自小到大顺序链接;上面各层结点中的关键字,均是下一层相应结点中最大关键字的复写(当然也可采用“最小关键字复写”的原则),因此,所有非叶结点可看作是索引部分。

在B+树上常有两个头指针root和sqt,前者指向根结点,后者指向关键字最小的叶子结点。对B+树可进行两种查找运算:一种是从最小关键字起进行顺序查找;另一种是从根结点开始进行随机查找。在B+树上进行随机查找、插入和删除的过程,基本上与B-树类似。在查找时,若非叶子结点上的关键字等于给定值,并不终止,而是继续向下直到叶子结点。因此,在B+树中,不管查找成功与否,每次查找都是走了一条从根到叶子结点的路径。B+树的插入也仅在叶子结点上进行,当结点中的关键字个数大于$m$时要分裂成两个结点,它们所含关键字的个数分别为:并且它们的双亲结点中应同时包含这两个结点的最大关键字。B+树的删除仅在叶子结点进行,当叶子结点中的最大关键字被删除时,其在非终端结点中的值可以作为一个“分界关键字”存在。

B+树的每个叶结点中的关键字均对应一个记录,适合作为稠密索引。但若让叶结点中的关键字对应一个页块,则B+树可用来作为稀疏索引。IBM公司VSAM文件是用B+树作为文件的稀疏索引的一个典型例子。

VSAM 文件由三部分组成：索引集，顺序集和数据集。文件的记录均存放在数据集中。数据集中的一个结点称为控制区间(Control Interval)，它是一个 I/O 操作的基本单位，每个控制区间含有一个或多个数据记录。顺序集和索引集一起构成一棵 B+ 树，作为文件的索引部分。

顺序集中存放的每个控制区间的索引项由两部分信息组成，即该控制区间中的最大关键字和指向控制区间的指针。若干相邻的控制区间的索引项，形成顺序集中的一个结点。结点之间用指针相链接，而每个结点又在其上一层的结点中建有索引，且逐层向上建立索引，所有的索引项都由最大关键字和指针两部分信息组成。这些高层的索引项形成 B+ 树的非终端结点。

VSAM 文件既可在顺序集中进行顺序存取，又可从最高层的索引(B+ 树的根结点)出发，进行按关键字的随机存取。顺序集中一个结点连同其对应的所有控制区间形成一个整体，称为控制区域(Control Range)，它相当于 ISAM 文件中的一个柱面，而控制区间相当于一个磁道。

在 VSAM 文件中，记录可以是不定长的。因而在控制区间中，除了存放记录本身之外，还有每个记录的控制信息(如记录的长度等)和整个区间的控制信息(如区间中存放的记录数等)。

VSAM 文件中没有溢出区，解决插入的方法是在初建文件时留出空间：一是每个控制区间内并未填满记录，而是在最末一个记录和控制信息之间留有空隙；二是在每个控制区域中有一些完全空的控制区间，并在顺序集的索引中指明这些空区间。

当插入新记录时，大多数的新记录能插入到相应的控制区间内，但要注意：为了保持区间内记录的关键字从小至大有序，则需将区间内关键字大于插入记录关键字的记录，向控制信息的方向移动。若在若干记录插入之后控制区间已满，则在下一个记录插入时，要进行控制区间的分裂，即把近乎一半的记录移到同一控制区域内全空的控制区间中，并修改顺序集中的相应索引。倘若控制区域中已经没有全空的控制区间，则要进行控制区域的分裂，此时顺序集中的结点亦要分裂，由此需要修改索引集中的结点信息。但由于控制区域较大，通常很少发生分裂的情况。

在 VSAM 文件中删除记录时，需将同一控制区间中，比删除记录关键字大的记录向前移动，把空间留给以后插入的新记录。若整个控制区间变空，则回收作空闲区间用，且需删除顺序集中相应的索引项。

和 ISAM 文件相比，基于 B+ 树的 VSAM 文件有如下优点：能保持较高的查找效率，查找一个后插入记录和查找一个原有记录具有相同的速度；动态地分配和释放存储空间，可以保持平均 75% 的存储利用率；永远不必对文件进行再组织。因而基于 B+ 树的 VSAM 文件，通常被作为大型索引顺序文件的标准组织。

## 10.5 直接存取文件(散列文件)

直接存取文件是指利用杂凑(Hash)法进行组织的文件，亦称散列文件。即根据文件中关键字的特点，设计一个散列函数和处理冲突的方法，将记录散列到存储设备上。

与哈希表不同的是，对于文件来说，磁盘上的文件记录通常成组存放，若干个记录组成一个存储单位。散列文件中的存储单位叫桶(Bucket)。假如一个桶能存放 $m$ 个记录,则当桶中已有 $m$ 个同义词的记录时,存放第 $m+1$ 个同义词会发生“溢出”。需要将第 $m+1$ 个同义词存放到另一个桶中,通常称此桶为“溢出桶”。相对地,称前 $m$ 个同义词存放的桶为“基桶”。

值得注意的是:溢出桶和基桶大小相同,相互之间用指针相链接。当在基桶中没有找到待查记录时,就沿着指针到所指溢出桶中进行查找,因此,希望同一散列地址的溢出桶和基桶,在磁盘上的物理位置不要相距太远,最好在同一柱面上。

对散列文件的随机存取效率很高,对于关键字值等于给定值的记录的访问,可以直接由散列函数及冲突处理方法求得在外存上的存储位置,从而方便地对它存取。但散列文件不适宜顺序存取和成批处理。

在散列文件中查找的过程如下:首先根据给定值求出散列桶地址,然后将基桶的记录读入内存,进行顺序查找,若找到关键字等于给定值的记录,则检索成功;否则,读入溢出桶的记录继续进行查找。在散列文件中删去一个记录,仅需对被删记录作删除标记即可。

散列文件有以下优点:文件随机存放,记录不需进行排序;插入、删除方便;存取速度快;不需要索引区,节省存储空间。散列文件的缺点是:不能进行顺序存取,只能按关键字随机存取;询问方式限于简单询问,在经过多次插入、删除后,可能造成文件结构不合理,需要重新组织文件。

# 10.6 多关键字文件

多关键字文件包含有多个次关键字索引,次关键字索引自身可以是顺序表也可以是树表。多关键文件的特点是,在对文件进行检索操作时,不仅对主关键字进行简单查询,还经常需要对次关键字进行其他类型的查询。

例如在学生信息表中,学号为主关键字,性别和年龄可为次关键字。如果文件组织中只有主关键字索引,则为回答次关键字的查询,只能顺序存取文件中的每一条记录进行比较,效率很低。为此,我们在次关键字上建立索引,因为次关键字不唯一,故而又称为多关键字文件,其和主关键字索引表不同,每个索引项应包含次关键字、具有同次关键字相联系的多个记录的主关键字或物理地址。

## 10.6.1 多重表文件

**1. 多重表文件的组织方式**

多重表文件是将索引方法和链接方法相结合的一种组织方式。

具体组织方式如下:对每个需要查询的次关键字建立一个索引,同时将具有相同次关键字的记录链接成一个链表,并将此链表的头指针、链表长度及次关键字,作为索引表的一个索引项。通常多重表文件的主文件是一个顺序文件。

表10.4是一个多重表文件的示例。主关键字是学号,次关键字是性别和年龄。它设有两个链接字段,分别将具有相同性别和相同年龄的记录链在一起,由此形成的性别索引和年龄索引如表10.5和表10.6所示。有了这些索引,便易于处理各种有关次关键字的查询。

表 10.4　多重表文件

| 物理地址 | 学号 | 姓名 | 性别 | 年龄 | 性别链 | 年龄链 |
|---|---|---|---|---|---|---|
| 1001 | 001 | 丁一 | 男 | 19 | 003 | 1004 |
| 1002 | 002 | 王二 | 女 | 20 | 004 | 1003 |
| 1003 | 003 | 张三 | 男 | 20 | 005 | ∧ |
| 1004 | 004 | 李四 | 女 | 19 | ∧ | ∧ |
| 1005 | 005 | 马五 | 男 | 21 | ∧ | ∧ |

表 10.5　性别索引表

| 次关键字 | 首地址 | 链长 |
|---|---|---|
| 男 | 1001 | 3 |
| 女 | 1002 | 2 |

表 10.6　年龄索引

| 次关键字 | 首地址 | 链长 |
|---|---|---|
| 19 | 1001 | 2 |
| 20 | 1002 | 2 |
| 21 | 1005 | 1 |

**2. 多重表文件的查询操作**

(1) 单关键字简单查询基本思想如下：据给定值，在对应次关键字索引表中找到对应索引项，从头指针出发，列出该链表上的所有记录。

针对上面的多重表查询所有男生，则只需在性别索引表中先找到次关键字为"男"的索引项，然后从它的头指针出发，列出该链表上的所有记录即可。

(2) 多关键字组合查询基本思想

若要查询年龄为 19 的所有女生，则既可以从性别索引的"女"的头指针出发，也可以从年龄索引的"19"的头指针出发，读出链表上的每个记录，判定它是否满足查询条件。

**注意：**

*在查找同时满足两个或多个关键字条件的记录时，可先比较两(多)个索引链表的长度，然后选较短的链表进行查找。*

**3. 多重表的更新操作**

(1) 插入新记录

相同次关键字链表不按主关键字大小链接时，在主文件中插入新记录后，将记录在各个次关键字链表中插在链表的头指针之后即可。

(2) 删除记录

在删去一个记录的同时，需在每个次关键字的链表中删去该记录。

## 10.6.2 倒排文件

倒排文件(也称倒排索引)是指用记录的非主属性值来查找记录而组织的文件，即次索引。倒排文件中包括了所有次关键字，并列出了与之有关的所有记录主键值，主要用于复杂查询。倒排文件中的次关键字索引称为倒排表，倒排表和主文件一起就构成了倒排文件。

**1. 倒排文件的组织方式和特点**

倒排文件和多重表文件不同。在次关键字索引中,具有相同次关键字的记录之间不进行链接,而是列出具有该次关键字记录的物理地址。

将表10.4所示的多重表文件去掉两个链接字段后(如表10.7所示)作为主文件所建立的职务倒排表和工资级别倒排表,如表10.8和表10.9所示。

表10.7 学生信息表

| 物理地址 | 学号 | 姓名 | 性别 | 年龄 |
|---|---|---|---|---|
| 1001 | 001 | 丁一 | 男 | 19 |
| 1002 | 002 | 王二 | 女 | 20 |
| 1003 | 003 | 张三 | 男 | 20 |
| 1004 | 004 | 李四 | 女 | 19 |
| 1005 | 005 | 马五 | 男 | 21 |

表10.8 性别倒排表

| 次关键字 | 物理地址 |
|---|---|
| 男 | 1001,1003,1005 |
| 女 | 1002,1004 |

表10.9 年龄倒排表

| 次关键字 | 物理地址 |
|---|---|
| 19 | 1001,1004 |
| 20 | 1002,1003 |
| 21 | 1005 |

**2. 倒排文件的查询**

倒排表的主要优点是:在处理复杂的多关键字查询时,可在倒排表中先完成查询的交、并等逻辑运算,得到结果后再对记录进行存取。这样不必对每个记录随机存取,把对记录的查询转换为地址集合的运算,从而提高查找速度。

**3. 倒排文件的更新**

在插入和删除记录时,还要修改倒排表。

**4. 列出主关键字的倒排表**

列出主关键字的倒排表的特点如下:

(1) 存取速度较慢;

(2) 主关键字可看成是记录的符号地址,对于存储具有相对独立性。

例如,表10.10就是按上述方法对多重表文件所组织的性别倒排表。

表10.10 性别倒排表

| 次关键字 | 主关键字 |
|---|---|
| 男 | 001,003,005 |
| 女 | 002,004 |

**5. 倒排文件与一般文件组织的区别**

在一般的文件组织中，是先找记录，然后再找到该记录所含的各次关键字；而倒排文件中，是先给定次关键字，然后查找含有该次关键字的各个记录，这种文件的查找次序正好与一般文件的查找次序相反，因此称之为“倒排”。多重表文件实际上也是倒排文件，只不过索引的方法不同。

由于倒排索引支持高效检索，所以应用相当广泛。当然，对倒排表进行集合运算也需要一些运算空间，更大的缺点在于，当文件发生变化时，要同时维护更新这些索引，而这种更新的工作量会很大，所以它比较适合于当大文件里面内容比较稳定的情况下。尤其是像光盘上的数据检索等就会是它最理想的应用场所之一。

对这类文件往往会进行这样的一些查询，如找出院系为“元培”的所有学生(简单查询)，找出年龄在 18～20 的所有学生(范围查询)，找出年龄在 19 岁以上的所有男生(逻辑查询)等。如果没有倒排表，我们则只能顺序从头到尾地一条一条检查记录，判断是否符合条件。这样当文件很大的时候，往往要多次读写磁盘，会耗费相当多的时间。就算之前我们把记录按照关键码排序，也仍无法使用普通的检索方式来提高效率，因为查找的条件不是和关键码相关的。

## 本 章 小 结

(1) 由于存放在外存的记录文件现在多以数据库的形式存放，本章为后续进行数据库原理的学习提供了数据结构基础，帮助学生理解数据库中记录存放的基本方法。

(2) 本章介绍了文件的基本概念，其中包括文件逻辑结构和存储结构。

(3) 本章阐述了常用文件的组织方法，如顺序文件、索引文件、索引非顺序文件、散列文件、多重表文件、倒排文件。

(4) 本章通过实例介绍了如何在常用文件上实现查询更新等操作。

# 参 考 文 献

[1] 严蔚敏,吴伟民.数据结构(C语言版).北京：清华大学出版社,2011.

[2] 秦锋,袁志祥.数据结构(C语言版)例题详解与课程设计指导.北京：清华大学出版社,2010.

[3] 田鲁怀.数据结构.北京：电子工业出版社,2007.

[4] (美)霍罗维兹.数据结构基础.北京：清华大学出版社,2009.

[5] 赵坚,姜梅等.数据结构(C语言版).北京：中国水利水电出版社,2005.

[6] 张长富.数据结构(C语言版)1000个问题与解答.北京：清华大学出版社,2010.

[7] 维斯.数据结构与算法分析：C语言描述(原书第2版).北京：机械工业出版社,2004.

[8] 周岳山,陈丽敏等.数据结构.西安：电子科技大学出版社,2005.

[9] 付百文.数据结构实训教程.北京：科学出版社,2005.

[10] (美)塞奇威克(Sedgewick,R.),(美)韦恩(Wayne,K.)著.算法(第4版).谢路云译.北京：人民邮电出版社,2012.

[11] 高一凡.数据结构算法解析.北京：清华大学出版社,2008.

# 图书资源支持

感谢您一直以来对清华版图书的支持和爱护。为了配合本书的使用，本书提供配套的资源，有需求的读者请扫描下方的“书圈”微信公众号二维码，在图书专区下载，也可以拨打电话或发送电子邮件咨询。

如果您在使用本书的过程中遇到了什么问题，或者有相关图书出版计划，也请您发邮件告诉我们，以便我们更好地为您服务。


**我们的联系方式：**

地　　址：北京海淀区双清路学研大厦 A 座 707

邮　　编：100084

电　　话：010－62770175－4604

资源下载：http://www.tup.com.cn

电子邮件：weijj@tup.tsinghua.edu.cn

QQ：883604（请写明您的单位和姓名）


资源下载、样书申请

书圈

**用微信扫一扫右边的二维码，即可关注清华大学出版社公众号“书圈”。**